高等职业教育土木建筑类专业新形态教材

建筑电气控制技术

主　编　陈秋菊　汪怀蓉

副主编　侯　俊　刘永志　杨　芳

　　　　夏海波　余　洋

北京理工大学出版社

BEIJING INSTITUTE OF TECHNOLOGY PRESS

内 容 提 要

本书根据高等教育教学改革的要求，采用模块化教学、任务驱动的方式编写。本书主要内容包括继电-接触器控制电路安装调试，建筑设备控制系统电路识读与安装，PLC基础及应用三大学习模块十二个工作任务。

本书可作为高等院校建筑电气工程技术、建筑智能化工程技术、建筑设备工程技术、消防工程技术、电梯工程技术等相关专业教材，也可供建筑电气控制技术培训和设备维修人员参考。

图书在版编目(CIP)数据

建筑电气控制技术 / 陈秋菊，汪怀蓉主编.--北京：北京理工大学出版社，2021.10（2021.11重印）

ISBN 978-7-5682-9942-8

Ⅰ.①建…　Ⅱ.①陈…②汪…　Ⅲ.①房屋建筑设备－电气控制－高等学校－教材　Ⅳ.①TU85

中国版本图书馆CIP数据核字（2021）第120818号

出版发行 / 北京理工大学出版社有限责任公司
社　　址 / 北京市海淀区中关村南大街5号
邮　　编 / 100081
电　　话 / （010）68914775（总编室）
（010）82562903（教材售后服务热线）
（010）68944723（其他图书服务热线）
网　　址 / http://www.bitpress.com.cn
经　　销 / 全国各地新华书店
印　　刷 / 北京紫瑞利印刷有限公司
开　　本 / 787毫米×1092毫米　1/16
印　　张 / 14.5　　责任编辑 / 江　立
字　　数 / 350千字　　文案编辑 / 江　立
版　　次 / 2021年10月第1版　2021年11月第2次印刷　　责任校对 / 周瑞红
定　　价 / 42.00元　　责任印制 / 边心超

前　言

本书根据高等院校教学改革的要求，遵循“以服务发展为宗旨，以促进就业为导向”的高等教育教学原则，以培养高素质技术技能型人才为目标，以学生为中心，以工作任务为导向，体现“做、学、教”理实一体化教学理念。

本教材具有以下特点：

1．从职业需求分析和岗位专业能力要求出发精选教材内容，以“够用、适用”为原则进行编写。

2．以岗位典型工作任务为基础编写教材，所选电路大多为典型控制电路、国家标准图集或企业实际用图，按照从易到难，从简单到复杂的原则进行编排，力争符合学生的认知规律。

3．在编写结构上，按模块化教学分类，每个模块设计若干工作任务，为实施“做、学、教”理实一体化教学奠定基础。

4．通过校企合作，邀请行业企业的一线工程技术人员、专家参与教材编写，使教材更贴近生产实际。

本书由贵州建设职业技术学院陈秋菊、汪怀蓉担任主编，由贵州建设职业技术学院侯俊、刘永志、杨芳、夏海波、余洋担任副主编。教材在编写过程中得到了有关企业、施工单位和人员的大力支持，在此表示衷心的感谢；同时参考了有关文献、教材和互联网相关知识，在此也向其作者表示感谢。

由于编者水平有限，书中难免存在错漏之处，敬请广大读者和专家批评指正。

编　者

目 录

模块一　继电-接触器控制电路

任务一　电动机单向运行控制

学习目标

1. 掌握低压断路器、交流接触器、热继电器、按钮等电气元件的结构原理；
2. 能识读异步电动机单向运行控制电路；
3. 学会交流接触器、按钮、热继电器等常用电气元件选择及应用；
4. 能完成电动机单向运行控制电路的安装调试。

任务要求

某工业供水系统使用水泵输送工业用水，现水泵设备及管道已安装改造完毕，请按照电气图纸完成水泵控制箱的组装与调试。

实施路径

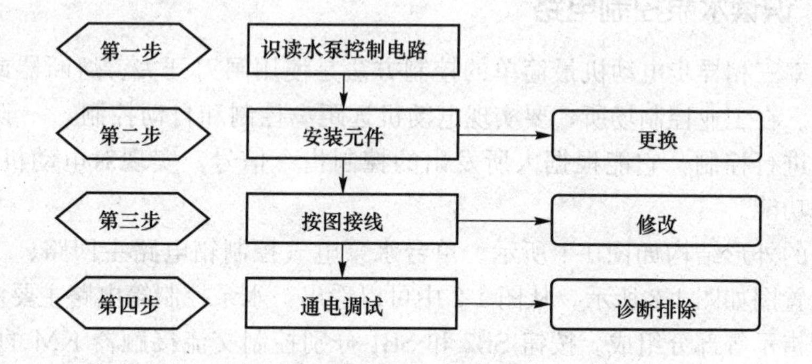

组织形式

在本任务实施中，由 3～4 名学生组成一个工作小组，共同讨论任务并进行分配。任务分配表见表 1-1。各小组制订出实施方案及工作计划，组长协助教师参与指导本组学生学习，检查项目实施进程和质量，制订改进措施，共同完成项目任务。

表 1-1　任务分配表

序号	任务	内容	实施人	备注
1	资料收集	1. 图纸资料，电路图特点及工程应用案例 2. 元器件结构、原理、型号规格及数量 3. 电路安装调试步骤	全体	

续表

序号	任务	内容	实施人	备注
2	方案制订	可用几种方案实施，所选定方案的优势	全体	
3	任务实施	1. 选择元件 2. 安装元件 3. 按图配线 4. 调试排故	全体	
4	检查改进	1. 进度检查 2. 质量检查 3. 改进措施	组长	
5	评价总结	各小组自评任务完成情况，组与组之间互评，选出最佳小组做成果展示汇报	全体	

任务实施

第一步　识读水泵控制电路

对于小功率三相异步电动机最简单的控制方法是使用闸刀开关、熔断器或低压断路器直接进行控制。在工业控制场所，要实现电动机远距离控制和自动控制，一般采用继电-接触器控制系统进行控制，它能根据人所发出的控制指令信号，实现对电动机的自动控制、保护和监测等功能。

常见水泵的外形结构如图 1-1 所示。单台水泵电气控制箱电路主回路、二次接线图及盘内、盘面布置图如图 1-2 所示。从图 1-2 中可以看出，水泵控制箱电路主要由主回路、控制回路、运行指示等部分组成。按钮 SB2 和 SB1 分别控制交流接触器 KM 的接通与断开，以实现水泵电动机启动运行和停止。低压断路器 QF 为电源保护开关，熔断器 FU 和热继电器 KH 分别用作短路和过载保护，HG 和 HR 为水泵停止和运行指示灯。

(a)　(b)

图 1-1　常见水泵的外形结构

(a)卧式水泵；(b)立式水泵

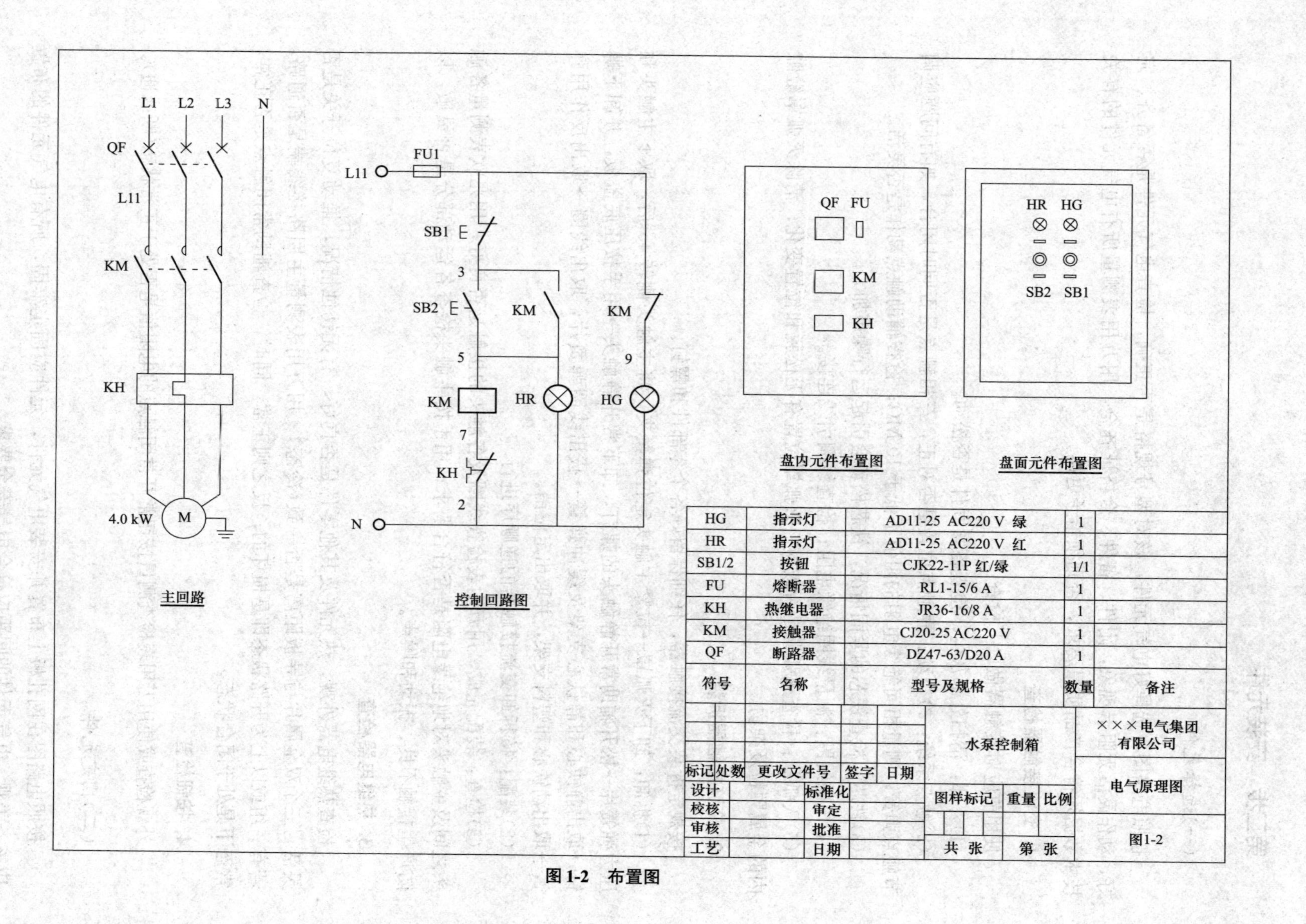

符号	名称	型号及规格	数量	备注
HG	指示灯	AD11-25 AC220 V 绿	1	
HR	指示灯	AD11-25 AC220 V 红	1	
SB1/2	按钮	CJK22-11P 红/绿	1/1	
FU	熔断器	RL1-15/6 A	1	
KH	热继电器	JR36-16/8 A	1	
KM	接触器	CJ20-25 AC220 V	1	
QF	断路器	DZ47-63/D20 A	1	

标记	处数	更改文件号	签字	日期	水泵控制箱	×××电气集团有限公司
设计		标准化			图样标记 重量 比例	电气原理图
校核		审定				
审核		批准				
工艺		日期			共 张 第 张	图1-2

图 1-2 布置图

第二步　安装元件

(一)选择元件

按照电路图，选择好电气元件，核对型号规格是否正确，检查电气元件是否备齐、完好，动作灵活无阻卡现象，附件、备件、合格证齐全，用万用表测量所有电气元件的有关技术数据须符合产品质量要求，否则须给予更换。

1. 交流接触器检查

使用前应对接触器做以下检查：

(1)外部：清扫外部灰尘；检查各紧固件是否松动。

(2)触点系统：检查动、静触点位置是否对正，三相触点是否同时闭合，如有问题应调节触点弹簧；测量相间绝缘电阻的阻值不低于10 MΩ；检查辅助触点动作是否灵活。

(3)铁芯：检查铁芯的紧固情况，铁芯松动会引起运行噪声加大。

(4)电磁线圈：测量线圈绝缘电阻；检查线圈引线连接。

(5)灭弧罩：检查灭弧罩是否破损；灭弧罩位置有无松脱和位置变化；清除灭弧罩缝隙内的金属颗粒及杂物。

2. 交流接触器拆装

按规定拆装交流接触器，仔细保留好各个零部件和螺钉。

(1)拆卸：卸下灭弧罩→拉紧主触头定位弹簧夹，将主触头侧转45°后，取下主触头和压力弹簧片→松开辅助常开静触头的螺钉，卸下常开静触头→用手按压底盖板，并卸下螺钉→取出静铁心和静铁心支架及缓冲弹簧→拔出线圈弹簧片，取出线圈→取出反作用弹簧→取出动铁心和塑料支架，并取出定位销。

(2)装配：按拆卸交流接触器的逆顺序进行。

(3)检查：装配完成，用万用表检查线圈及各触头的接触是否良好；用兆欧表测量各触头之间及主触头对地绝缘电阻是否符合要求；用手按主触头检查各运动部分是否灵敏，以防产生接触不良、振动和噪声。

3. 热继电器检查

检查热继电器外观，热元件及其他零件是否良好，有无锈蚀情况，推动复位开关是否灵活，三个双金属片与导板距离是否一致(冷态)。用万用表测量主回路接线端是否通路，若有一组或以上为开路状态即是损坏的；反之则正常。同时，检查辅助常闭触点是否正常，常态下是处于闭合状态。

4. 按钮检查

外观检查或使用万用表检查测量按钮常开常闭触点的电阻值是否处于正常状态(断或通)。

(二)固定元件

按照电路图在网孔板上布置并安装电气元件，元件应固定牢固，所有电气元件的布置应整齐美观，电气元件的间距应符合电气安全要求。

第三步　按图接线

1. 电路配线

根据电路图配线，要做到横平竖直，符合盘柜电气安装配线工艺要求。

2. 自检质量

按电路图检查配线连接的正确性，从电源开始、逐段校对接线及接线端子线号有无漏接、错接，压接是否牢固、接触是否良好。必要时可使用万用表检查电路有无短路或断路现象。

第四步　通电调试

通电操作必须执行安全用电操作规程，做到一人操作一人监护，确保不发生安全事故。

1. 电动机连接

三相异步电动机定子绕组有星形(Y)和三角形(△)两种连接方法，如图 1-3 所示。采用何种连接方法在电动机铭牌上有明确的标注。查看水泵配套的三相异步电动机铭牌数据，其接线应接成星形连接。

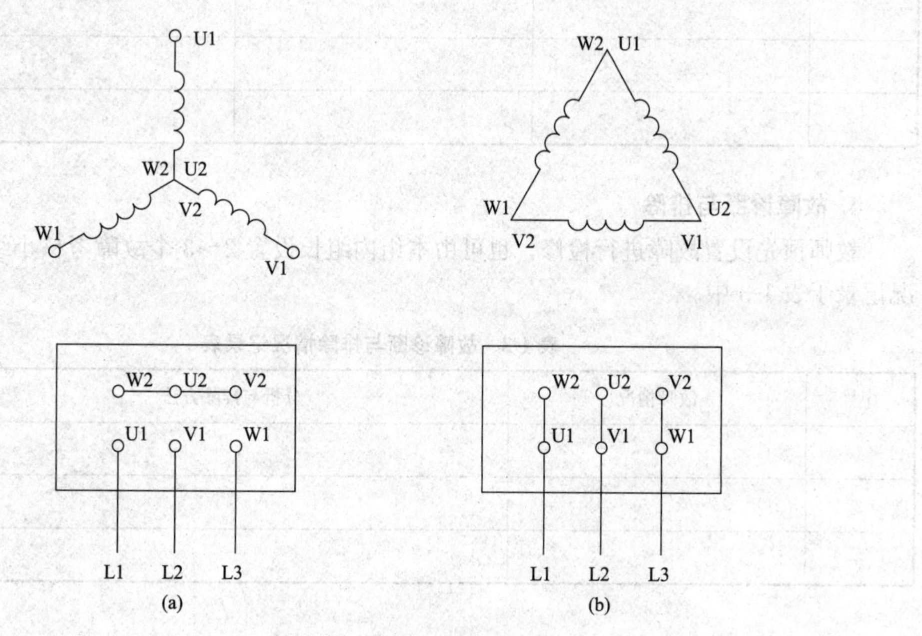

图 1-3　电动机外部接线

(a)星形连接；(b)三角形连接

2. 空载调试

用兆欧表检查水泵电动机绝缘符合要求和接线正确后，接通三相电源，合上断路器 QF，先将电动机点动起车一次，观察其有无异常情况。如无异常即可启动电动机连续空载运行。反复几次操作均为正常后才能进行带负载试运行。

3. 负载调试

空载运行正常后，此时电机带上水泵负载运转，接通断路器 QF 合闸通电。按操作顺序分别起/停水泵电动机，观察水泵运行情况。多次调试运行正常后，用钳形电流表测量启动瞬间和运行平稳后的三相异步电动机的运行电流值，并记录相关数据于表 1-2 中。若调试中出现故障应立即断开电源。

表 1-2　电流测量记录表

序号	启动瞬间电流/A	稳定运行电流/A	备注

4. 故障诊断与排除

教师预先设置故障进行检修，也可由本组内组长设置 2～3 个故障考核小组成员，将情况记录于表 1-3 中。

表 1-3　故障诊断与排除情况记录表

序号	故障情况	分析与排除方法	备注
1			
2			
3			

常见问题及解决措施

问题 1　合上电源开关后，按下启动按钮，电动机不运转。

解决措施　检查电源电压是否正常，熔断器有无熔断；检查电路连线情况、各连接点是否连接可靠；查看热继电器、交流接触器、电动机是否有问题。

问题 2　合上电源开关后，按下启动按钮，出现短路情况。

解决措施　分别检查主电路和控制电路的连接是否有错误。

任务评价

按时间、质量、安全、文明、环保要求进行考核。首先学生按照表1-4的任务考核评分，先自评，在自评的基础上，由本组的学生互评，最后由教师进行总结评分。

表1-4　任务考核评价表

序号	考核项目	考核内容及要求	评分标准	配分	学生自评	学生互评	教师考评	得分
1	时间		不按时无分	10				
2	质量	元件安装	1. 元件布局不合理、排列不整齐，扣5分 2. 安装不牢固，扣2分/处 3. 损坏电气元件，扣2分/处	20				
		配线工艺	1. 导线连接不牢、露铜超过2 mm，扣1分/处 2. 同一接线端子上连接导线超2根、线头无编码管，扣1分/处 3. 工艺不美观，扣5分	20				
		通电调试	1. 不会使用电工仪表和工具，扣5分 2. 安装接线错误或试运行操作错误，扣2分/项(次) 3. 一次运行不成功，扣10分	40				
		故障排除	1. 处理方法错误，扣2分 2. 处理故障时间超过20 min，扣2分 3. 处理结果错误，扣6分	10				
3	安全	遵守安全操作规程	不遵守酌情扣1～5分					
4	文明	遵守文明生产规则	不遵守酌情扣1～5分					
5	环保	遵守环保生产规则	不遵守酌情扣1～5分					
注：如出现重大安全、文明、环保事故，本项目考核记为零分。								

拓展训练

单台小型排水泵电动机的功率为2.2 kW，控制箱上安装手动/自动转换开关实现污水手动/自动排放转换，集污井安装有高低液位传感器实现自动排放。排水泵控制箱主电路及二次接线图如图1-4所示，请按照图纸完成单台排水泵控制箱电路的安装调试。

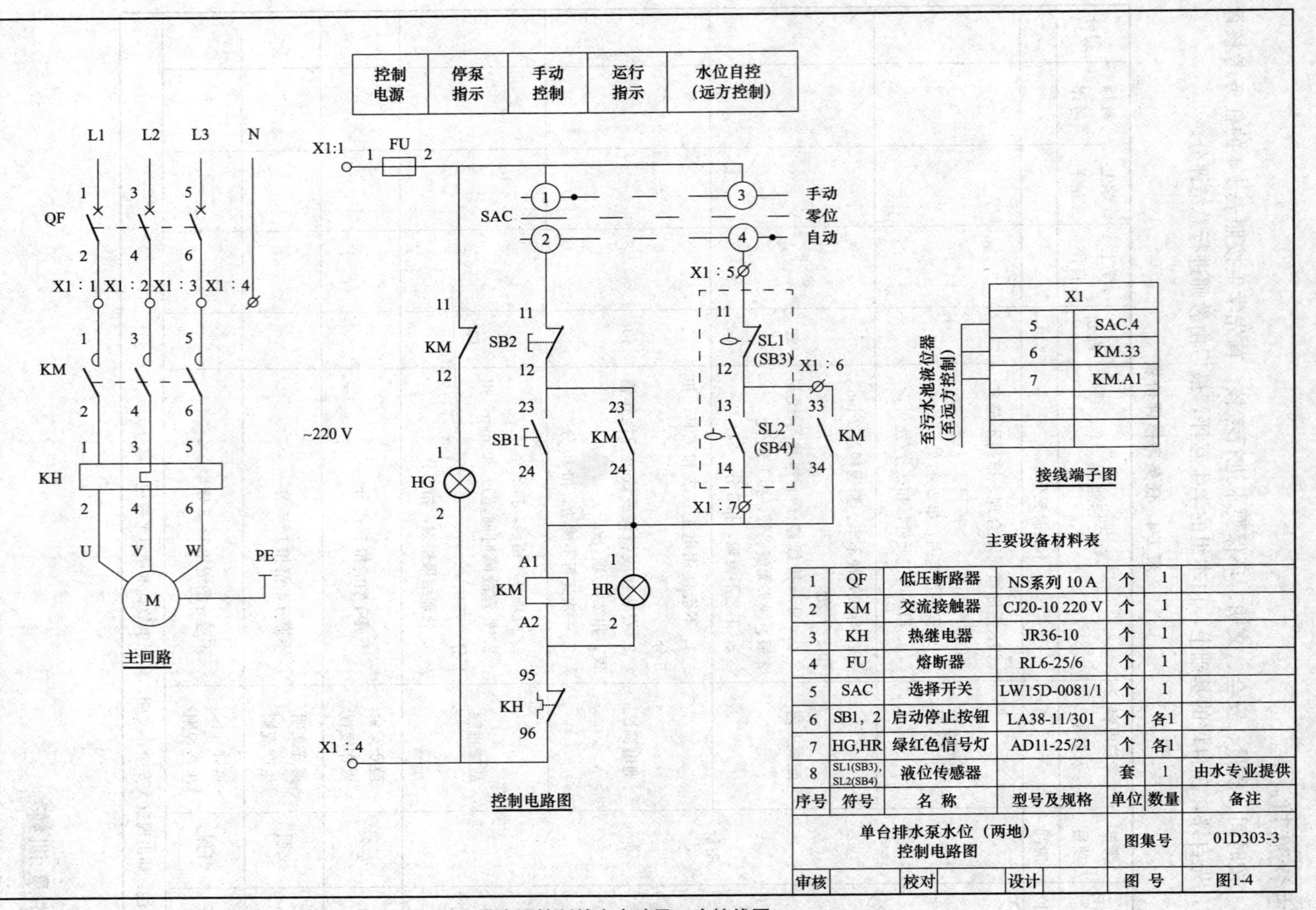

序号	符号	名 称	型号及规格	单位	数量	备注
1	QF	低压断路器	NS系列 10 A	个	1	
2	KM	交流接触器	CJ20-10 220 V	个	1	
3	KH	热继电器	JR36-10	个	1	
4	FU	熔断器	RL6-25/6	个	1	
5	SAC	选择开关	LW15D-0081/1	个	1	
6	SB1，2	启动停止按钮	LA38-11/301	个	各1	
7	HG,HR	绿红色信号灯	AD11-25/21	个	各1	
8	SL1(SB3)，SL2(SB4)	液位传感器		套	1	由水专业提供

单台排水泵水位（两地）控制电路图		图集号	01D303-3
审核	校对	设计	图 号	图1-4

图 1-4　排水泵控制箱主电路及二次接线图

知识链接

一、常用低压电器

(一)刀开关

刀开关属于手动控制电器，主要用于不频繁地接通和分断容量不大的低压供电线路和直接启动小容量的三相异步电动机，同时作为电源隔离开关。

1. 刀开关选用原则

(1)结构形式的确定。选用刀开关时，首先应根据其在电路中的作用和在成套配电装置中的安装位置，确定其结构形式。如果电路中的负载由低压断路器、接触器或其他具有一定分断能力的开关电器(包括负荷开关)来分断，即刀开关仅仅被用来隔离电源时，只需选用没有灭弧罩的产品；反之，如果刀开关必须分断负载，应选用带有灭弧罩，而且是通过杠杆操作的产品。另外，还应根据操作位置、操作方式和接线方式来选用。

(2)规格的选择。刀开关的额定电压应不小于电路的额定电压，刀开关的额定电流一般应不小于所分断电路中各个负载额定电流的总和。若负载是电动机，则必须考虑电动机的启动电流为额定电流的4～7倍，甚至更大，故应选用比额定电流大一级的刀开关。另外，还要考虑电路中可能出现的最大短路电流(峰值)是否在该额定电流等级所对应的电动稳定性电流(峰值)以下。如果超出，就应当选用额定电流更大一级的刀开关。

选型实例：一台Y160L—4型电动机，额定电压为380 V，额定功率为15 kW，额定电流为30.3 A，试选择刀开关的型号。

解：由于电动机的额定电流为30.3 A，考虑热稳定性和动稳定性，故不能按工作电流来选择，所以，可以选择HD13－400/3型刀开关。

2. 刀开关的分类

常用刀开关有开启式负荷开关和封闭式负荷开关。

(1)开启式负荷开关。开启式负荷开关又称瓷底胶盖闸刀开关(以下简称闸刀开关)，由刀开关和熔断器两部分组成，外面罩有塑料外壳，作为绝缘和防护。闸刀开关通常用作隔离电源，以便能安全地对电气设备进行检修或更换保险丝，也可用作直接启动电动机的电源开关。根据刀片数多少，闸刀开关可分为单极(单刀)、双极(双刀)、三极(三刀)。其系列代号为HK，如HK2－15(HK2系列、额定电流为15 A)。其外形、结构和符号如图1-5所示。选用时，闸刀开关的额定电流约大于电动机额定电流3倍。

开启式负荷开关选用原则如下：

1)额定电压的选择。开启式负荷开关用于照明电路时，可选用额定电压为220 V或250 V的二极开关；用于小容量三相异步电动机时，可选用额定电压为380 V或500 V的三极开关。

2)额定电流的选择。在正常的情况下，开启式负荷开关一般可以接通或分断其额定电流。因此，当开启式负荷开关用于普通负载(如照明或电热设备)时，负荷开关的额定电流应等于或大于开断电路中各个负载额定电流的总和。

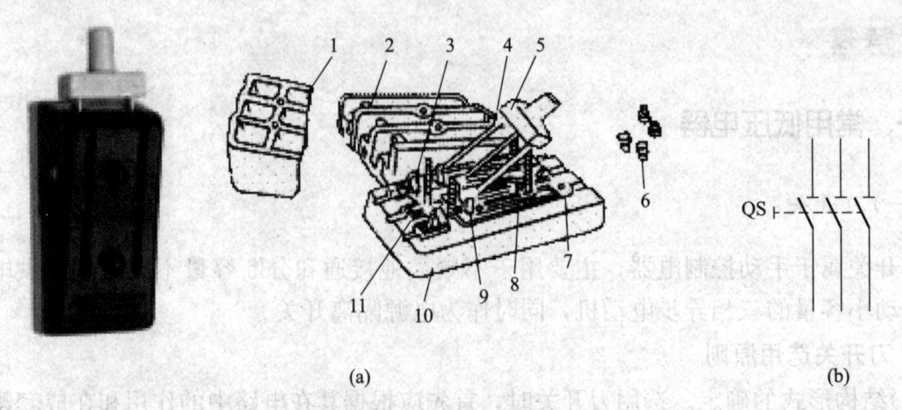

图 1-5　闸刀开关的外形和符号

(a)外形；(b)符号

1—上胶盖；2—下胶盖；3—静夹座；4—触刀；5—瓷柄；6—胶盖固定螺母；

7—出线座；8—熔丝；9—触刀座；10—瓷底板；11—静触点

当开启式负荷开关被用于控制电动机时，考虑电动机的启动电流可达额定电流的4～7倍。因此，不能按照电动机的额定电流来选用，而应将开启式负荷开关的额定电流选得大一些，即负荷开关应适当降低容量使用。根据经验，负荷开关的额定电流一般可选为电动机额定电流的3倍左右。

3)熔丝的选择。对于变压器、电热器和照明电路，熔丝的额定电流宜等于或稍大于实际负载电流。对于配电线路，熔丝的额定电流宜等于或略小于线路的安全电流。对于电动机，熔丝的额定电流一般为电动机额定电流的1.5～2.5倍；在重载启动和全电压启动的场合，熔丝的额定电流应取较大的数值；而在轻载启动和减压启动的场合，熔丝的额定电流应取较小的数值。

(2)封闭式负荷开关。封闭式负荷开关又称铁壳开关，其外壳用薄钢板冲压而成，内部结构与开启式负荷开关基本相同，但其灭弧性能、操作性能、通断性能和安全性能都优于开启式负荷开关。一般用来控制功率在10 kW以下的电动机不频繁的直接启动。系列代号为HH，如HH3－30/3(HH3系列、额定电流为30 A、三刀)。其外形、结构和符号如图1-6所示。使用时必须垂直安装，外壳应可靠接地。

封闭式负荷开关的选用原则如下：

1)与控制对象的配合。由于封闭式负荷开关不带过载保护，只有熔断器用作短路保护，很可能因一相熔断器熔断而导致电动机缺相运行(又称单相运行)故障。另外，根据使用经验，用负荷开关控制大容量的异步电动机时，有可能发生弧光烧手事故。所以，一般只用额定电流为60 A及以下等级的封闭式负荷开关作为小容量异步电动机非频繁直接启动的控制开关。

另外，考虑封闭式负荷开关配用的熔断器的分断能力一般偏低，所以，它应当安装在短路电流不太大的线路末端。

2)额定电流的选择。当封闭式负荷开关用于控制一般照明、电热电路时，开关的额定电流应不小于被控制电路中各个负载额定电流之和。当用封闭式负荷开关控制异步电动机时，考虑异步电动机的启动电流为额定电流的4～7倍，故开关的额定电流应为电动机额定电流的3倍左右。

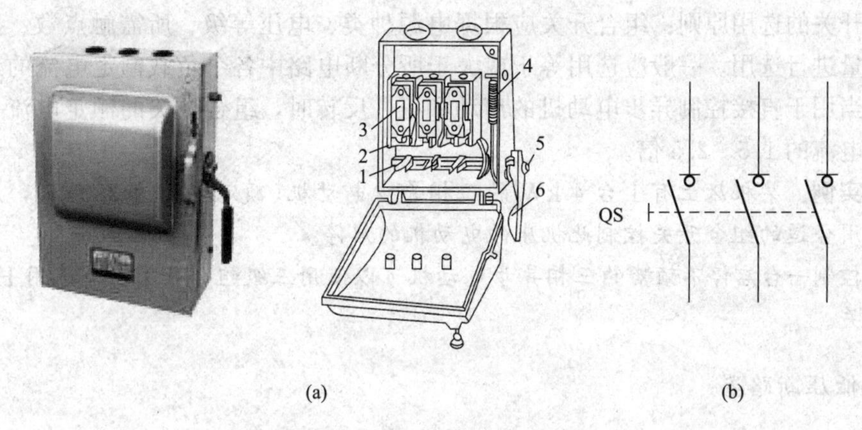

图 1-6　负荷开关的外形和符号

(a)外形；(b)符号

1—闸刀；2—夹座；3—熔断器；4—速断弹簧；5—转轴；6—手柄

(二)组合开关

组合开关又称转换开关，与刀开关不同，它是左右旋转的平面操作，且不带有熔断器。组合开关由接触系统、定位机构、手柄等主要部件组成。组合开关的外形、结构和符号如图 1-7 所示。

组合开关具有多触点、多位置、体积小、性能可靠、操作方便、安装灵活等优点，便于安装在电气控制面板上和控制箱内。其可作为电路控制开关、测试设备开关、电动机控制开关和主令控制开关及电焊机用转换开关等，适用于交流 50 Hz，电压至 380 V 及以下，直流电压 220 V 及以下作手动不频繁接通或分断电路，换接电源或负载。还可转换电气控制线路和电气测量仪表。例如，LW5/YH2/2 型转换开关常用于转换测量三相电压使用。组合开关系列代号为 HZ，如 HZ10－60(HZ10 系列、额定电流为 60 A)。

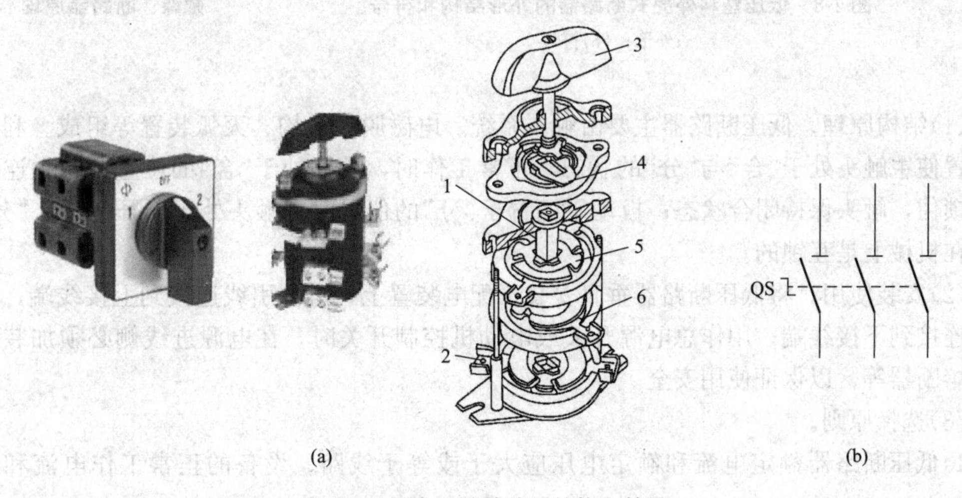

图 1-7　组合开关的外形结构和符号

(a)外形结构；(b)符号

1—绝缘方轴；2—接线端；3—手柄；4—凸轮；5—动触头；6—静触头

组合开关的选用原则：组合开关应根据电源种类、电压等级、所需触点数、接线方式和负载容量进行选用。一般应选用等于或大于所分断电路中各个负载额定电流的总和的组合开关。当用于直接控制异步电动机的启动和正、反转时，组合开关的额定电流一般取电动机额定电流的1.5～2.5倍。

选型实例：某机床上有1台4 kW的三相异步电动机(额定电压为380 V)，启停不频繁，请选用合适的组合开关控制此机床的电动机的启停。

解：控制一台启停不频繁的三相异步电动机可以使用三级组合开关，可选用HZ10-25/3型组合开关。

(三)低压断路器

低压断路器是一种既有开关作用又能进行自动保护的低压电器，当电路中流过故障电流时(短路、过载、欠电压等)，在一定时间内能自动断开故障电路。低压断路器主要用于不频繁接通和分断线路正常工作电流及控制电动机的运行；一般在交流电压为1 200 V、直流电压为1 500 V及以下电压范围使用，不同型号低压断路器的保护功能各有不同。低压塑料外壳式断路器的外形结构和符号如图1-8所示。

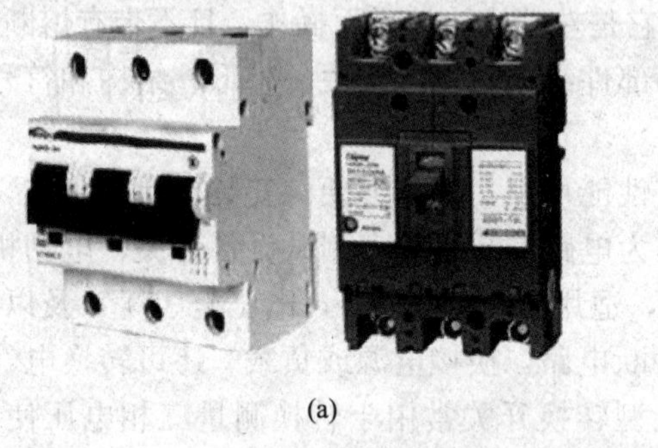

(a)

QF

(b)

图1-8　低压塑料外壳式断路器的外形结构和符号

(a)外形；(b)符号

微课：断路器原理

(1)结构原理。低压断路器主要由触头系统、电磁脱扣机构、灭弧装置等组成。利用手柄装置使主触头处于“合”与“分”的状态，正常工作时，手柄处于“合”的位置，触头连杆被搭钩锁住，触头保持闭合状态；扳动手柄置于“分”的位置时，触头处于断开状态。“分”与“合”在机械上是互锁的。

(2)安装使用。将低压断路器垂直安装于配电装置上，电源引线连接到上接线端，负载引线连接到下接线端；用作总电源开关或电动机控制开关时，在电源进线侧必须加装刀开关或熔断器等，以保证使用安全。

(3)选择原则。

1)低压断路器额定电流和额定电压应大于或等于线路、设备的正常工作电流和工作电压；

2)低压断路器的极限分断能力应大于或等于回路最大短路电路；

3)欠电压脱扣器的额定电压等于线路的额定电压；

4)过电流脱扣器的额定电流大于或等于线路中的最大负荷电流。

(4)低压断路器的选用原则：目前，断路器被广泛用于低压电网中作过载、短路保护。如果选用不当可能会发生误动作或不动作而失去保护作用，甚至产生安全隐患。因此，应根据具体使用条件、与相邻电器的配合及断路器的结构特点等因素，选择最合适的断路器类型。

1)类型的选择。应根据电路的额定电流、保护要求和断路器的结构特点来选择断路器的类型。例如，对于额定电流在 600 A 以下、短路电流不大的场合，一般选用塑料外壳式断路器；若额定电流比较大，则应选用万能式断路器；若短路电流相当大，则应选用限流式断路器；在有漏电保护要求时，应选用漏电保护式断路器。

2)低压断路器的额定电压和额定电流应不小于电路的正常工作电压和工作电流。

3)热脱扣器的整定电流应与所控制电动机的额定电流或负载额定电流一致。

4)电磁脱扣器的瞬间脱扣整定电流应大于负载电路正常工作时的峰值电流。对于电动机来说，DZ 型低压断路器电磁脱扣器的瞬间脱扣整定电流值 I_z 可按下式计算：

$$I_z \geqslant K I_{st}$$

式中 K——安全系数，可取 1.7；

I_{st}——电动机的启动电流(A)。

5)低压断路器的极限通断能力应大于或等于电路最大短路电流。

6)初步选定自动开关的类型和各项技术参数后，还要与做保护特性的其上、下级开关协调配合，从总体上满足系统对选择性保护的要求。

选型实例：一台 Y132 M—4 型 7.5 kW 三相异步电动机，额定电压为 380 V，额定电流为 15 A，拟用断路器做保护和不频繁操作，试选择断路器的型号。

解：因为电动机的额定电流为 15 A，因此，可选用 DZ20 型断路器，热脱扣器的额定电流为 20 A。

(四)熔断器

熔断器是一种用于低压配电系统和电气控制系统及用电设备中作为短路与过电流的保护电器。使用时，将熔断器串联于被保护电路中，当被保护电路的电流超过规定值，并经过一定时间后，由熔体自身产生的热量熔断熔体，使电路断开从而起到保护的作用。熔断器的外形结构和符号如图 1-9 所示。

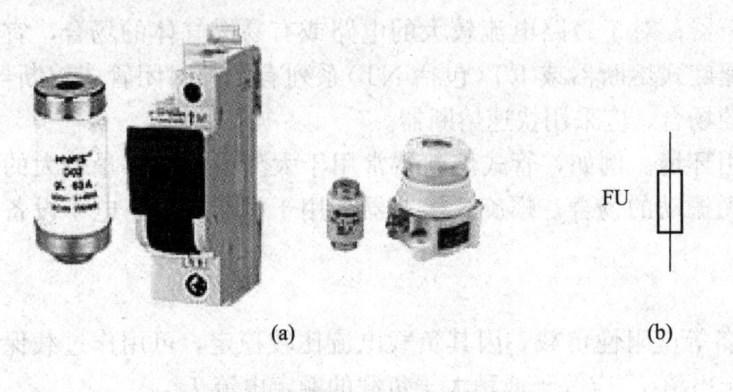

图 1-9　熔断器的外形结构和符号

(a)外形；(b)符号

微课：熔断器原理

(1)熔断器类型。

1)插入式熔断器。插入式熔断器结构简单，由熔断器瓷底座和瓷盖两部分组成。常用的 RC1A 系列熔断器主要用于交流 380 V 及以下的电路末端作线路和用电设备的短路保护，在照明线路中起过载保护作用。

2)螺旋式熔断器。螺旋式熔断器由瓷帽、瓷套、熔管和底座等组成。熔管内装有石英砂、熔丝和带小红点的熔断指示器。当从瓷帽玻璃窗口观测到带小红点的熔断指示器自动脱落时，表示熔丝熔断了。安装时注意上下接线端接法。常用型号有 RL6、RL7、RS2 等系列。

3)有填料密封管式熔断器。有填料密封管式熔断器由熔断管、熔体及插座组成。熔断管为白瓷质，但管内充填石英砂，石英砂在熔体熔断时起灭弧作用，在熔断管的一端还设有熔断指示器。常见的型号有 RT0、RT12、RT14、RT15、RT17、RT18 等系列。

4)无填料密封管式熔断器。无填料密封管式熔断器由熔断管、熔体及插座组成。熔断管由钢纸制成，两端为黄铜制成的可拆式管帽，管内熔体为变截面的熔片，更换熔体较方便，适用于小容量配电设备。主要型号有 RM10 系列。

(2)熔断器的选用。

1)熔断器选用的一般原则。

①应根据使用条件确定熔断器的类型。

②选择熔断器的规格时，应首先选定熔体的规格，然后根据熔体选择熔断器的规格。

③熔断器的保护特性应与被保护对象的过载特性有良好的配合。

④在配电系统中，各级熔断器应相互匹配，一般上一级熔体的额定电流要比下一级熔体的额定电流大 2～3 倍。

⑤对于保护电动机的熔断器，应注意电动机启动电流的影响。熔断器一般只作为电动机的短路保护，过载保护应采用热继电器。

⑥熔断器的额定电流应不小于熔体的额定电流；额定分断能力应大于电路中可能出现的最大短路电流。

2)一般用途熔断器的选用。

①熔断器类型的选择。熔断器主要根据负载的情况和电路短路电流的大小来选择类型。例如，对于容量较小的照明线路或电动机的保护，宜采用 RC1A 系列插入式熔断器或 RM10 系列无填料封闭管式熔断器；对于短路电流较大的电路或有易燃气体的场合，宜采用具有高分断能力的 RL 系列螺旋式熔断器或 RT(包括 NT)系列有填料封闭管式熔断器；对于保护硅整流器件及晶闸管的场合，应采用快速熔断器。

熔断器的形式也要考虑使用环境。例如，管式熔断器常用于大型设备及容量较大的变电场合，插入式熔断器常用于无振动的场合，螺旋式熔断器多用于机床配电，电子设备一般采用熔丝座。

②熔体额定电流的选择。

a. 对于照明电路和电热设备等电阻性负载，因其负载电流比较稳定，可用作过载保护和短路保护，所以，熔体的额定电流 I_{Te}应等于或稍大于负载的额定电流 I_N。

b. 电动机的启动电流很大，因此，对电动机只宜做短路保护，对于保护长期工作的单台电动机，考虑电动机在启动时熔体不能熔断，即

$$I_{Te} \geqslant 2(1.5 \sim 2.5) I_N$$

式中，轻载启动或启动时间较短时，系数可取近 1.5；带重载启动、启动时间较长或启动较

频繁时，系数可取近2.5。

c. 对于保护多台电动机的熔断器，考虑在出现尖峰电流时不熔断熔体，熔体的额定电流应等于或大于最大一台电动机的额定电流的1.5～2.5倍，加上同时使用的其余电动机的额定电流之和，即

$$I_{Te} \geqslant (1.5 \sim 2.5) I_{Nmax} + \sum I_{QN}$$

式中 I_{Nmax}——多台电动机中电流容量最大的一台电动机的额定电流；

$\sum I_{QN}$——其余各台电动机的额定电流之和。

必须说明，由于电动机的负载情况不同，其启动情况也各不同，因此，上述系数只作为确定熔体电流时的参考数据，精确数据需在实践中根据使用情况确定。

③熔断器额定电压的选择。熔断器的额定电压应等于或大于所在电路的额定电压。

选型实例：

实例1： 一台Y160L－8型7.5 kW电动机，额定电压为380 V，额定电流为18 A，试选择RC1A熔断器的型号。

解： 熔体的额定电流为

$$I_{Te} \geqslant (1.5 \sim 2.5) \times 18\ \text{A} = (27 \sim 45)\ \text{A}$$

因此，可选用RC1A－60型插入式熔断器。

实例2： 一台Y132S1－2型电动机，额定电压为380 V，额定功率为5.5 kW，额定电流为11 A，试选择螺旋式熔断器的型号。

解： 熔体的额定电流为

$$I_{Te} \geqslant (1.5 \sim 2.5) \times 11\ \text{A} = (16.5 \sim 27.5)\ \text{A}$$

因此，可选用RL1－60/30型螺旋式熔断器。

(五)交流接触器

交流接触器是一种用于频繁地接通或断开大电流交、直流电路并可实现远距离控制的低压电器。它具有欠电压和低电压释放保护功能，能保证在突然停电或电源电压过低时使电动机停止运行，控制容量大、过载能力强、寿命长、设备简单经济等特点，是电力拖动控制系统中使用最广泛的电气元件。交流接触器的主要控制对象是电动机，也可用于电热设备、电焊机、电容器组等其他负载。常见交流接触器的外形结构和符号如图1-10所示。

(1)基本结构。

1)电磁机构。电磁机构由线圈、动铁心(衔铁)和静铁心组成。其作用是将电磁能转换成机械能，产生电磁吸力带动触点动作。

微课：交流接触器原理

2)触点系统。触点系统包括主触点和辅助触点；主触点用于通断主电路，通常为三对常开触点。辅助触点用于控制电路，起电气联锁作用，故又称联锁触点，一般具有两对辅助常开触点和常闭触点。

3)灭弧装置。灭弧装置熄灭电弧，容量在10 A以上的接触器都有灭弧装置。

4)其他部件。其他部件主要包括反作用弹簧、缓冲弹簧、触点压力弹簧、传动机构及外壳等。

(2)工作原理。当线圈通电后，在铁芯中产生磁通及电磁吸力。此电磁吸力克服弹簧反力使得衔铁吸合，带动触点机构动作，常闭触点打开，常开触点闭合，互锁或接通线路。当线圈失电或线圈两端电压显著降低时，电磁吸力小于弹簧反力，使得衔铁释放，触点机构复位，断开线路或解除互锁。

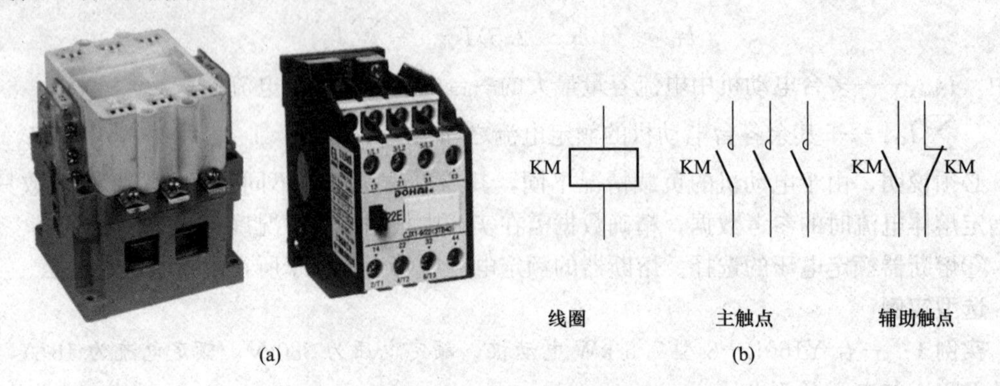

图 1-10 交流接触器的外形结构和符号

(a)外形；(b)符号

(3)接触器的选用原则。

1)接触器的使用类别。根据低压电器基本标准的规定，接触器的使用类别比较多。但在电力拖动控制系统中，常见的接触器使用类别及其典型用途见表 1-5。

表 1-5 常见的接触器使用类别及其典型用途

电流种类	使用类别	典型用途
AC	AC1	无感或微感负载、电阻炉
	AC2	绕线式电动机的启动和分断
	AC3	笼形电动机的启动和分断
	AC4	笼形电动机的启动、反接制动、反向和点动
DC	DC1	无感或微感负载、电阻炉
	DC3	并励电动机的启动、反接制动、反向和点动
	DC5	串励电动机的启动、反接制动、反向和点动

接触器的使用类别代号通常标注在产品的铭牌或工作手册中。表 1-5 中要求接触器主触点达到的接通与分断能力为：AC1 类和 DC1 类允许接通与分断额定电流；AC2 类、DC3 类和 DC5 类允许接通与分断 4 倍的额定电流；AC3 类允许接通与分断 6 倍的额定电流；AC4 类允许接通与分断 8 倍的额定电流。

2)接触器的选用规则。

①选择接触器的类型。接触器的类型应根据电路中负载电流的种类来选择，即交流负载应使用交流接触器，直流负载应使用直流接触器。若整个控制系统中主要是交流负载，而直流负载的容量较小，也可全部使用交流接触器，但触点的额定电流应适当大一些。

②选择接触器主触点的额定电流。接触器主触点的额定电流应大于或等于被控电路的额定电流。若被控电路的负载是电动机，其额定电流可按下式推算：

$$I_N=\frac{P_N\times 10^3}{\sqrt{3}U_N\cos\varphi\cdot\eta}$$

式中 I_N——电动机的额定电流(A)；

U_N——电动机的额定电压(V)；

P_N——电动机的额定功率(kW)；

$\cos\varphi$——功率因数；

η——电动机效率。

例如，$U_N=380$ V，$P_N=100$ kW及以下的电动机，其 $\cos\varphi\cdot\eta$ 可为0.7～0.82，故由上式可得 $I_N\approx 2P_N$；三相电动机的额定电压为220 V时，$I_N\approx 3.5P_N$。

在频繁启动、制动和频繁正反转的场合，接触器主触点的额定电流可稍微降低。

③选择接触器主触点的额定电压。接触器的额定工作电压应不小于被控电路的最大工作电压。

④接触器的额定通断能力应大于通断时电路中的实际电流值；耐受过载电流能力应大于电路中最大工作过载电流值。

⑤应根据系统控制要求确定接触器主触点和辅助触点的数量与类型，同时要注意其通断能力和其他额定参数。

⑥如果接触器用来控制电动机的频繁启动、正反转或反接制动时，应将接触器的主触点额定电流降低使用，通常可降低一个电流等级。

选型实例：一台7.5 kW的三相异步电动机，额定电压为380 V，选择其所需要的接触器。

解：380 V的三相异步电动机的额定电流通常为2 A/kW左右，所以，电动机的额定电流约为16 A，则交流接触器的额定电流大于16 A即可。因此，可选择CJ20—25型交流接触器。

（六）热继电器

热继电器是一种利用电流的热效应对电动机或其他用电设备进行过载保护的低压保护电器。其主要用于电动机的过载保护、断相保护、电流不平衡运行保护及其他电气设备发热状态的保护。常用热继电器的外形结构和符号如图1-11所示。

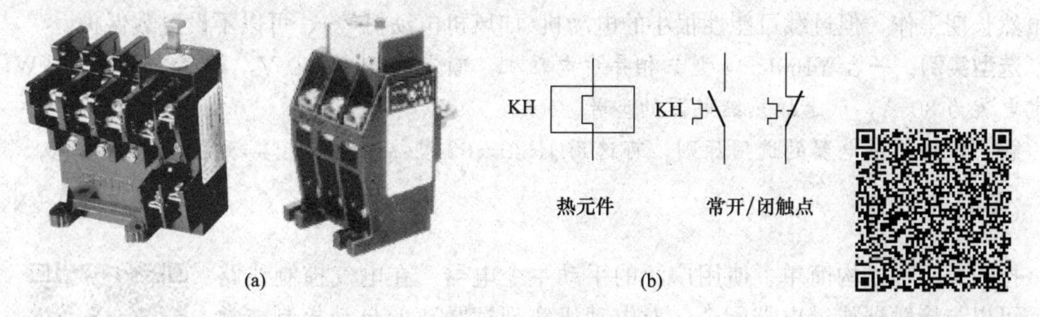

图1-11 热继电器的外形结构和符号

(a)外形；(b)符号

微课：热继电器原理

(1)结构原理。热继电器主要由热元件、双金属片和触点组成。热元件由发热电阻丝做成。双金属片由两种热膨胀系数不同的金属碾压而成。当双金属片受热时，会出现弯曲变形。使用时，将热元件串接于电动机的主电路中，而将常闭触点串接于电动机的控制电路中。电动机正常工作时，触点不动作；当电动机过载时，其电流大于额定值，热元件发出更多的热量，双金属片弯曲，推动推杆使动断触点动作，交流接触器线圈断电，接触器主触点释放，切断电动机电源，起到保护作用。

(2)复位方式。热继电器触点动作后，其触点的复位方式有自动和手动两种方式。当处于自动复位方式时，热继电器可在 5 s 内复位；当处于手动复位方式时，热继电器可在 2 s 后，按复位键能使热继电器复位。

(3)整定电流。热继电器长期不动作的最大电流值，超过此值即动作，由旋钮和偏心轮组成，用来调节整定电流的数值。

(4)安装使用。热继电器可以安装在底座上，固定在导轨上或直接与接触器连接；使用中，热继电器的额定电流应不小于热元件的额定电流，热元件的额定电流应大于电动机的额定电流，其整定值应等于被保护的电动机的额定电流。

(5)热继电器的选用。

1)热继电器的类型选用。一般轻载启动、长期工作的电动机或间断长期工作的电动机，选择两相结构的热继电器；电源电压的均衡性和工作环境较差或较少有人照管的电动机，或多台电动机的功率差别较大，可选择三相结构的热继电器；而三角形联结的电动机，应选用带断相保护装置的热继电器。

2)热继电器的额定电流选用。热继电器的额定电流应略大于电动机的额定电流。

3)热继电器的型号选用。根据热继电器的额定电流应大于电动机额定电流的原则。

4)热继电器的整定电流选用。热继电器的整定电流是指热继电器长期不动作的最大电流，超过此值即动作。一般将热继电器的整定电流调整到等于电动机的额定电流；对过载能力差的电动机，可将热元件整定值调整到电动机额定电流的 60%～80%；对启动时间较长、拖动冲击性负载或不允许停车的电动机，热继电器的整定电流应调整到电动机额定电流的 1.1～1.15 倍。

5)双金属片式热继电器一般用于轻载、不频繁启动电动机的过载保护。对于重载、频繁启动的电动机，可用过电流继电器(延时动作型)做它的过载和短路保护。因为热元件受热变形需要时间，所以，热继电器不能用于短路保护。

6)对于工作时间较短、间歇时间较长的电动机(如摇臂钻床的摇臂升降电动机等)，以及虽然长期工作，但过载可能性很小的电动机(如风机电动机等)，可以不设过载保护。

选型实例：一台 Y160L—4 型三相异步电动机，额定电压为 380 V，额定功率为 15 kW，额定电流为 30 A，试选择热继电器的型号。

解：根据热继电器的选用原则，可选用 JR20—63 型热继电器，其额定电流为 63 A。

(七)按钮

按钮是一种结构简单、使用广泛的手动主令电器。在电气控制线路中，可以与接触器或继电器配合，对电动机实现远距离的自动控制。常开按钮常用来启动电动机，也称启动按钮。常闭按钮常用于控制电动机停车，也称停车按钮。复合按钮用于联锁控制电路。如图 1-12 所示为常用按钮的外形的结构及符号。

微课：按钮、行程开关原理

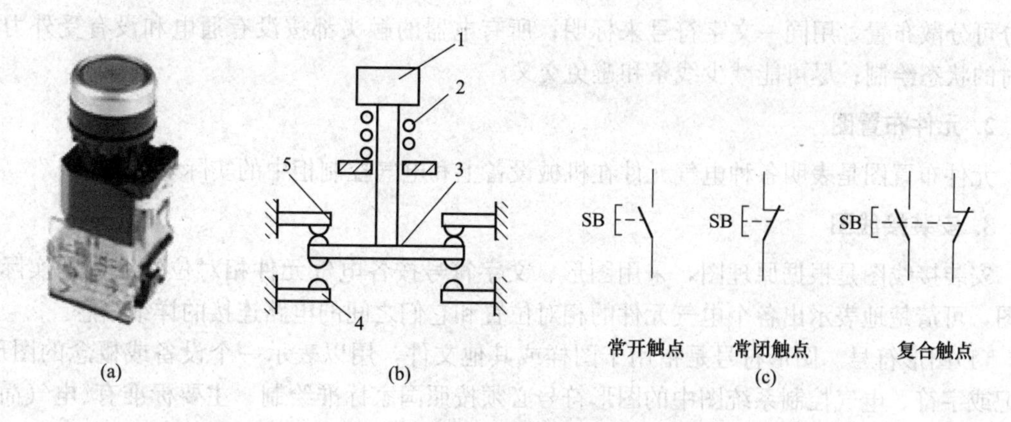

图 1-12　按钮的外形结构和符号

(a)LA38 外形；(b)结构图；(c)符号

1—按钮帽；2—复位弹簧；3—动触点；4—常开静触点；5—常闭静触点

按钮的选择如下：

(1)应根据使用场合和具体用途选择按钮的类型。例如，控制台柜面板上的按钮一般可用开启式；若需显示工作状态，则用带指示灯式；在重要场所，为防止无关人员误操作，一般用钥匙式；在有腐蚀的场所，一般用防腐式。

(2)应根据工作状态指示和工作情况的要求选择按钮与指示灯的颜色。例如，停止或分断用红色，启动或接通用绿色，应急或干预用黄色。

(3)应根据控制回路的需要选择按钮的数量。例如，需要做“正(向前)”“反(向后)”及“停”三种控制时，可用 3 个按钮，并安装在同一个按钮盒内；若只做“启动”及“停止”控制，则用 2 个按钮，并安装在同一个按钮盒内。

二、电气控制系统图

电气控制系统一般由按钮、开关、行程开关及继电器、接触器等低压电器组成。通过电气触点的闭合和分断来控制电路的接通与断开，实现对电动机拖动系统的启动、停止、调速、自动循环与保护等自动控制。通常称为继电-接触器控制系统。

微课：认识电气控制系统原理

为了表达各类设备电气控制系统的结构、原理等设计意图，便于电气系统的安装、调整、使用和维修，通常，将电气控制系统中各电气元件及其连接用一定图形表达出来，形成电气控制系统图。电气控制系统图通常包括电气原理图、元件布置图和安装接线图。

1. 电气原理图

电气原理图是采用国家统一规定的电气图形符号和文字符号，按照电气设备和电器的工作顺序，详细地表示电路、设备或成套装置的全部基本组成和连接关系，而不考虑其实际位置的一种简图。

电气原理的绘制原则：

采用国家统一规定的图形符号和文字符号；主电路与控制电路一般都垂直布置，电源电路绘制成水平线，主电路绘制在图的左侧，控制电路绘制在图的右侧；同一电器的不同部分可分散布置，用同一文字符号来标明；所有电器的触头都按没有通电和没有受外力作用时的状态绘制；尽可能减少线条和避免交叉。

2. 元件布置图

元件布置图是表明各种电气元件在机械设备上和电气控制柜中的实际安装位置。

3. 安装接线图

安装接线图是根据原理图，采用图形、文字符号按各电气元件相对位置绘制的实际接线图，可清楚地表示出各个电气元件的相对位置和它们之间的电路连接的详细信息。

(1)图形符号。图形符号是指用于图样或其他文件，用以表示一个设备或概念的图形、标记或字符。电气控制系统图中的图形符号必须按照国家标准绘制。主要标准有《电气简图用图形符号》(GB 4728)、《电气技术用文件的编制》(GB/T 6988)等。

(2)文字符号。文字符号可分为基本文字符号和辅助文字符号。既可用于电气技术领域中技术文件的编制，也可用于电气设备、装置和元件，以标明其名称、功能、状态和特征。

三、电控柜箱安装基本要求

1. 电气元件安装基本要求

(1)低压电气元件质量良好，型号、规格应符合图纸要求，附件齐全；

(2)电气元件安装位置应整齐、匀称、间距合理，且固定牢固；

(3)各电器应能单独拆装更换而不应影响其他电器及导线束的固定；

(4)紧固各元件时，要用力均匀，紧固程度适当；

(5)有导轨应先固定好导轨，再把其他元件固定在导轨上。

2. 盘柜布线工艺基本要求

(1)导线走线通道尽量少；

(2)同一平面上的导线应高低一致或前后一致，不能交叉；

(3)布线横平竖直，分布均匀；

(4)严禁损坏线芯和导线绝缘层；

(5)在绝缘导线的两端要套上编码套管；

(6)一个接线端子上连接的导线不能超过两根；

(7)导线与接线端子连接时，不能反圈、不能压绝缘层和不露裸铜线过长。

四、三相异步电动机开关控制电路

三相异步电动机开关控制电路一般用于功率小于5.5 kW的电动机临时控制，小型电动机直接启动控制，如小型潜水泵的控制。潜水泵由水泵、密封和电动机三部分组成，电动机位于电泵上部，水泵位于电泵下部为离心式叶轮、蜗壳结构，水泵与电动机之间采用双端面机械密封。其外形结构和控制电路如图1-13所示。在图1-13中，直接使用闸刀开关QS或低压断路器QF实现潜水泵电动机的启动和停止控制，熔断器FU用作电路的短路保护。

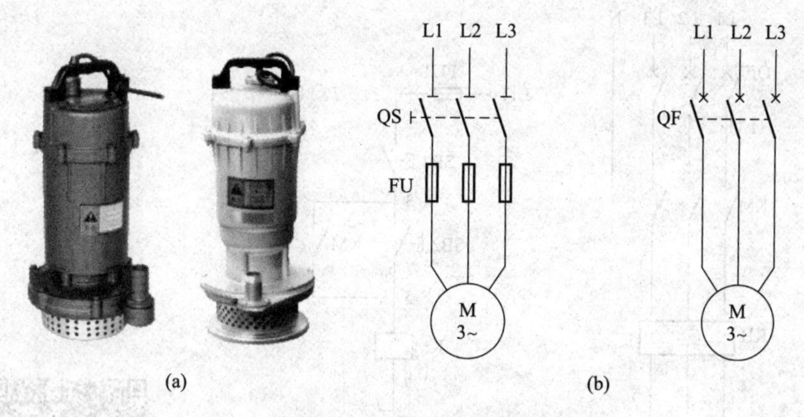

图 1-13　小型潜水泵外形和直接启动控制电路图

(a)外形；(b)直接启动电路

五、三相异步电动机“启—保—停”电气控制回路

三相异步电动机“启—保—停”电气控制回路如图 1-14 所示。图 1-14(a)所示为主电路，由断路器 QF、接触器 KM 主触点、热继电器 KH 的发热元件和电动机 M 构成；图 1-14(b)所示为控制电路，由熔断器 FU、热继电器 KH 常闭触点，启停按钮 SB1、SB2、接触器 KM 常开辅助触点和其线圈构成。

1. 工作原理

合上三相电源开关 QF，引入三相电源，分别按下启动和停止按钮，三相异步电动机运行状况如下：

(1)启动。

按下 SB2→KM 线圈通电→{KM 主触点闭合；KM 辅助常开触点闭合(自锁)；KM 辅助常闭触点断开}电动机 M 连续运行

(2)停止。

按下 SB1→KM 线圈断电→{KM 主触点断开；KM 辅助常开触点断开解除自锁；KM 辅助常闭触点恢复原状态}电动机 M 停止运行

2. 保护环节

(1)短路保护。断路器 QF 和熔断器 FU 分别作主电路和控制回路的短路保护，当回路发生短路故障时能迅速切断电源。

(2)过载保护。热继电器 KH 作电动机的过载保护，其特点是过载电流越大，保护动作越快，但电动机启动时其不动作。

(3)失压和欠压保护。图 1-14 中交流接触器 KM 依靠自身电磁机构实现失压和欠压保护。当电源电压由于某种原因而严重欠压或失压时，接触器的衔铁自行释放，电动机停止运行。即使电源电压恢复，接触器线圈也不会自动通电，只有操作人员再次按下启动按钮后电动机才能启动。

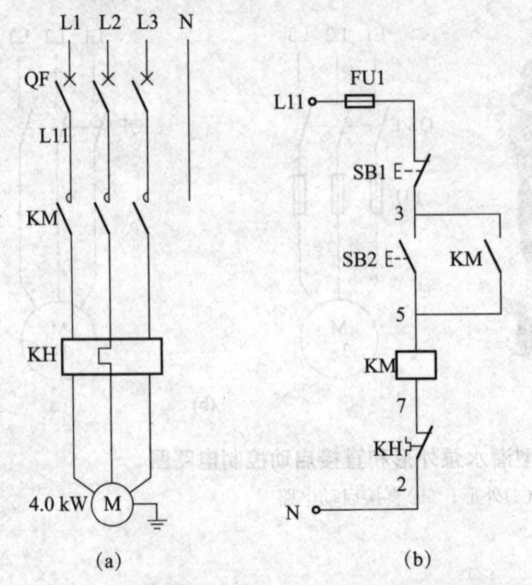

图 1-14　三相异步电动机启—保—停电气控制回路

(a)主回路；(b)控制回路

微课：电动机点动控制电路原理

六、电动机连续工作与点动运行控制

在图 1-14 中，交流接触器 KM 的辅助常开触点与启动按钮 SB2 并联，当松开 SB2 后，KM 的电磁线圈能依靠其辅助常开触点保持通电，使电动机能保持连续运行，这一作用称为自锁。KM 的辅助常开触点称为自锁触点。若没有连接自锁触点，当按下 SB2 时，电动机运行，一旦松手，电动机立即停止，这种情况称为点动控制。与之相对应的，假如松开按钮后能使电动机连续工作，则称为长动控制。区分点动与长动的关键是控制回路中控制电器通电后能否自锁，即是否具有自锁触点。

电动机点动控制回路如图 1-15 所示。按下启动按钮，电动机运转，而松开按钮，电动机停止运行。

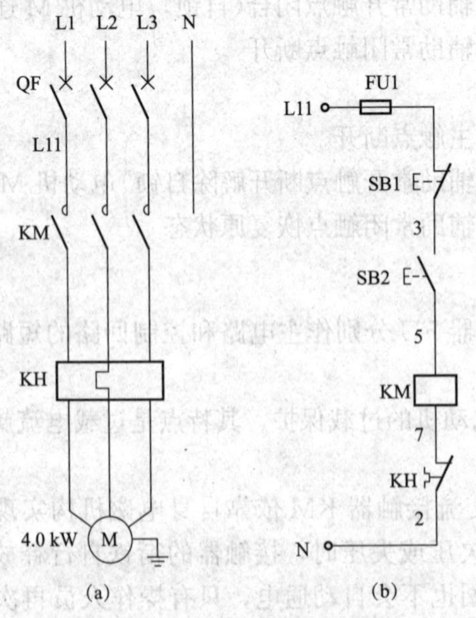

图 1-15　电动机点动控制回路

(a)主回路；(b)控制回路图

微课：电动机连续运行控制电路原理

七、电动机异地控制电路

电动机异地控制是指在两地或多地点的控制操作，一般用于一定规模的设备控制。异地控制按钮连接原则为常开按钮相互并联，组成“或”逻辑关系，常闭按钮相互串联，组成“与”逻辑关系，任一条件满足即可成立。电动机两地控制的电路如图 1-16 所示。其中，SB1/2、SB3/4 分别为安装在甲、乙两地的启动和停止按钮。

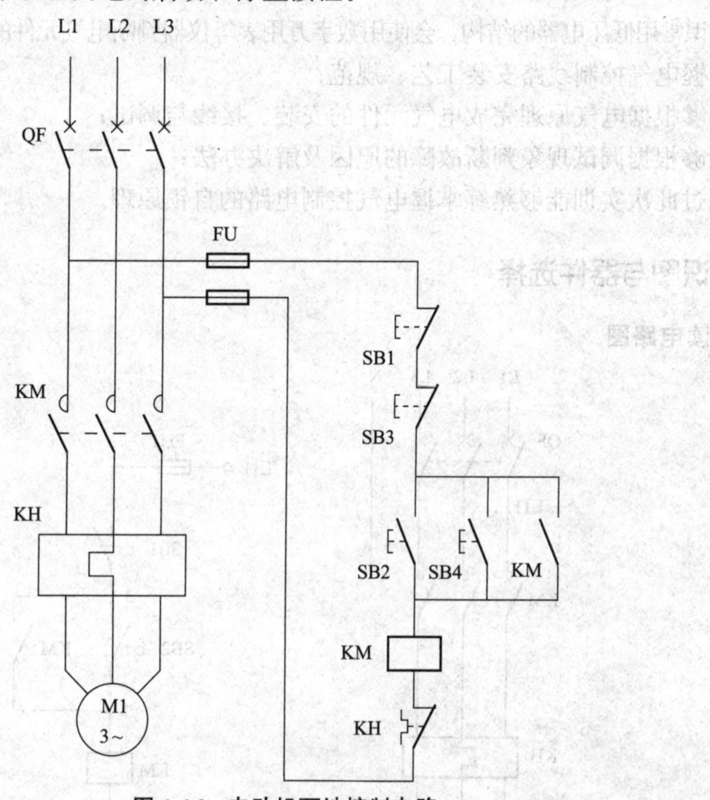

图 1-16 电动机两地控制电路

微课：电动机单向连续运行电路安装(上)

微课：电动机单向连续运行电路安装(中)

微课：电动机单向连续运行电路安装(下)

微课：电动机点动运行电路安装(上)

微课：电动机点动运行电路安装(中)

微课：电动机点动运行电路安装(下)

实训一　电动机“启—保—停”控制电路安装与调试

一、实训目的

(1)认识常用低压电器的结构，会使用数字万用表等仪器判断电气元件的质量及触点的类别；

(2)掌握电气控制线路安装工艺、规范；

(3)能够根据电气原理完成电气元件的安装、接线与调试；

(4)能够根据调试现象判断故障的原因及解决办法；

(5)通过此次实训能够熟练掌握电气控制电路的自锁原理。

二、识图与器件选择

1. 识读电路图

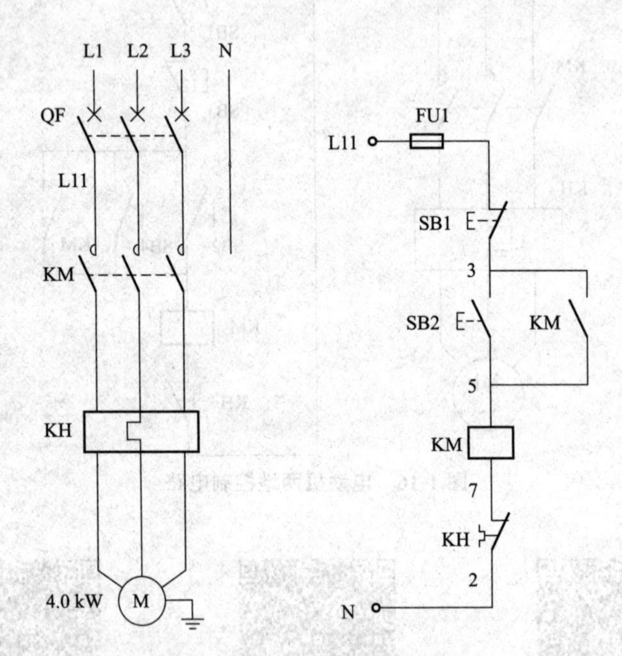

电动机“启—保—停”控制原理图

2. 选择电气元件

器件名称	数量	型号	器件名称	数量	型号

3. 工具与仪器仪表

(1)工具：试电笔、十字螺钉旋具、一字螺钉旋具、尖嘴钳、剥线钳等。

(2)仪器仪表：数字万用表、兆欧表等。

三、操作步骤

1. 电路准备工作

(1)熟悉电气元件结构及工作原理。在连接控制电路线路前，应熟悉按钮开关、交流接触器、热继电器的结构形式、工作原理及接线方式和方法。

(2)记录电路设备参数。将所使用的主要电路电器的型号、规格及额定参数记录下来，并理解和体会各参数的实际意义。

(3)电动机的外观检查。电路接线前应先检查电动机的外观有无异常。如条件许可，可用手盘动电动机的转子，观察转子转动是否灵活，与定子的间隙是否有摩擦现象等。

(4)电动机的绝缘检查。使用兆欧表依次测量电动机绕组与外壳之间及各绕组间的绝缘电阻值，并将测量数据记录于表中，同时，应检查绝缘电阻值是否符合要求。

相间绝缘	绝缘电阻/MΩ	各相对地绝缘	绝缘电阻/MΩ
U相与V相		U相对地	
V相与W相		V相对地	
W相与U相		W相对地	

2. 安装接线

(1)检查电气元件质量。应在不通电的情况下，使用万用表检查各触点的分、合情况是否良好。检查接触器时，应拆卸灭弧罩，用手同时按下三副主触点并用力均匀；同时，应检查接触器线圈电压与电源电压是否相符。

使用数字万用表检查需用到的低压电器在未通电的情况下参数是否正常。

器件名称	电阻/Ω	器件名称	电阻/Ω
交流接触器主触点		热继电器主触点	
交流接触器线圈		热继电器常开触点	
交流接触器常开触点		热继电器常闭触点	
交流接触器常闭触点		按钮常开触点	
熔断芯		按钮常闭触点	

(2)安装电气元件。将电气元件摆放均匀、整齐、紧凑、合理，并用螺钉进行安装。注意开关、熔断器的受电端子应安装在控制板的外侧，并使熔断器的受电端为底座的中心端；紧固各元件时应用力均匀，紧固程度适当。

(3)电路配线。应遵循“先主后控，先串后并；从上到下，从左到右；上进下出，左进右出”的原则进行接线。

主电路采用 BV1.5 mm^2(黑色)，控制电路采用 BV1 mm^2(红色)；按钮线采用 BVR0.75 mm^2(红色)，接地线采用 BVR1.5 mm^2(绿/黄双色线)。布线时要符合电气原理图，先将主电路的导线配制完成后，再配制控制回路的导线；布线时还应符合平直、整齐、紧贴敷设面、走线合理及接点不得松动等要求。

电路配线应具体注意以下几点：

1)走线通道应尽可能少，同一通道中的沉底导线，按主、控电路分类集中，单层平行密排，并紧贴敷设面。

2)同一平面的导线应高低一致或前后一致，不能交叉。当必须交叉时，该根导线应在接线端子引出时，水平架空跨越，但走线必须合理。

3)布线应横平竖直，变换走向应垂直。

4)导线与接线端子或线桩连接时，应不压绝缘层、不反圈及不露铜过长。并做到同一元件、同一回路的不同接点的导线间距保持一致。

5)一个电气元件接线端子上的连接导线不得超过两根，每节接线端子板上的连接导线一般只允许连接一根。

6)布线时，严禁损伤线芯和导线绝缘。

7)布线时，不在控制板上的电气元件要从端子排上引出。

(4)按图检验配线正确性。电路线路连接好后，学生应先自行进行认真仔细的检查，特别是控制回路接线，一般可采用万用表进行校线，以确认线路连接正确无误。

使用数字万用表检查控制回路在未通电的情况下参数是否正常。

控制回路	电阻/Ω	自锁电路部分	电阻/Ω
未按下启动按钮 SB2		未按下启动按钮 SB2	
按下启动按钮 SB2		按下启动按钮 SB2	

备注：若控制回路或自锁电路测量的参数不正常，需要根据参数判断故障，然后进行针对性检查。

(5)接电源、电动机等控制板外部的导线。

3. 电路试运行

经教师检查后，通电试车。

(1)接通电源：合上电源开关 QS 或断路器 QF。

(2)启动：按下启动按钮，观察线路和电动机运行有无异常现象，并观察电动机控制电器的动作情况和电动机的动作情况。

(3)停止：按下停止按钮，接触器 KM 线圈失电，KM 自锁触头分断解除自锁，且 KM 主触头分断，电动机 M 失电停转。

4. 故障分析与排查

常见故障	故障分析	排查方式	记录
接触器通电后电动机不转动	1. 电动机绕组尾端没有连接成星形 2. 电动机绕组缺相 3. 电源电压不足	1. 检查电动机绕组尾端是否接成星形 2. 用数字万用表检查电动机各项绕组阻值是否正常 3. 测量各项电压是否正常	

续表

常见故障	故障分析	排查方式	记录
电动机只能实现点动控制	1. 电路缺少自锁环节 2. 交流接触器损坏	1. 检查自锁电路接线是否正确 2. 检查交流接触器触点是否正常动作	
短路	1. 主电路相间短路 2. 控制回路短路	1. 测量主电路的相间电阻值 2. 测量控制回路的阻值，查找故障点	

5. 电路结束

(1)电路工作结束后，应切断电动机的三相交流电源。

(2)拆除控制线路、主电路和有关电路电器。

(3)将各电气设备和电路物品按规定位置安放整齐。

四、实训报告

(1)绘制电气原理图，并在原理图中标出点动、自锁等触头。

(2)记录仪器和设备的名称、规格和数量，记录测量参数。

(3)根据电路操作，简要写出电路步骤。

(4)记录实训结果。

(5)总结本次实训的心得体会。

五、注意事项

(1)电动机和按钮的金属外壳必须可靠接地。接至电动机的导线必须穿在导线通道内加以保护，或采用坚韧的四芯橡皮线或塑料护套线进行临时通电校验。

(2)电源进线应接在螺旋式熔断器底座的中心端上，出线应接在螺纹外壳上。

(3)电动机必须安放平稳，以防运转时产生滚动而引起事故。

(4)要注意电动机必须进行换相，否则，电动机只能进行单向运转。

(5)要特别注意接触器的自锁触点不能接错，否则将会造成电路不能持续运动的故障。

任务二　电动机正反转运行控制

学习目标

1. 进一步熟悉低压断路器、接触器、热继电器、按钮等电器的结构原理；
2. 理解互锁的意义及应用，能识读电动机正反转运行控制电路；
3. 能完成电动机正反转运行控制电路的安装调试。

任务要求

某工地混凝土搅拌机滚筒不能正常运转，经检查是控制滚筒运行的电气元件及线路损坏无法修复，请按照电气图纸对搅拌机滚筒控制电路进行安装并调试合格。

实施路径

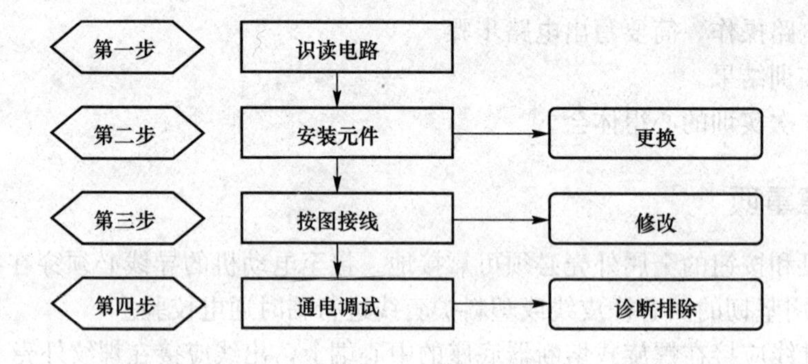

组织形式

在本任务实施中，由 3～4 名学生组成一个工作小组，共同讨论任务并进行分配，任务分配表见表 1-1。各小组制订出实施方案及工作计划，组长协助教师参与指导本组学生学习，检查项目实施进程和质量，制订改进措施，共同完成项目任务。

任务实施

第一步　识读电路

混凝土搅拌机的工作程序分为几道工序：搅拌机滚筒正转搅拌混凝土，反转使搅拌好的混凝土出料；料斗电动机正转，牵引料斗起仰上升，将骨料和水泥倾入搅拌机滚筒，反转使料斗下降放平(以接受再一次的下料)；在混凝土搅拌过程中，还需要由操作人员操作控制相关按钮，使水流入搅拌机的滚筒中，加入足够的水后，停止进水。混凝土搅拌机的工作过程实际是电动机的正反转控制。从电动机的原理可知道，若将接到电动机的三相电源进线中的任意两相对调，就可以改变电动机的旋转方向。

混凝土搅拌机的滚筒外形结构和运行控制电路图如图 2-1 所示。在图 2-1 中，按钮 SB2 控制正转接触器 KM1，按钮 SB3 控制反转降接触器 KM2。按下停止按钮 SB1 时，使滚筒停止，热继电器 KH 和熔断器 FU 分别作过载和短路保护用。

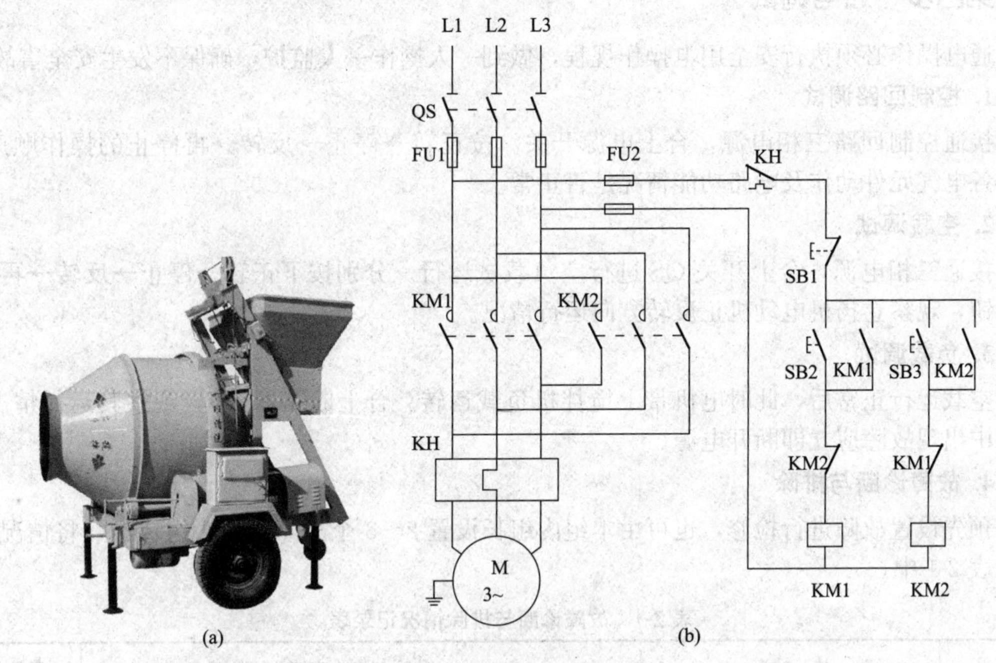

图 2-1 混凝土搅拌机的滚筒外形结构和运行控制电路图

(a)搅拌机外形；(b)控制电路图

第二步 安装元件

1. 选择元件

按照电路图选择电气元件，核对型号规格是否正确，检查电气元件是否齐备、完好，所用电气元件的外观应完整无损，动作灵活无阻卡现象，附件、备件、合格证齐全，采用万用表测量所有电气元件的有关技术数据应符合产品质量要求，否则应给予更换。

2. 固定元件

按照电路图安装电气元件，元件必须横平竖直，所有元件的布置应整齐美观，元件的间距须符合电气安全要求。

第三步 按图接线

1. 电路配线

根据电路图配线，横平竖直，符合盘柜电气安装配线工艺要求。一般按电路回路从左到右，每个回路按元件顺序从上至下进行配线。

2. 自检质量

按电路图检查导线连接的正确性，从电源开始、逐段校对接线及接线端子线号有无漏接、错接，压接是否牢固、接触是否良好。必要时，使用万用表检查电路有无短路或断路的现象。

第四步 通电调试

通电操作必须执行安全用电操作规程，做到一人操作一人监护，确保不发生安全事故。

1. 控制回路调试

接通控制回路三相电源，合上电源开关。按正转→停止→反转→再停止的操作顺序，观察各电气元件动作及电路功能情况是否正常。

2. 空载调试

接通三相电源，合上开关 QS 进行空负载试运行。分别按下正转→停止→反转→再停止按钮，观察卷扬机电动机正反转方向运行情况。

3. 负载调试

空载运行正常后，此时电机带上搅拌机负载运转。合上断路器 QF，观察其运行情况，调试中出现故障应立即断开电源。

4. 故障诊断与排除

预先设置故障进行检修，也可由本组内组长设置 2～3 个故障考核小组成员，将情况记录于表 2-1 中。

表 2-1 故障诊断与排除情况记录表

序号	故障情况	分析与排除方法	备注
1			
2			

常见问题及解决措施

问题 1 合上电源开关后，按下启动按钮，电动机不运转。

解决措施 使用电笔或万用表检查电源电压是否正常，熔断器有无熔断；检查电路连线情况、各连接点是否连接可靠；查看热继电器、交流接触器、电动机有无问题。

问题 2 合上电源开关后，按下启动按钮，出现短路情况。

解决措施 按图检查主电路及控制电路的连接是否有错误。

任务评价

按时间、质量、安全、文明、环保要求进行考核。首先学生按照表 1-4 的任务考核评分，先自评，在自评的基础上，由本组的学生互评，最后由教师进行总结评分。

拓展训练

某工业设备工作台往复运动电动机控制电路如图 2-2 所示。SQ1、SQ2 为自动往返行程限位开关，SQ3、SQ4 为工件运动极限保护开关。请描述工作台往复运动控制电路的工作过程。

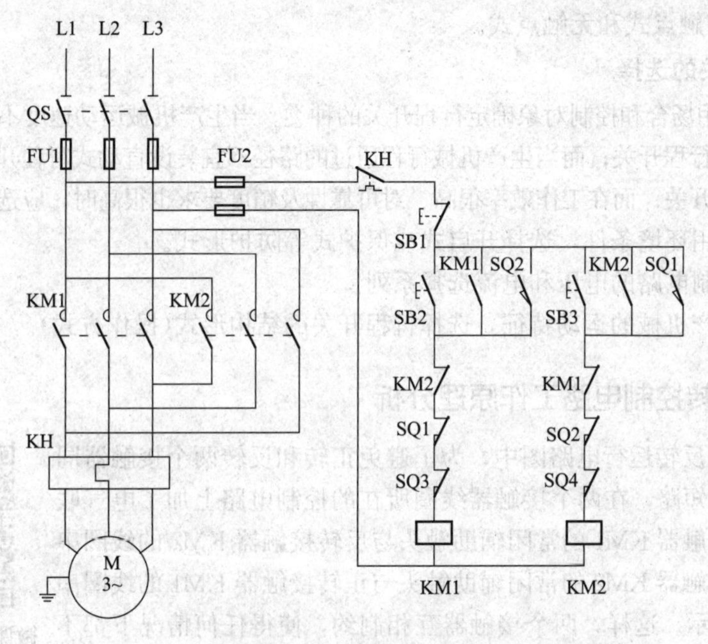

图 2-2　某工业设备工作台往复运动的电动机控制电路

知识链接

一、行程开关

行程开关是一种根据运动部件的行程位置切换电路的电器，它的作用原理与按钮相似，广泛应用于各类机床和起重机械，用于控制行程、进行终端限位保护。

微课：按钮、行程开关原理

1. 结构

各种行程开关的基本结构都是由触头系统、操作机构和外壳等组成。常见行程开关的外形结构和符号如图 2-3 所示。

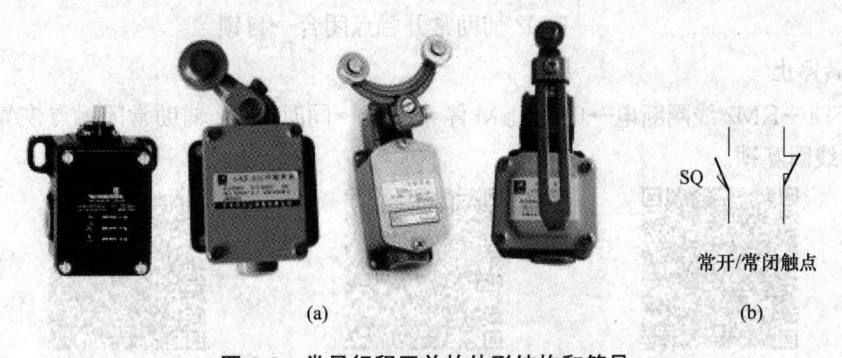

图 2-3　常见行程开关的外形结构和符号

(a)常见行程开关的外形结构；(b)图形、文字符号

2. 分类

行程开关的种类很多，按其结构可分为直动式、滚轮式、微动式和组合式；按其触点的性质可分为有触点式和无触点式。

3. 行程开关的选择

(1)根据使用场合和控制对象确定行程开关的种类。当生产机械运动速度不是太快时，通常选用一般用途的行程开关；而当生产机械行程通过的路径不宜装设直动式行程开关时，应选用凸轮轴转动式行程开关；而在工作效率很高、对可靠性及精度要求也很高时，应选用接近开关。

(2)根据使用环境条件，选择开启式或保护式等防护形式。

(3)根据控制电路的电压和电流选择系列。

(4)根据生产机械的运动特征，选择行程开关的结构形式(操作方式)。

二、正反转控制电路工作原理分析

在电动机正反转运行电路图中，为了避免正转和反转两个接触器同时动作造成相间短路，在两个接触器线圈所在的控制电路上加了电气联锁。即将正转接触器 KM1 的常闭辅助触头与反转接触器 KM2 的线圈串联；又将反转接触器 KM2 的常闭辅助触头与正转接触器 KM1 的线圈串联，如图 2-3 所示。这样，两个接触器互相制约，使得任何情况下都不会出现两个线圈同时得电的状况，起到保护作用。这种方法称为接触器互锁。参考图 2-1，合上三相电源开关 QF，电动机 M 处于停止。

微课：电动机正反转运行电路安装原理

1. 正转启动

按下 SB2→KM1 线圈通电→
- KM1 辅助常闭触点断开→对 KM2 线圈互锁
- KM1 主触点闭合→电动机 M 正转运行
- KM1 辅助常开触点闭合→自锁

2. 正转停止

按下 SB1→KM1 线圈断电→电动机 M 停止运行→同时 KM1 辅助常闭触点恢复闭合→解除对 KM2 线圈互锁。

3. 反转启动

按下 SB3→KM2 线圈通电→
- KM2 辅助常闭触点断开→对 KM1 线圈互锁
- KM2 主触点闭合→电动机 M 反转运行
- KM2 辅助常开触点闭合→自锁

4. 反转停止

按下 SB1→KM2 线圈断电→电动机 M 停止运行→同时 KM2 辅助常闭触点恢复闭合→解除对 KM1 线圈互锁。

微课：电动机正反转运行电路安装(上)

微课：电动机正反转运行电路安装(中)

微课：电动机正反转运行电路安装(下)

三、卷扬机控制电路

施工用卷扬机控制电路如图 2-4 所示。在图 2-4 中，YB 为断电制动器，在上升接触器线圈回路串接的限位开关 SQ 安装在铁架顶端，防止吊笼上升过头，造成严重事故。电路中复合启动按钮 SB1、SB2 也具有电气互锁作用。SB1 的常闭触头串接在 KM2 线圈的供电线路上，SB2 的常闭触头串接在 KM1 线圈的供电线路上，这种互锁关系能保证一个接触器断电释放后，另一个接触器才能通电动作，从而避免因操作失误造成电源相间短路。这种电路称为按钮互锁电路。

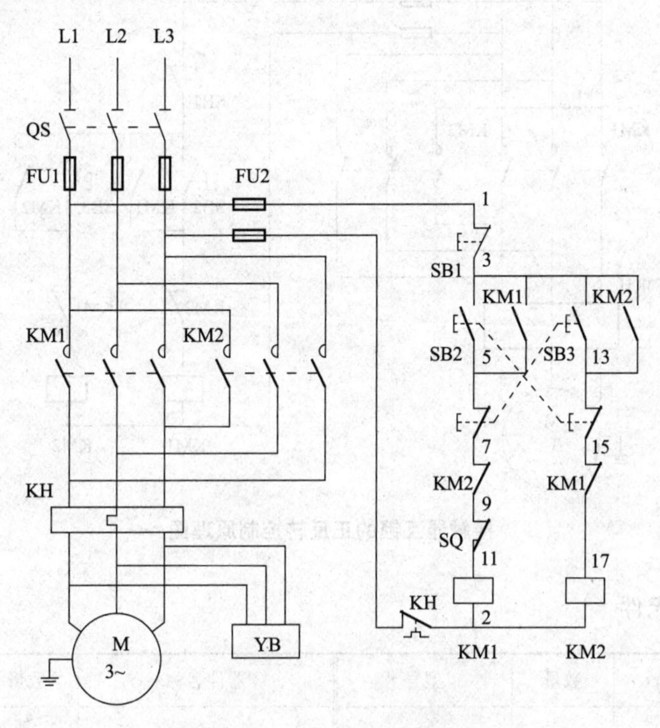

图 2-4　施工用卷扬机控制电路

实训二　接触器互锁的正反转控制电路安装与调试

一、实训目的

(1)熟悉常用低压电器的结构，会使用数字万用表等仪器判断电气元件的质量及触点的类别；

(2)掌握电气控制线路安装工艺、规范；

(3)能够根据电气原理完成电气元件安装、接线与调试；

(4)能够根据调试现象判断故障的原因及解决办法；

(5)通过此次实训能够熟练掌握接触器互锁应用。

二、识图与器件选择

1. 识读电路图

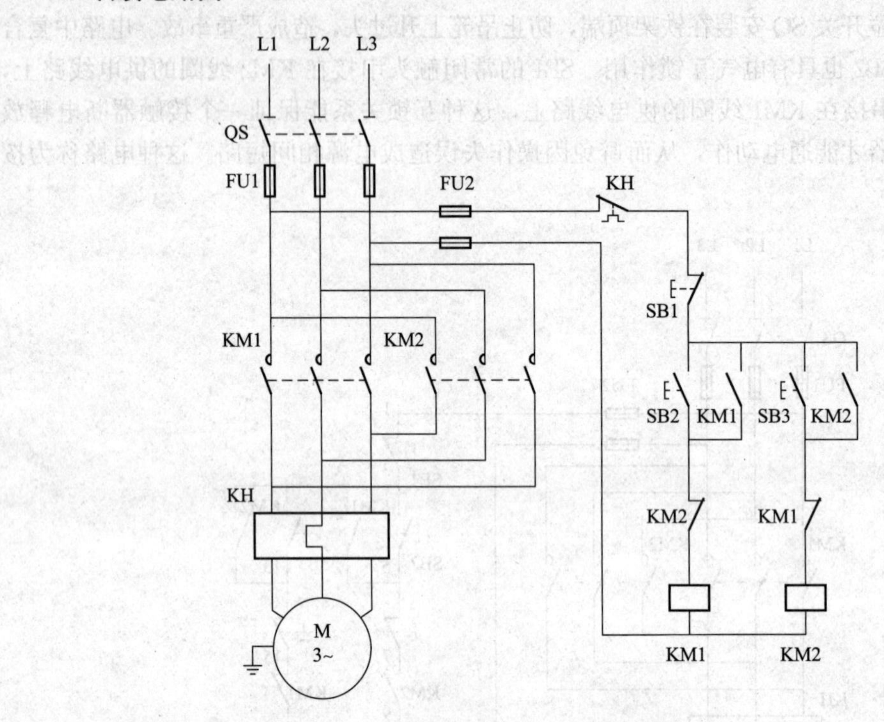

接触器互锁的正反转控制原理图

2. 选择电气元件

器件名称	数量	型号	器件名称	数量	型号

3. 工具与仪器仪表

工具：试电笔、十字螺钉旋具、一字螺钉旋具、尖嘴钳、剥线钳等。

仪器仪表：数字万用表、兆欧表等。

三、操作步骤

1. 电路准备工作

(1)熟悉电气元件结构及工作原理。在连接控制电路线路前，应熟悉按钮开关、交流接触器、热继电器的结构形式、工作原理及接线方式和方法。

(2)记录电路设备参数。将所使用的主要电路电器的型号、规格及额定参数记录下来，并理解和体会各参数的实际意义。

(3)电动机的外观检查。电路接线前应先检查电动机的外观有无异常。如条件许可，可用手盘动电动机的转子，观察转子转动是否灵活，与定子的间隙是否有摩擦现象等。

(4)电动机的绝缘检查。使用兆欧表依次测量电动机绕组与外壳之间及各绕组之间的绝缘电阻值，并将测量数据记录于表中，同时，应检查绝缘电阻值是否符合要求。

相间绝缘	绝缘电阻/MΩ	各相对地绝缘	绝缘电阻/MΩ
U相与V相		U相对地	
V相与W相		V相对地	
W相与U相		W相对地	

2. 安装接线

(1)检查电气元件质量。应在不通电的情况下，使用万用表检查各触点的分、合情况是否良好。检查接触器时，应拆卸灭弧罩，用手同时按下三副主触点并用力均匀；同时，应检查接触器线圈电压与电源电压是否相符。

使用数字万用表检查需用到的低压电器在未通电的情况下参数是否正常。

器件名称	电阻/Ω	器件名称	电阻/Ω
交流接触器主触点		热继电器主触点	
交流接触器线圈		热继电器常开触点	
交流接触器常开触点		热继电器常闭触点	
交流接触器常闭触点		按钮常开触点	
熔断芯		按钮常闭触点	

(2)安装电气元件。将电气元件摆放均匀、整齐、紧凑、合理，并用螺钉进行安装。注意开关、熔断器的受电端子应安装在控制板的外侧，并使熔断器的受电端为底座的中心端；紧固各电气元件时应用力均匀，紧固程度适当。

(3)电路配线。应遵循“先主后控，先串后并；从上到下，从左到右；上进下出，左进右出”的原则进行接线。

主电路采用 BV1.5 mm²（黑色），控制电路采用 BV1 mm²（红色）；按钮线采用 BVR0.75 mm²（红色），接地线采用 BVR1.5 mm²（绿/黄双色线）。布线时要符合电气原理图，先将主电路的导线配制完成后，再配制控制回路的导线；布线时还应符合平直、整齐、紧贴敷设面、走线合理及接点不得松动等要求。

电路配线应具体注意以下几点：

1)走线通道应尽可能少，同一通道中的沉底导线，按主、控电路分类集中，单层平行密排，并紧贴敷设面。

2)同一平面的导线应高低一致或前后一致，不能交叉。当必须交叉时，该根导线应在接线端子引出时，水平架空跨越，但走线必须合理。

3)布线应横平竖直，变换走向应垂直。

4)导线与接线端子或线桩连接时，应不压绝缘层、不反圈及不露铜过长。并做到同一元件、同一回路的不同接点的导线间距保持一致。

5)一个电气元件接线端子上的连接导线不得超过两根，每节接线端子板上的连接导线一般只允许连接一根。

6)布线时，严禁损伤线芯和导线绝缘。

7)布线时，不在控制板上的电气元件要从端子排上引出。

(4)按图检验配线正确性。电路线路连接好后，学生应先自行进行认真仔细的检查，特别是控制回路接线，一般可采用万用表进行校线，以确认线路连接正确无误。

在未通电的情况下使用数字万用表对电路进行检查。

主回路	电阻/Ω	控制回路	电阻/Ω
未按下接触器动铁芯 L1—L2		未按下启动按钮	
未按下接触器动铁芯 L2—L3		按下启动按钮 SB2	
未按下接触器动铁芯 L1—L3		按下启动按钮 SB3	
按下 KM1 动铁芯 L1—L2		按下 KM1 动铁芯	
按下 KM1 动铁芯 L2—L3		按下 KM2 动铁芯	
按下 KM1 动铁芯 L1—L3		按下 KM1、KM2 动铁芯	
按下 KM2 动铁芯 L1—L2			
按下 KM2 动铁芯 L2—L3			
按下 KM2 动铁芯 L1—L3			

备注：若对主回路或控制回路测量的参数不正常，需要根据参数判断故障，然后进行针对性检查。

(5)接电源、电动机等控制板外部的导线。

3. 电路试运行

经教师检查后，通电试车。

(1)接通电源。合上电源开关 QS。

(2)正转启动电路。按下启动按钮 SB2，观察线路和电动机运行有无异常现象，并观察电动机控制电器的动作情况和电动机的旋转方向。

(3)停止运行。按下停止按钮 SB1，接触器 KM1 线圈失电，KM1 自锁触头分断解除自锁，且 KM1 主触头分断，电动机 M 失电停转。

(4)反转启动电路。按下反转启动按钮 SB3，同时观察电动机控制电器的动作情况和电动机旋转方向的改变。

4. 故障分析与排查

常见故障	故障分析	排查方式	记录
合上电源开关后，按下正转或反转启动按钮电动机不转动	1. 电动机绕组尾端没有连接成星形 2. 电动机绕组缺相 3. 电源电压不足	1. 检查电动机绕组尾端是否连接成星形 2. 用数字万用表检查电动机各项绕组阻值是否正常 3. 测量各项电压是否正常	
电动机正转或反转时只能实现点动控制	1. 电路缺少自锁环节 2. 交流接触器损坏	1. 检查自锁电路接线是否正确 2. 检查交流接触器触点是否正常动作	
合上电源出现短路故障	1. 主电路相间短路 2. 控制回路短路	1. 测量主电路的相间电阻值 2. 测量控制回路的阻值，查找故障点	

5. 电路结束

(1)电路工作结束后，应切断电动机的三相交流电源。

(2)拆除控制线路、主电路和有关电路电器。

(3)将各电气设备和电路物品按规定位置安放整齐。

四、实训报告

(1)绘制电气原理图，并在原理图中标出自锁、互锁触头。

(2)记录仪器和设备的名称、规格和数量，记录测量参数。

(3)根据电路操作，简要写出电路步骤。

(4)记录实训结果。

(5)总结本次实训的心得体会。

五、注意事项

(1)电动机和按钮的金属外壳必须可靠接地。接至电动机的导线必须穿在导线通道内加以保护，或采用坚韧的四芯橡皮线或塑料护套线进行临时通电校验。

(2)电源进线应接在螺旋式熔断器底座的中心端上，出线应接在螺纹外壳上。

(3)电动机必须安放平稳，以防运转时产生滚动而引起事故。

(4)要注意电动机必须进行换相，否则，电动机只能进行单向运转。

(5)要特别注意接触器的联锁或互锁触点不能接错，否则，将会造成主电路中两相电源短路事故。

(6)接线时，不能将正、反转接触器的自锁触点进行互换，否则，只能进行点动控制。

(7)通电校验时，应先合上 QS，再检验按钮 SB2(或 SB3)及 SB1 的控制是否正常，并在按 SB2 按钮后再按 SB3 时，观察有无联锁作用。

实训三　自动往返运行控制电路安装与调试

一、实训目的

(1)熟悉常用低压电器的结构，会使用数字万用表等仪器判断电气元件的质量及触点的类别；
(2)掌握电气控制线路安装工艺、规范；
(3)能够根据电气原理完成电气元件的安装、接线与调试；
(4)能够根据调试现象判断故障的原因及解决办法；
(5)通过此次实训能够熟练掌握接触器互锁及行程开关的意义和应用。

二、识图与器件选择

1. 识读电路图

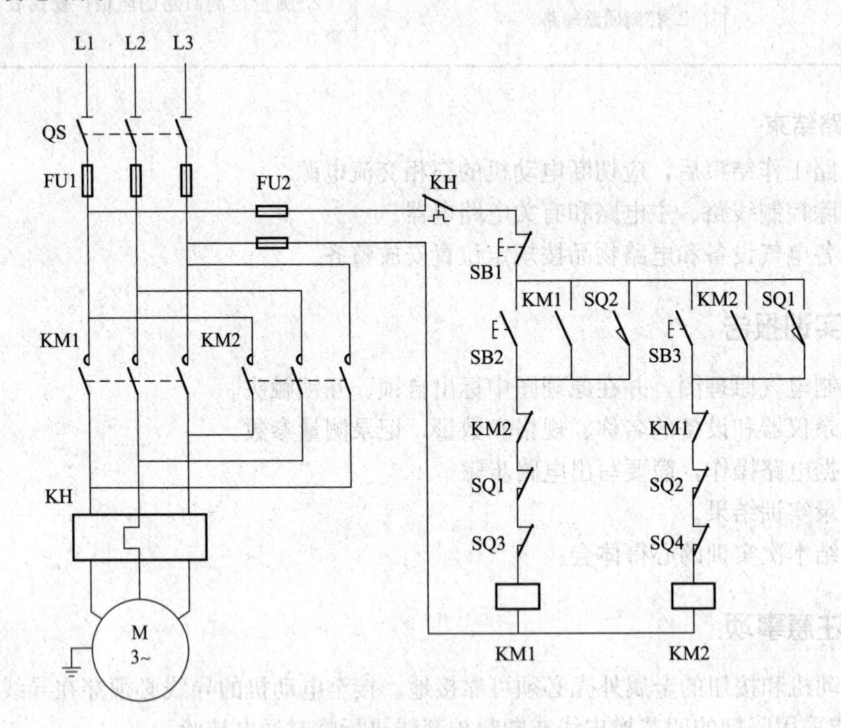

自动往返运行控制原理图

2. 选择电气元件

器件名称	数量	型号	器件名称	数量	型号

3. 工具与仪器仪表

(1)工具：试电笔、十字螺钉旋具、一字螺钉旋具、尖嘴钳、剥线钳等。

(2)仪器仪表：数字万用表、兆欧表等。

三、操作步骤

1. 电路准备工作

(1)熟悉电气元件结构及工作原理。在连接控制电路线路前，应熟悉按钮开关、交流接触器、热继电器的结构形式、工作原理及接线方式和方法。

(2)记录电路设备参数。将所使用的主要电路电器的型号、规格及额定参数记录下来，并理解和体会各参数的实际意义。

(3)电动机的外观检查。电路接线前应先检查电动机的外观有无异常。如条件许可，可用手盘动电动机的转子，观察转子转动是否灵活，与定子的间隙是否有摩擦现象等。

(4)电动机的绝缘检查。使用兆欧表依次测量电动机绕组与外壳之间及各绕组之间的绝缘电阻值，并将测量数据记录于表中，同时应检查绝缘电阻值是否符合要求。

相间绝缘	绝缘电阻/MΩ	各相对地绝缘	绝缘电阻/MΩ
U 相与 V 相		U 相对地	
V 相与 W 相		V 相对地	
W 相与 U 相		W 相对地	

2. 安装接线

(1)检查电气元件质量。应在不通电的情况下，使用万用表检查各触点的分、合情况是否良好。检查接触器时，应拆卸灭弧罩，用手同时按下三副主触点并用力均匀；同时应检查接触器线圈电压与电源电压是否相符。

使用数字万用表检查需用到的低压电器在未通电的情况下参数是否正常。

器件名称	电阻/Ω	器件名称	电阻/Ω
交流接触器主触点		热继电器主触点	
交流接触器线圈		热继电器常开触点	
交流接触器常开触点		热继电器常闭触点	
交流接触器常闭触点		按钮常开触点	
行程开关的常开触点		按钮常闭触点	
行程开关的常闭触点		熔断芯	

(2)安装电气元件。将电气元件摆放均匀、整齐、紧凑、合理，并用螺钉进行安装。注意应将开关、熔断器的受电端子安装在控制板的外侧，并使熔断器的受电端为底座的中心端；紧固各电气元件时应用力均匀，紧固程度适当。

(3)电路配线。应遵循“先主后控，先串后并；从上到下，从左到右；上进下出，左进右出”的原则进行接线。

主电路采用 BV1.5 mm^2(黑色)，控制电路采用 BV1 mm^2(红色)；按钮线采用 BVR0.75 mm^2(红色)，接地线采用 BVR1.5 mm^2(绿/黄双色线)。布线时要符合电气原理图，先将主电路的导线配制完成后，再配控制回路的导线；布线时还应符合平直、整齐、紧贴敷设面、走线合理及接点不得松动等要求。

电路配线应具体注意以下几点：

1)走线通道应尽可能少，对同一通道中的沉底导线，按主、控电路分类集中，单层平行密排，并紧贴敷设面。

2)同一平面的导线应高低一致或前后一致，不能交叉。当必须交叉时，该根导线应在接线端子引出时，水平架空跨越，但走线必须合理。

3)布线应横平竖直，变换走向应垂直。

4)导线与接线端子或线桩连接时，应不压绝缘层、不反圈及不露铜过长。并做到同一元件、同一回路的不同接点的导线间距保持一致。

5)一个电气元件接线端子上的连接导线不得超过两根，每节接线端子板上的连接导线一般只允许连接一根。

6)布线时，严禁损伤线芯和导线绝缘。

7)布线时，不在控制板上的电气元件要从端子排上引出。

(4)按图检验配线正确性。电路线路连接好后，学生应先自行进行认真仔细的检查，特别是控制回路接线，一般可采用万用表进行校线，以确认线路连接正确无误。

在未通电的情况下使用数字万用表对电路进行检查。

主回路	电阻/Ω	控制回路	电阻/Ω
未按下接触器动铁芯 L1—L2		未按下启动按钮	
未按下接触器动铁芯 L2—L3		按下启动按钮 SB2	
未按下接触器动铁芯 L1—L3		按下启动按钮 SB3	
按下 KM1 动铁芯 L1—L2		按下 KM1 动铁芯	
按下 KM1 动铁芯 L2—L3		按下 KM2 动铁芯	
按下 KM1 动铁芯 L1—L3		按下 KM1、KM2 动铁芯	
按下 KM2 动铁芯 L1—L2		按下行程开关 SQ1	
按下 KM2 动铁芯 L2—L3		按下行程开关 SQ2	
按下 KM2 动铁芯 L1—L3			

备注：若对主回路或控制回路测量的参数不正常，需要根据参数判断故障，然后进行针对性检查。

(5)接电源、电动机等控制板外部的导线。

3. 电路试运行

经教师检查后，通电试车。

(1)接通电源。合上电源开关 QS 或断路器 QF。

(2)启动1：按下启动按钮SB2，观察线路和电动机运行有无异常现象，并观察电动机控制电器的动作情况。

(3)启动2：按下启动按钮SB3，观察线路和电动机运行有无异常现象，并观察电动机控制电器的动作情况。

(4)停止：按下停止按钮SB1，电动机无论正向、反向运行电动机M都失电停转。

4. 故障分析与排查

常见故障	故障分析	排查方式	记录
合上电源开关后，按下正转或反转启动按钮电动机不转动	1. 电动机绕组尾端没有连接成星形 2. 电动机绕组缺相 3. 电源电压不足	1. 检查电动机绕组尾端是否连接成星形 2. 用数字万用表检查电动机各项绕组阻值是否正常 3. 测量各项电压是否正常	
电动机正转或反转时只能实现点动控制	1. 电路缺少自锁环节 2. 交流接触器损坏	1. 检查自锁电路接线是否正确 2. 检查交流接触器触点是否正常动作	
按下左移或右移启动按钮，电动机不能实现自动往返控制	1. 限位开关的接线不正确 2. 交流接触器损坏	1. 检查限位开关使用接线是否正确 2. 检查交流接触器触点是否正常动作	
合上电源出现短路故障	1. 主电路相间短路 2. 控制回路短路	1. 测量主电路的相间电阻值 2. 测量控制回路的阻值，查找故障点	

5. 电路结束

(1)电路工作结束后，应切断电动机的三相交流电源。

(2)拆除控制线路、主电路和有关电路电器。

(3)将各电气设备和电路物品按规定位置安放整齐。

四、实训报告

(1)绘制电气原理图，并在原理图中标出限位、自锁、互锁触头。

(2)记录仪器和设备的名称、规格和数量，记录测量参数。

(3)根据电路操作，简要写出电路步骤。

(4)记录实训结果。

(5)总结本次实训的心得体会。

五、注意事项

(1)电动机和按钮的金属外壳必须可靠接地。接至电动机的导线必须穿在导线通道内加以保护，或采用坚韧的四芯橡皮线或塑料护套线进行临时通电校验。

(2)电源进线应接在螺旋式熔断器底座的中心端上，出线应接在螺纹外壳上。

(3)电动机必须安放平稳，以防运转时产生滚动而引起事故。

(4)要注意电动机必须进行换相，否则，电动机只能进行单向运转。

(5)要特别注意接触器的联锁触点或互锁触点不能接错，否则，将会造成主电路中两相电源短路事故。

(6)接线时，不能将正、反转接触器的自锁触点进行互换，否则，只能进行点动控制。

(7)通电校验时，应先合上 QS，再检验 SB2 按钮(或 SB3 按钮)及 SB1 按钮的控制是否正常，并在按 SB2 按钮(或 SB3 按钮)时观察有无联锁作用。

任务三　电动机顺序运行控制

学习目标

1. 理解顺序联锁的意义及应用；
2. 能识读异步电动机顺序运行控制电路；
3. 能完成电动机顺序运行控制电路的安装调试。

任务要求

某物料输送设备由两条带式输送机实现物料传送，请按照电气图纸完成两条带式输送机控制电路的安装与调试。

实施路径

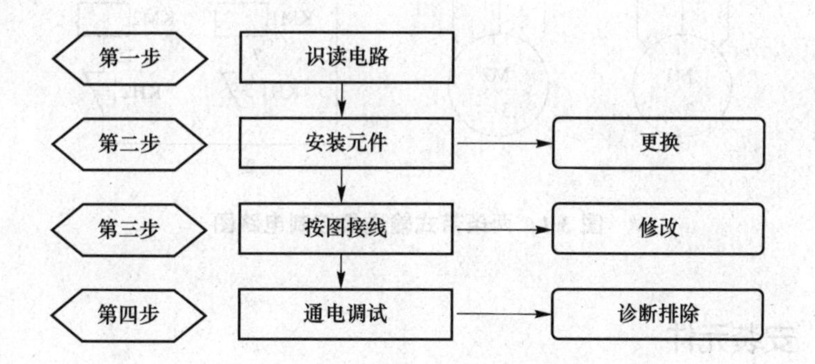

组织形式

在本任务实施中，由 3～4 名学生组成一个工作小组，共同讨论任务并进行分配，任务分配表见表 1-1。各小组制订出实施方案及工作计划，组长协助教师参与指导本组学生学习，检查项目实施进程和质量，制订改进措施，共同完成项目任务。

任务实施

第一步　识读电路

企业生产中使用的带式输送机既可以进行碎散物料的输送，也可以进行成件物品的输送，还可以与生产流程中的工艺过程的要求相配合，形成有节奏的流水作业运输线。在物料输送过程中，为防止货物堆积，带式输送机运行时先启动第一台带式输送机，第二台带式输送机才能运行；停止时必须先停止第二台带式输送机，才能停止第一台带式输送机。

两条带式输送机控制电路如图 3-1 所示。在图 3-1 中，M1、M2 为两条带式输送机驱动电动机，按钮 SB2、SB4 和 SB1、SB3 分别控制交流接触器 KM1 和 KM2 的接通与断开，实现两条带式输送机启动运行和停止，低压断路器 QF 为电源开关，熔断器 FU 和热继电器 KH 分别用作短路与过载保护。

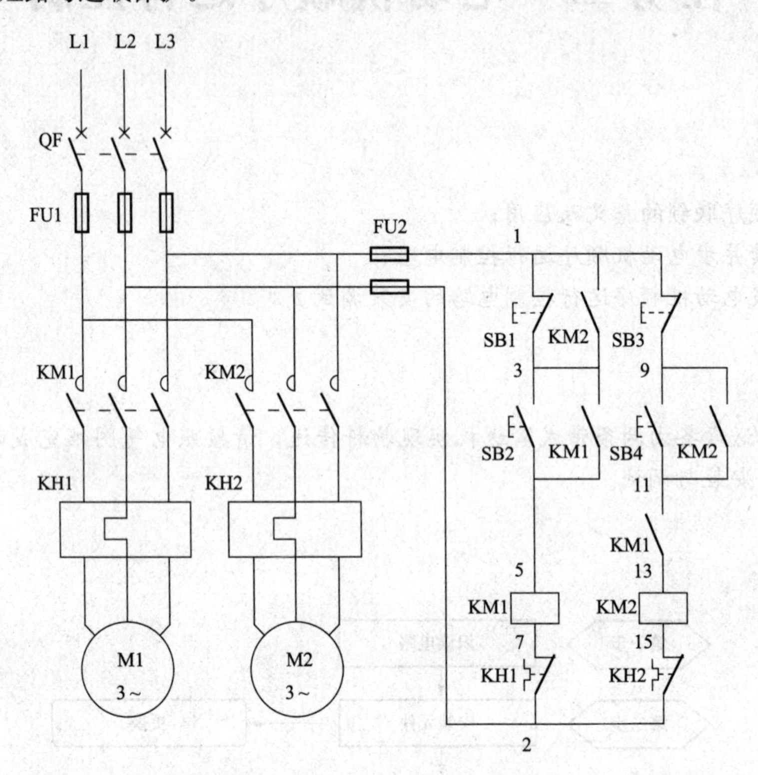

图 3-1　两条带式输送机控制电路图

第二步　安装元件

1. 选择元件

按照电路图选择电气元件，检查电气元件是否齐备、完好，所用电气元件的外观应完整无损，动作灵活无阻卡现象，附件、备件、合格证齐全，使用万用表测量所有电气元件的有关技术数据应符合产品质量要求，否则应给予更换。

2. 固定元件

按照电路图安装电气元件，元件必须横平竖直，所有元件的布置应整齐美观，元件的间距须符合电气安全要求。

第三步　按图接线

1. 电路配线

根据电路图配线，横平竖直，符合盘柜电气安装配线工艺要求。一般按电路回路从左到右，每个回路按元件顺序从上至下进行配线。

2. 自检质量

按电路图检查导线连接的正确性，从电源开始、逐段校对接线及接线端子线号有无漏接、错接，压接是否牢固，接触是否良好。必要时使用万用表检查电路有无短路或断路现象。

第四步　通电调试

通电操作必须执行安全用电操作规程，做到一人操作一人监护，确保不发生安全事故。

1. 控制回路调试

接通控制回路电源，按照 SB2→SB4→SB3→SB1 的操作顺序分别按下按钮，观察各电气元件动作及电路功能情况是否正常。

2. 空载调试

合上断路器 QF，按照 SB2→SB4→SB3→SB1 的操作顺序分别按下按钮，观察两台电动机的运行情况。

3. 负载调试

空载运行正常后，此时电机带上搅拌机负载运转。合上断路器 QF，观察及其运行情况，调试中出现故障应立即断开电源。

4. 故障诊断与排除

预先设置故障进行检修，也可由本组内组长设置 2～3 个故障考核小组成员，将情况记录于表 3-1 中。

表 3-1　故障诊断与排除情况记录表

序号	故障情况	分析与排除方法	备注
1			
2			

常见问题及解决措施

问题 1　电动机 M1、M2 均不能启动。

解决措施　检查电源开关是否接通，熔断器熔芯是否熔断及热继电器是否复位。

问题 2　电动机 M1 启动后 M2 不能启动。

解决措施　使用电笔或万用表检查 KM2 线圈是否有电，检查电路导线是否脱落或松动。

任务评价

按时间、质量、安全、文明、环保要求进行考核。首先学生按照表 1-4 的任务考核评分，先自评，在自评的基础上，由本组的学生互评，最后由教师进行总结评分。

拓展训练

三台电动机顺序启动逆序停止电气原理图如图 3-2 所示。请分析控制电路的工作过程。

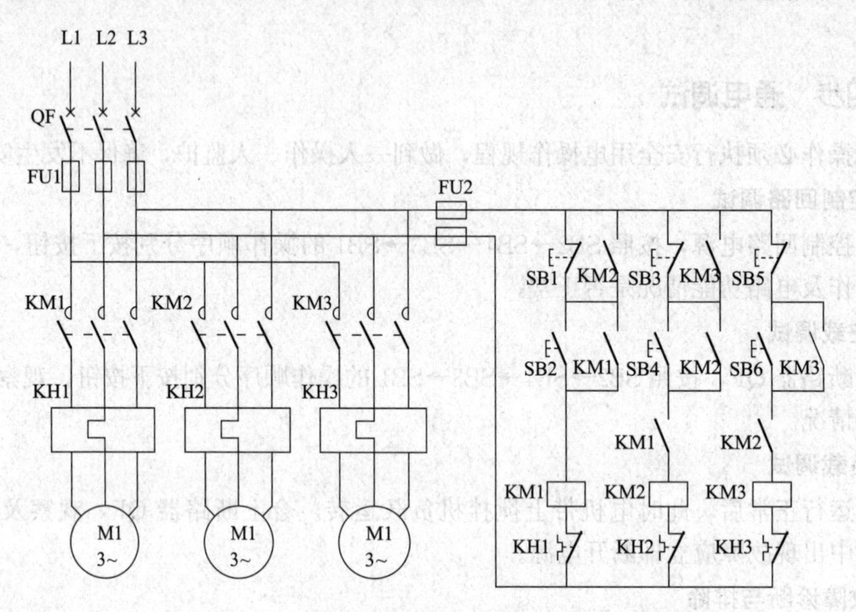

图 3-2　三台电动机顺序启动逆序停止电气原理图

知识链接

一、两条带式输送机控制电路工作原理分析

参考图 3-1 所示，合上三相电源开关 QF，此时，绿色停止指示灯 HG 亮。

微课：电动机顺序控制电路原理

1. 启动

按下 SB2→KM1 线圈通电→{KM1 主触头闭合；KM1 辅助常开触头闭合；KM1 辅助常闭触头断开}电动机 M1 运行

按下 SB4→KM2 线圈通电→{KM2 主触头闭合；KM2 辅助常开触头闭合}电动机 M2 运行

2. 停止

按下 SB3 按钮→KM2 线圈断电→KM2 主触头断开→电动机 M2 停止→按下 SB1 按钮→KM1 线圈断电→KM1 主触头断开→电动机 M1 停止。

二、两台电动机顺序启动同时停止控制电路

如图 3-3 所示，该电路两台电动机具有顺序启动同时停止控制功能，其工作原理读者可自行分析。

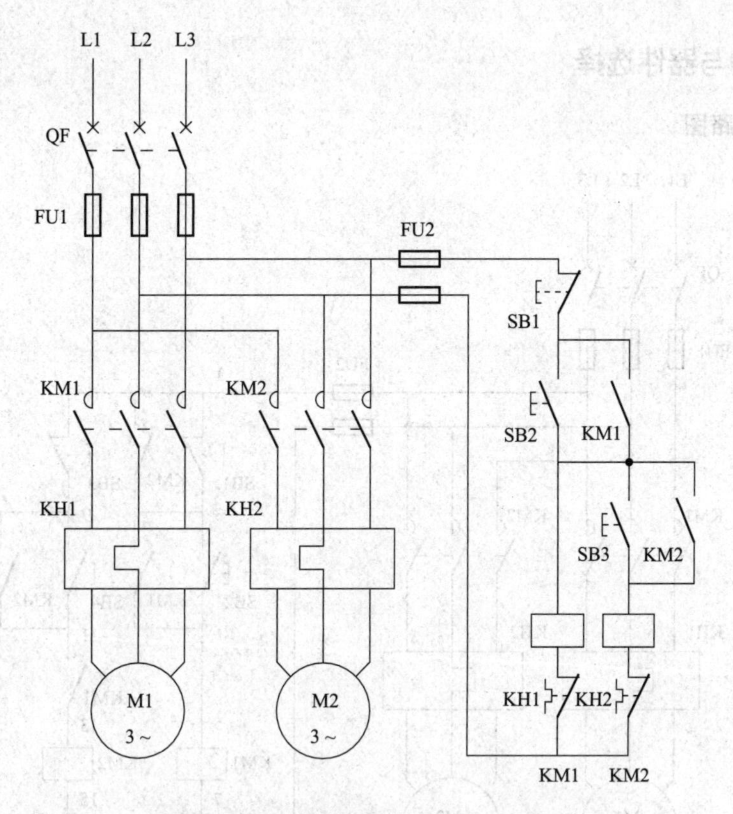

图 3-3　两台电动机顺序启动控制电路图

微课：电动机顺序运行电路安装(上)

微课：电动机顺序运行电路安装(中)

微课：电动机顺序运行电路安装(下)

实训四　电动机顺序运行控制电路安装与调试

一、实训目的

(1)理解两台电动机顺序联锁控制的意义及应用；

(2)掌握两台电动机顺序启动逆序停止控制线路的原理；

(3)掌握电气控制线路安装工艺、规范；

(4)掌握两台电动机顺序启动逆序停止控制线路的安装与调试；

(5)能够根据调试现象判断故障的原因及解决办法。

二、识图与器件选择

1. 识读电路图

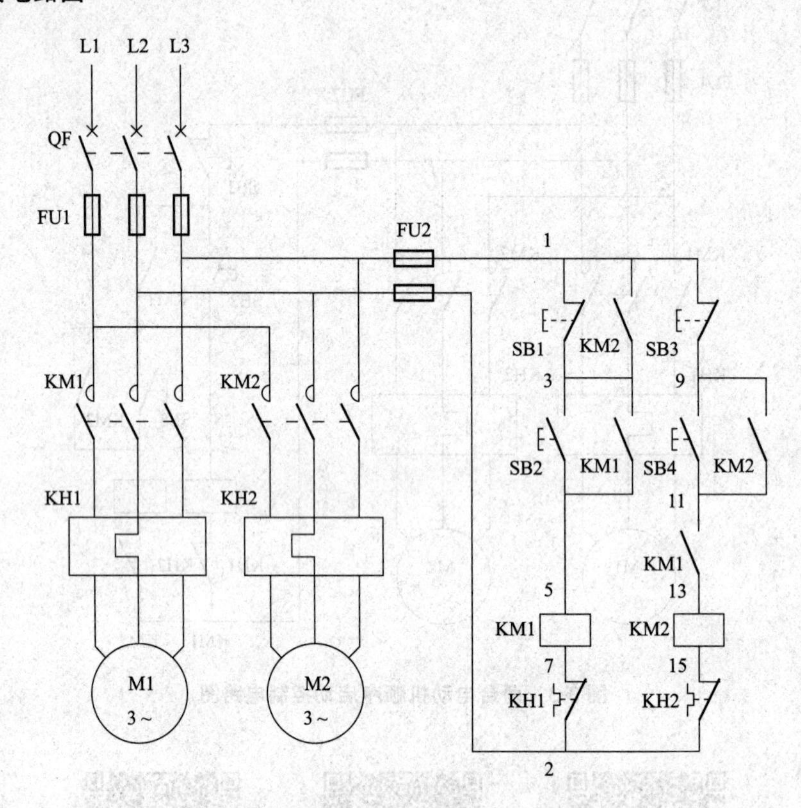

两台电动机顺序启动逆序停止控制原理图

2. 选择电气元件

器件名称	数量	型号	器件名称	数量	型号

3. 工具与仪器仪表

(1)工具：试电笔、十字螺钉旋具、一字螺钉旋具、尖嘴钳、剥线钳等。

(2)仪器仪表：数字万用表、兆欧表等。

三、操作步骤

1. 电路准备工作

(1)熟悉电气元件结构及工作原理。在连接控制电路线路前，应熟悉按钮开关、交流接触器、热继电器的结构形式、工作原理及接线方式和方法。

(2)记录电路设备参数。将所使用的主要电路电器的型号、规格及额定参数记录下来，并理解和体会各参数的实际意义。

(3)电动机的外观检查。电路接线前应先检查电动机的外观有无异常。如条件许可，可用手盘动电动机的转子，观察转子转动是否灵活，与定子的间隙是否有摩擦现象等。

(4)电动机的绝缘检查。使用兆欧表依次测量电动机绕组与外壳间及各绕组间的绝缘电阻值，并将测量数据记录于表中，同时应检查绝缘电阻值是否符合要求。

相间绝缘	绝缘电阻/MΩ	各相对地绝缘	绝缘电阻/MΩ
U相与V相		U相对地	
V相与W相		V相对地	
W相与U相		W相对地	

2. 安装接线

(1)检查电气元件质量。应在不通电的情况下，使用万用表检查各触点的分、合情况是否良好。检查接触器时，应拆卸灭弧罩，用手同时按下三副主触点并用力均匀；同时，应检查接触器线圈电压与电源电压是否相符。

使用数字万用表检查需用到的低压电器在未通电的情况下参数是否正常。

器件名称	电阻/Ω	器件名称	电阻/Ω
交流接触器主触点		热继电器主触点	
交流接触器线圈		热继电器常开触点	
交流接触器常开触点		热继电器常闭触点	
交流接触器常闭触点		按钮常开触点	
熔断芯		按钮常闭触点	

(2)安装电气元件。将电气元件摆放均匀、整齐、紧凑、合理，并用螺钉进行安装。注意应将开关、熔断器的受电端子安装在控制板的外侧，并使熔断器的受电端为底座的中心端；紧固各电气元件时应用力均匀，紧固程度适当。

(3)电路配线。应遵循“先主后控，先串后并；从上到下，从左到右；上进下出，左进右出”的原则进行接线。

主电路采用 BV1.5 mm^2(黑色)，控制电路采用 BV1 mm^2(红色)；按钮线采用 BVR0.75 mm^2(红色)，接地线采用 BVR1.5 mm^2(绿/黄双色线)。布线时要符合电气原理图，先将主电路的导线配制完成后，再配制控制回路的导线；布线时还应符合平直、整齐、紧贴敷设面、走线合理及接点不得松动等要求。

电路配线应具体注意以下几点：

1)走线通道应尽可能少，对同一通道中的沉底导线，按主、控电路分类集中，单层平行密排，并紧贴敷设面。

2)同一平面的导线应高低一致或前后一致，不能交叉。当必须交叉时，该根导线应在接线端子引出时，水平架空跨越，但走线必须合理。

3)布线应横平竖直，变换走向应垂直。

4)导线与接线端子或线桩连接时，应不压绝缘层、不反圈及不露铜过长。并做到同一元件、同一回路不同接点的导线间距保持一致。

5)一个电气元件接线端子上的连接导线不得超过两根，每节接线端子板上的连接导线一般只允许连接一根。

6)布线时，严禁损伤线芯和导线绝缘。

7)布线时，不在控制板上的电气元件要从端子排上引出。

(4)按图检验配线正确性。电路线路连接好后，学生应先自行进行认真仔细的检查，特别是控制回路接线，一般可采用万用表进行校线，以确认线路连接正确无误。

在未通电的情况下使用数字万用表对电路进行检查。

主回路	电阻/Ω	控制回路	电阻/Ω
未按下接触器动铁芯 L1－U1		未按下启动按钮	
未按下接触器动铁芯 L2－V1		按下启动按钮 SB2	
未按下接触器动铁芯 L3－W1		按下启动按钮 SB4	
未按下接触器动铁芯 L1－U2		按下 KM1 动铁芯	
未按下接触器动铁芯 L2－V2		按下 KM2 动铁芯	
未按下接触器动铁芯 L3－W2		按下 KM1、KM2 动铁芯	
按下 KM1 动铁芯 L1－L2			
按下 KM1 动铁芯 L2－L3			
按下 KM1 动铁芯 L1－L3			
按下 KM2 动铁芯 L1－L2			
按下 KM2 动铁芯 L2－L3			
按下 KM2 动铁芯 L1－L3			

备注：若对主回路或控制回路测量的参数不正常，需要根据参数判断故障，然后进行针对性检查。

(5)接电源、电动机等控制板外部的导线。

3. 电路试运行

经教师检查后，通电试车。

(1)接通电源。合上电源开关 QS。

(2)顺序启动电路。按下启动按钮 SB2，KM1 自锁触头与联锁触头闭合，电动机 M1 得电运转，稍后按下启动按钮 SB4，电动机 M2 得电运转，观察线路和电动机运行有无异常现象，并观察电动机控制电器的动作情况。

(3)停止运行。按下停止按钮 SB3，接触器 KM2 线圈失电，KM2 自锁触头与联锁触头分断解除自锁与联锁，电动机 M2 失电停转，稍后按下停止按钮 SB1，电动机 M1 失电停转。

4. 故障分析与排查

常见故障	故障分析	排查方式	记录
合上电源开关后，在电动机 M1 启动前，按下 SB4 后电动机 M2 可以启动	1. 串入电动机 M2 的控制回路为 KM1 的常闭触点 2. 交流接触器 KM1 损坏	1. 检查电动机 M2 的控制回路的接线 2. 检查交流接触器 KM1 的常开触点	
电动机 M1 启动后，按下 SB4 电动机 M2 无法启动	1. 串入电动机 M2 的控制回路为 KM1 的常闭触点 2. 交流接触器 KM2 损坏	1. 检查联锁电路接线是否正确 2. 检查交流接触器 KM2 触点是否正常动作	
在电动机 M2 停止前，按下 SB1 后电动机 M1 可以停止	并联在 SB1 旁的 KM2 触点接成常闭触点	检查联锁电路接线是否正确	
电动机 M2 停止后按下 SB1，电动机 M1 无法停止	并联在 SB1 旁的 KM2 触点接成常闭触点	检查联锁电路接线是否正确	

5. 电路结束

(1)电路工作结束后，应切断电动机的三相交流电源。

(2)拆除控制线路、主电路和有关电路电器。

(3)将各电气设备和电路物品按规定位置安放整齐。

四、实训报告

(1)绘制电气原理图，并在原理图中标出自锁、互锁触头。

(2)记录仪器和设备的名称、规格和数量，记录测量参数。

(3)根据电路操作，简要写出电路步骤。

(4)记录实训结果。

(5)总结本次实训的心得体会。

五、注意事项

(1)电动机和按钮的金属外壳必须可靠接地。接至电动机的导线必须穿在导线通道内加以保护，或采用坚韧的四芯橡皮线或塑料护套线进行临时通电校验。

(2)电源进线应接在螺旋式熔断器底座的中心端上，出线应接在螺纹外壳上。

(3)电动机必须安放平稳，以防运转时产生滚动而引起事故。

(4)要注意电动机必须进行换相，否则，电动机只能进行单向运转。

(5)要特别注意接触器的联锁触点或互锁触点不能接错，否则，将会造成主电路中两相电源短路事故。

(6)通电试车前，应熟悉线路的操作顺序，即先合上电源开关 QS，然后按下 SB2 按钮后，再按 SB4 按钮顺序启动；按下 SB3 按钮后，再按下 SB1 按钮逆序停止。

任务四　电动机星形—三角形降压启动控制

学习目标

1. 熟悉时间继电器、中间继电器的结构原理；
2. 理解降压启动控制的意义及应用；
3. 能识读异步电动机降压启动运行控制电路；
4. 能完成电动机降压启动运行控制电路的安装调试。

任务要求

某供水系统由两台 22 kW 水泵轮换工作完成系统供水任务，正常工作时一台水泵运行另一台水泵停止作备用，请按照电气控制图纸完成水泵启动控制电路的安装调试。

实施路径

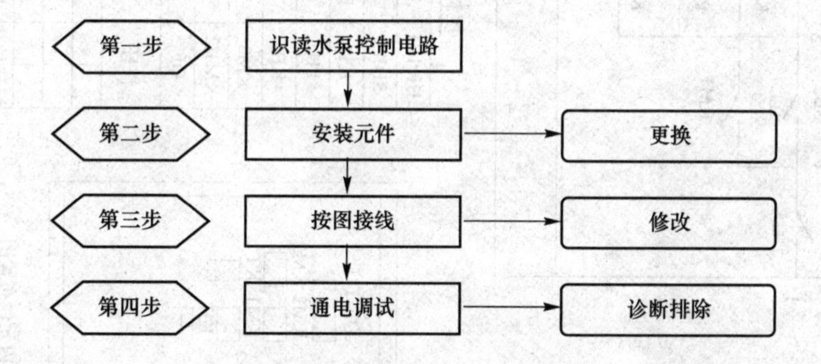

组织形式

在本任务实施中，由 3～4 名学生组成一个工作小组，共同讨论任务并进行分配，任务分配表见表 1-1。各小组制订出实施方案及工作计划，组长协助教师参与指导本组学生学习，检查项目实施进程和质量，制订改进措施，共同完成项目任务。

任务实施

第一步　识读水泵控制电路

水泵星形—三角形降压启动运行控制电路如图 4-1 所示。在图 4-1 中，按钮 SB2 和 SB1 分别控制电动机启动运行和停止。KM1 为主接触器，接触器 KM2 实现电动机三角形运行，接触器 KM3 作电动机星形运行，低压断路器 QF 为电源开关，熔断器 FU 和热继电器 KH 分别用作短路和过载保护，HG 和 HR 为水泵停止和运行指示灯。

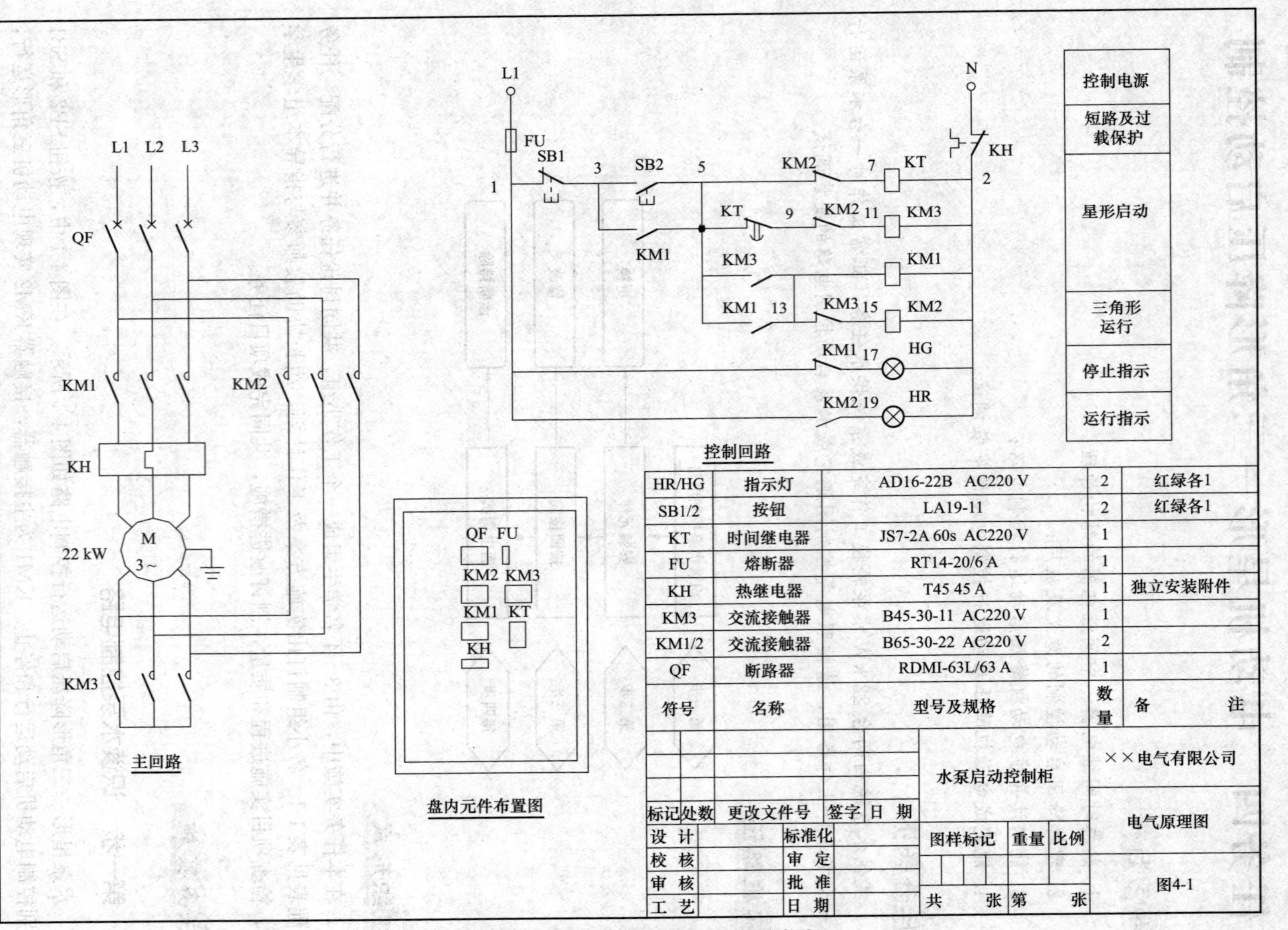

符号	名称	型号及规格	数量	备注
HR/HG	指示灯	AD16-22B AC220 V	2	红绿各1
SB1/2	按钮	LA19-11	2	红绿各1
KT	时间继电器	JS7-2A 60s AC220 V	1	
FU	熔断器	RT14-20/6 A	1	
KH	热继电器	T45 45 A	1	独立安装附件
KM3	交流接触器	B45-30-11 AC220 V	1	
KM1/2	交流接触器	B65-30-22 AC220 V	2	
QF	断路器	RDMI-63L/63 A	1	

图 4-1 水泵星形—三角形降压启动运行控制电路

第二步　安装元件

1. 选择元件

按照电路图选择电气元件，检查电气元件是否齐备、完好，所用电气元件的外观应完整无损，动作灵活无阻卡现象，附件、备件、合格证齐全，使用万用表测量所有电气元件的有关技术数据应符合产品质量要求，否则应给予更换。

2. 时间继电器检查

先检查外壳有无裂损现象，用手按动动静铁芯检查触头机构等是否灵活。然后用万用表检查时间继电器各触点、线圈等的通断情况。

3. 固定元件

按图安装电气元件，元件必须横平竖直，所有元件的布置应整齐美观，元件的间距须符合电气安全要求。

第三步　按图接线

1. 电路配线

根据电路图配线，横平竖直，符合盘柜电气安装配线工艺要求。一般按电路回路从左(上)到右(下)，每个回路按元件顺序从上(左)至下(右)进行配线。

本水泵主电路属于大电流电路，接线头应根据要求进行电气焊接，以保证良好的电气连接与机械强度。配线的长短根据实际元件安装位置需要确定，配线后，应在每条线的两端穿上号码筒。并在号码筒上标注线号。然后依号码筒上的线号进行接线。接线时要注意按号码筒上的编号对照原理图上的编号进行接线，否则容易发生错误。最后依接线图将需要放在一起的走线进行捆绑、整形。将走线的弯角整形成直角，以求电路的美观。

2. 自检质量

按电路图检查导线连接的正确性，从电源开始、逐段校对接线及接线端子线号有无漏接、错接，压接是否牢固，接触是否良好，必要时可用万用表检查电路有无短路或断路现象。

第四步　通电调试

通电操作必须执行安全用电操作规程，做到一人操作一人监护，确保不发生安全事故。

1. 控制回路调试

接通控制回路电源，分别按下启动按钮和停止按钮，观察各电气元件动作是否正常，出现故障应立即断开电源。各项电路功能符合要求后，可以移至现场进行负载运行。

2. 空载调试

接通三相电源、合上断路器 QF 后，先将电动机点动起车一次，观察异步电动机有无异常情况，如无异常即可启动电动机连续空载运行。

3. 负载调试

空载运行正常后，此时电动机带上水泵负载运转，接通三相电源，合上断路器 QF，分别按下启动按钮和停止按钮，观察水泵运行情况，注意水泵运行方向应正确，否则水泵不能出水。同时，根据试运行情况来调整时间继电器的延时时间和热继电器的整定值；用钳形电流表测量启动瞬间和运行平稳后的三相异步电动机的运行电流值(可重复 2～3 次取其平均值)，并记录于表 4-1 中，若调试中出现故障应立即断开电源。

表 4-1 电流测量记录表

序号	启动瞬间电流/A	星形—三角形换接时电流/A	稳定运行电流/A	备注
1				
2				

4. 故障诊断与排除

预先设置故障进行检修，也可由本组内学生组长设置 1～3 个故障考核小组成员，将情况记录于表 4-2 中。

表 4-2 故障诊断与排除情况记录表

序号	故障情况	分析与排除方法	备注
1			
2			

常见问题及解决措施

问题 1 合上电源开关后，按下启动按钮，电动机星形启动过程正常，但不能转换到三角形运行。

解决措施 关掉电源，检查时间继电器连线是否有错、松动，时间继电器线圈是否损坏。

问题 2 星形启动过程正常，但转到三角形运行后，电动机发出异常声音，转速也急剧下降。

解决措施 检查主回路交流接触器及电动机接线端子的接线顺序。

问题 3 电路空载试验工作正常，但接上电动机试车时，启动电动机，电动机就会发出异常声音，转子左右颤动，立即按停止，停止时 KM2 和 KM3 的灭弧罩内有强烈的电弧现象。

解决措施 检查接触器主触点闭合是否良好，接触器及电动机端子的接线是否紧固。

任务评价

按时间、质量、安全、文明、环保要求进行考核。首先学生按照表 1-4 的任务考核评分，先自评，在自评的基础上，由本组的学生互评，最后由教师进行总结评分。

拓展训练

某工程用给水泵星形—三角形降压启动控制电路如图 4-2 所示。在图 4-2 中，KA 为中间继电器。试分析电路的工作原理。

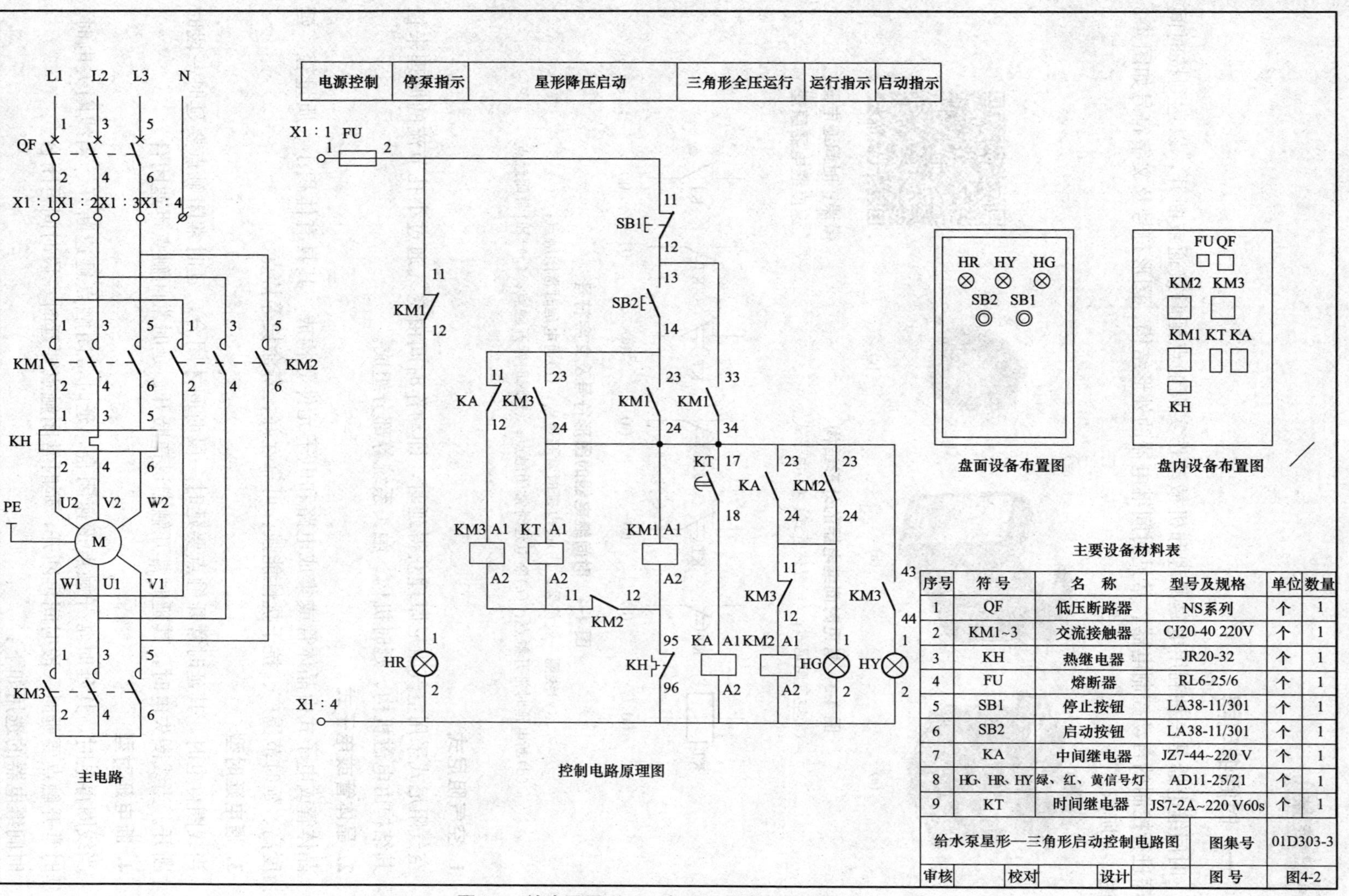

序号	符号	名称	型号及规格	单位	数量
1	QF	低压断路器	NS系列	个	1
2	KM1~3	交流接触器	CJ20-40 220V	个	1
3	KH	热继电器	JR20-32	个	1
4	FU	熔断器	RL6-25/6	个	1
5	SB1	停止按钮	LA38-11/301	个	1
6	SB2	启动按钮	LA38-11/301	个	1
7	KA	中间继电器	JZ7-44~220 V	个	1
8	HG、HR、HY	绿、红、黄信号灯	AD11-25/21	个	1
9	KT	时间继电器	JS7-2A~220 V60s	个	1

给水泵星形—三角形启动控制电路图			图集号	01D303-3
审核	校对	设计	图号	图4-2

图 4-2　给水泵星形—三角形降压启动控制电路

知识链接

一、时间继电器

时间继电器是一种利用电磁原理和机械动作实现触点延时接通或断开，以达到按时间顺序进行控制的自动控制电器。常见时间继电器的外形结构、图形符号及文字符号如图 4-3 和图 4-4 所示。

(a)

(b)

(c)

图 4-3　常见时间继电器的外形结构

(a)空气阻尼式；(b)晶体管式；(c)电子式

微课：时间继电器、速度继电器原理

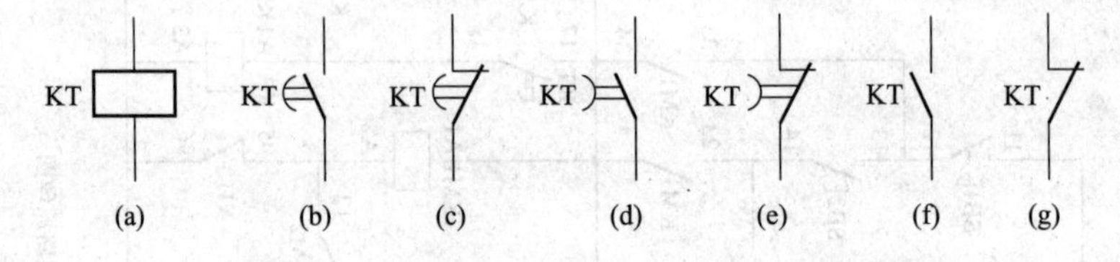

图 4-4　时间继电器的图形符号及文字符号

(a)线圈一般符号；(b)通电延时常开触点；(c)通电延时常闭触点；

(d)断电延时常开触点；(e)断电延时常闭触点；(f)瞬时常开触点；(g)瞬时常闭触点

1. 空气阻尼式

空气阻尼式采用空气阻尼原理获得延时，即动作时间由空气通过小孔节流的原理来控制，其结构由电磁机构、延时机构、触头系统等部分组成。

2. 晶体管或电子式

晶体管或电子式由晶体管或集成电路和电子元件等构成。其具有体积小、质量轻、延时精度高、延时范围广、抗干扰性能强、可靠性好、寿命长等特点。

3. 通电延时型

当线圈得电时，其延时常开触点要延时一段时间才闭合，延时常闭触点要延时一段时间才断开。当线圈失电时，其延时常开触点迅速断开，延时常闭触点迅速闭合。

4. 断电延时型

当线圈得电时，其延时常开触点迅速闭合，延时常闭触点迅速断开。当线圈失电时，其延时常开触点要延时一段时间再断开，延时常闭触点要延时一段时间再闭合。

时间继电器的选用如下：

(1)时间继电器延时方式有通电延时型和断电延时型两种。因此，选用时应根据被控电路的要求来选择合适的延时方式。

(2)凡对延时精度要求不太高的场合，一般宜采用价格较低的电磁阻尼式(电磁式)或空气阻尼式(气囊式)时间继电器；若对延时精度要求较高，则一般宜采用电动机式或晶体管式时间继电器。

(3)应注意电源参数变化的影响。例如，在电源电压波动大的场合，采用空气阻尼式或电动机式比采用晶体管式好；而在电源频率波动大的场合，则不宜采用电动机式时间继电器。

(4)应注意环境温度变化的影响。通常在环境温度变化较大处，不宜采用空气阻尼式时间继电器和晶体管式时间继电器。

(5)应根据控制电路的电压来选择时间继电器吸引线圈的电压。

(6)对操作频率也要加以注意。因为操作频率过高不仅会影响时间继电器的电气寿命，还可能导致延时误动作。

二、中间继电器

中间继电器的作用是将一个输入信号变成一个或多个输出信号的电器。其输入信号为线圈的通电或断电，其输出是触头的动作，将信号同时传给几个控制元件或回路，也可直接用它来控制小容量电动机或其他电气执行元件。常用的 JZ7 系列中间继电器外形结构、图形符号及文字符号如图 4-5 所示。

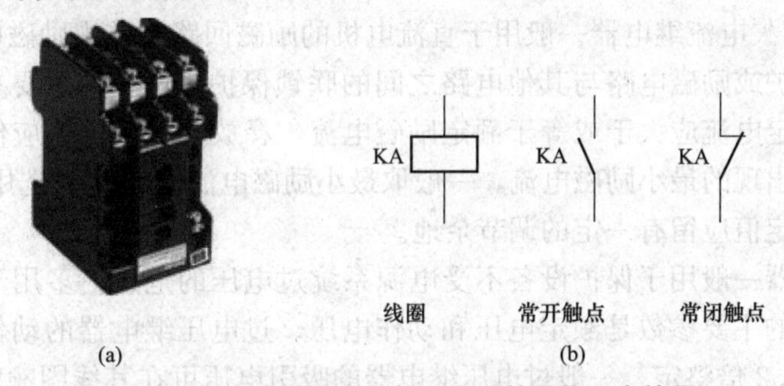

图 4-5　中间继电器外形结构、图形符号及文字符号

(a)JZ7 系列外形结构；(b)图形符号与文字符号

1. 结构原理

中间继电器的结构原理与交流接触器基本相同，由电磁机构(线圈、衔铁、铁芯)和触头系统(触头和复位弹簧)构成。只是电磁系统小一些，触点多一些，触头无主、辅之分。其动作原理是当线圈通电后，铁芯被磁化为电磁铁，产生电磁吸力，当吸力大于反力弹簧的弹力时，将衔铁吸引，带动其触点动作，当线圈失电后，在弹簧作用下触点复位。

2. 电磁式继电器的选择使用

(1)类型和系列的选用。应按被控制或被保护对象的工作要求选择继电器的类型，然后根据灵敏度或精度要求选择恰当的系列。在选择系列时也要注意继电器与系统的匹配性。

1)选用电压继电器时，首先，注意线圈电流的种类和电压等级应与控制电路一致；然后，根据继电器在控制电路中的作用(过电压或欠电压)选择继电器的类型；最后，按控制电路的要求选择触点的类型(常开或常闭)和数量。

2)选用电流继电器时，首先，注意线圈电流的种类和等级应与负载电路一致；然后根据电流继电器对负载的保护作用(过电流或欠电流)选择继电器的类型；最后，根据控制电路的要求选择触点的类型(常开或常闭)和数量。

3)选用中间继电器时，首先，注意线圈电流的类型(交流还是直流)，其线圈的电压或电流应满足电路的需要；然后，其触点的数量与容量(额定电压和额定电流)应满足控制电路的要求；最后，应注意电源是交流的还是直流的。

(2)使用类别的选用。继电器的典型用途是控制交流、直流电磁铁，如用于控制交流、直流接触器的线圈等。由于使用类别决定了继电器所控制的负载性质及通断条件，因此，它是选用继电器的主要依据。

(3)额定工作电压、电流的选用。继电器在相应使用类别下，触点的额定工作电压和额定工作电流表征该继电器触点所能切换电路的能力。选用时，继电器的最高工作电压可为该继电器的额定绝缘电压，继电器的最高工作电流一般应小于该继电器的额定发热电流。通常一个继电器规定了几个额定工作电压，同时，列出了相应的额定工作电流(也可列出控制功率)。

值得注意的是，有的产品样本或铭牌上标注的电流往往是该继电器的额定发热电流，而不是额定工作电流，在选用时应加以区别，否则会影响继电器的使用寿命，甚至烧坏触点。

过电流继电器多用作电动机的短路保护，其选择参数主要是额定电流和动作电流。过电流继电器的额定电流应大于或等于被保护电动机的额定电流，其动作电流可根据电动机的工作情况，按其启动电流的1.1～1.3倍整定。如无给定数据，绕线转子异步电动机的启动电流一般按其额定电流的2.5倍考虑，笼形异步电动机的启动电流一般可按其额定电流的5～7倍考虑。欠电流继电器一般用于直流电机的励磁回路中监视励磁电流，作为直流电机的弱磁超速保护或励磁电路与其他电路之间的联锁保护。选择的主要参数为额定电流和释放电流，其额定电流应大于或等于额定励磁电流，释放电流整定值应低于励磁电路正常工作范围内可能出现的最小励磁电流，一般取最小励磁电流的83%。选用欠电流继电器时，其释放电流的整定值应留有一定的调节余地。

过电压继电器一般用于保护设备不受电源系统过电压的危害，多用于发电机－电动机机组系统。选择的主要参数是额定电压和动作电压。过电压继电器的动作值一般按系统额定电压的1.1～1.2倍整定。一般过电压继电器的吸引电压可在其线圈额定电压的一定范围内调节，如JT3电压继电器的吸引电压为其线圈额定电压的30%～50%。为了保证过电压继电器的正常工作，通常，在其吸引线圈电路中串联附加分压电阻来确定其动作值，并按电阻分压比确定所需串入电阻的值，计算时应按继电器的实际吸合动作电压值考虑。欠电压继电器一般用电磁式继电器或小型接触器承担，选用时只要满足一般要求即可，对释放电压值无特殊要求。

(4)使用环境的选用。继电器一般为普通型，选用时应考虑继电器安装地点的周围环境温度、海拔、相对湿度、污染等级及冲击、振动等条件，以便确定继电器的结构特征和防护类型。如用于尘埃较多的场所时，应选用带罩壳的全封闭式继电器；用于湿热带地区时，应选用湿热带形继电器，才能保证继电器正常而可靠地工作。

(5)工作制的选用。工作制不同，对继电器的过载能力要求也不同。例如，当交流电压(或中间)继电器用于反复短时工作制时，由于吸合时有较大的启动电流，它的负担比长期工作制时重，选用时应充分考虑这一点。继电器用于反复短时工作制的额定操作频率通常在产品样本中有所说明，使用中实际操作频率应低于额定操作频率。

三、异步电动机常见降压启动方式

大、中功率电动机直接启动电流大，其启动电流是额定电流的5～7倍。在配电系统中要产生较大压降，影响同电源母线连接的设备运行，尤其是过大启动转矩对电动机及传动机械产生巨大的冲击，加速电动机的老化及机械的损坏，影响电动机本身及其拖动设备的使用寿命。因此，较大功率(一般 11 kW 以上)电动机不允许使用全压直接启动，而采用降压启动控制，即将电源电压适当降低后，再加到电动机定子绕组上进行启动，当电动机转速升到接近正常值时，再使电压恢复到额定值。其目的是减小线路的浪涌，保障变压器正常供电。

1. 串联电阻降压启动

电动机启动时，在其定子绕组回路中串接电阻，使电动机绕组上的电压低于电源电压，电动机的启动电流也随之减小，待启动完成后，再将所串联的电阻短接，电动机便在额定电压下正常运行。

2. 星形—三角形降压启动

电动机启动时，先将电动机定子绕组接成星形，降低加在电动机定子绕组上的电压(即下降到相电压)，故启动电流下降到全压启动时的 1/3，启动转矩只有全压启动时的 1/3。电动机启动结束后，当转速接近额定转速时，将电动机定子绕组改接成三角形，使之在正常电压下运行，电动机进入正常运行状态。采用星形—三角形降压启动方式，这种方法简便易行而且经济，并可以频繁地操作，但这种启动方法的启动转矩仅为全压启动的三分之一，只适用于空载或轻载启动生产设备的电动机控制。

3. 自耦变压器降压启动

自耦变压器是由带抽头的线圈和硅钢片的铁芯所组成的。启动时，电流通过自耦变压器的线圈，起降低电压的作用。一般自耦变压器备有三组抽头，其电压一般是电源电压的 40%、60%、80%左右，供不同的负载选用。当电动机拖动的机械负载较大，启动困难时，选 80%抽头，当负载较小或要求启动电流小的场所，则选 40%抽头，一般情况下则选 60%抽头(出厂值)。自耦变压器降压启动由于可以按要求调整启动电流，所以，它的启动力矩比较大，适合较重负载启动。

4. 延边三角形降压启动

延边三角形降压启动和星形—三角形降压启动的原理相似，即在启动时将电动机定子绕组的一部分接成星形(Y)，另一部分接成三角形(△)，从图形上看好像将一个三角形(△)的三条边延长，因此，称为延边三角形。当电动机启动结束后，再将定子绕组接成三角形进行正常运行。延边三角形降压启动时，每相绕组所承受的电压，比接成全星形接法时大，故启动转矩较大。

四、电动机星形—三角形降压启动控制电路工作原理分析

参考图 4-1，接通电源，合上断路器 QF。

1. 启动

按下 SB2→{KM3 线圈通电吸合→KM3 主触点闭合(电动机绕组连接成星形)；KM3 常开触点闭合→KM1 常开触点闭合→KM1 线圈得电；KT 线圈得电进入延时状态}→

电动机星形启动→KT 延时时间到→{KM3 线圈断电；KM3 常开触点打开；KM3 常闭触点闭合}→

KM2 线圈通电→{KM2 主触点闭合→电动机三角形运行
KM3 常闭触点断开→断开 KT 线圈

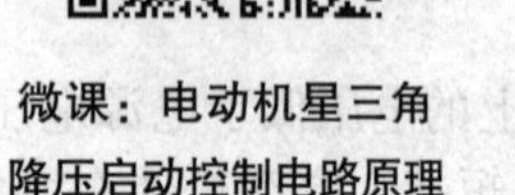
微课：电动机星三角降压启动控制电路原理

微课：电动机降压启动控制电路安装(上)

微课：电动机降压启动控制电路安装(中)

微课：电动机降压启动控制电路安装(下)

2. 停止

按下 SB1 按钮，控制电路断电，电动机停止运行。

实训五　电动机降压启动控制电路安装与调试

一、实训目的

(1)熟悉三相异步电动机的时间继电器自动控制 Y—△降压启动控制线路的组成并能绘制其控制线路图；

(2)掌握时间继电器的作用与使用方法；

(3)掌握时间继电器自动控制 Y—△降压启动控制线路的工作原理；

(4)掌握三相异步电动机的时间继电器自动控制 Y—△降压启动控制线路的安装、接线与调试；

(5)能够根据调试现象判断故障的原因及解决办法。

二、识图与器件选择

1. 识读电路图

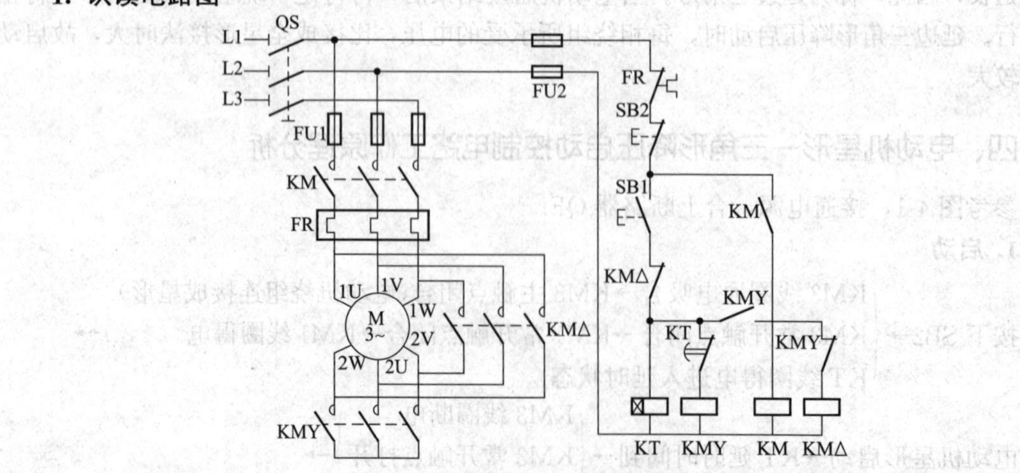

Y—△降压启动控制原理图

2. 选择电气元件

器件名称	数量	型号	器件名称	数量	型号

3. 工具与仪器仪表

(1)工具：试电笔、十字螺钉旋具、一字螺钉旋具、尖嘴钳、剥线钳等。

(2)仪器仪表：数字万用表、兆欧表等。

三、操作步骤

1. 电路准备工作

(1)熟悉电气元件结构及工作原理。在连接控制电路线路前，应熟悉按钮开关、交流接触器、热继电器、时间继电器的结构形式、工作原理及接线方式和方法。

(2)记录电路设备参数。将所使用的主要电路电器的型号、规格及额定参数记录下来，并理解和体会各参数的实际意义。

(3)电动机的外观检查。电路接线前应先检查电动机的外观有无异常。如条件许可，可用手盘动电动机的转子，观察转子转动是否灵活，与定子的间隙是否有摩擦现象等。

(4)电动机的绝缘检查。使用兆欧表依次测量电动机绕组与外壳之间及各绕组之间的绝缘电阻值，并将测量数据记录于表中，同时应检查绝缘电阻值是否符合要求。

相间绝缘	绝缘电阻/MΩ	各相对地绝缘	绝缘电阻/MΩ
U 相与 V 相		U 相对地	
V 相与 W 相		V 相对地	
W 相与 U 相		W 相对地	

2. 安装接线

(1)检查电气元件质量。应在不通电的情况下，使用万用表检查各触点的分、合情况是否良好。检查接触器时，应拆卸灭弧罩，用手同时按下三副主触点并用力均匀；同时，应检查接触器线圈电压与电源电压是否相符。

使用数字万用表检查需用到的低压电器在未通电的情况下参数是否正常。

器件名称	电阻/Ω	器件名称	电阻/Ω
交流接触器主触点		热继电器主触点	
交流接触器线圈		热继电器常开触点	
交流接触器常开触点		热继电器常闭触点	
交流接触器常闭触点		按钮常开触点	
熔断芯		按钮常闭触点	
时间继电器常开触点		时间继电器常闭触点	
时间继电器线圈			

(2)安装电气元件。将电气元件摆放均匀、整齐、紧凑、合理，并用螺钉进行安装。注意应将开关、熔断器的受电端子安装在控制板的外侧，并使熔断器的受电端为底座的中心端；紧固各元件时应用力均匀、紧固程度适当。

(3)电路配线。应遵循“先主后控，先串后并；从上到下，从左到右；上进下出，左进右出”的原则进行接线。

主电路采用 BV1.5 mm^2（黑色），控制电路采用 BV1 mm^2（红色）；按钮线采用 BVR0.75 mm^2（红色），接地线采用 BVR1.5 mm^2（绿/黄双色线）。布线时要符合电气原理图，先将主电路的导线配制完成后，再配制控制回路的导线；布线时还应符合平直、整齐、紧贴敷设面、走线合理及接点不得松动等要求。

电路配线应具体注意以下几点：

1)走线通道应尽可能少，同一通道中的沉底导线，按主、控电路分类集中，单层平行密排，并紧贴敷设面。

2)同一平面的导线应高低一致或前后一致，不能交叉。当必须交叉时，该根导线应在接线端子引出时，水平架空跨越，但走线必须合理。

3)布线应横平竖直，变换走向应垂直。

4)导线与接线端子或线桩连接时，应不压绝缘层、不反圈及不露铜过长。并做到同一元件、同一回路不同接点的导线间距保持一致。

5)一个电气元件接线端子上的连接导线不得超过两根，每节接线端子板上的连接导线一般只允许连接一根。

6)布线时，严禁损伤线芯和导线绝缘。

7)布线时，不在控制板上的电气元件要从端子排上引出。

8)使用 Y－△降压启动控制的电动机，必须有 6 个出线端且定子绕组在△接法时的额定电压等于电源线电压。

9)接线时要保证电动机△形接法的正确性，即接触器 KM2 主触头闭合时，应保证定子绕组的 U1 与 W2、V1 与 U2、W1 与 V2 相连接。

10)接触器 KM3 的进线必须从三相定子绕组的末端引入，若误将其首端引入，则在 KM3 吸合时，会产生三相电源短路事故。

(4)按图检验配线正确性。电路线路连接好后，学生应先自行进行认真仔细的检查，特别是控制回路接线，一般可采用万用表进行校线，以确认线路连接正确无误。

在未通电的情况下使用数字万用表对电路进行检查。

主回路	电阻/Ω	控制回路	电阻/Ω
未按下接触器动铁芯 L1—U1		未按下启动按钮	
未按下接触器动铁芯 L2—V1		按下启动按钮 SB2	
未按下接触器动铁芯 L3—W1		按下 KM1 动铁芯	
按下 KM1 动铁芯 L1—U1		按下 KM2 动铁芯	
按下 KM1 动铁芯 L2—V1		按下 KM3 动铁芯	
按下 KM1 动铁芯 L3—W1		按下 KM_T	
按下 KM3 动铁芯 U2—V2			
按下 KM3 动铁芯 U2—W2			
按下 KM3 动铁芯 W2—V2			
按下 KM2 动铁芯 U1—W2			
按下 KM2 动铁芯 U2—V1			
按下 KM2 动铁芯 V2—W1			

备注：若对主回路或控制回路测量的参数不正常，需要根据参数判断故障，然后进行针对性检查。

(5)接电源、电动机等控制板外部的导线。

3. 电路试运行

经教师检查后，通电试车。

(1)接通电源。合上电源开关 QS。

(2)星形启动电路。按下启动按钮 SB2，观察线路和电动机运行有无异常现象，并观察电动机星形运行控制接触器 KM3 的动作情况。

(3)三角形运行电路。电动机星型运行 6 s 后，观察时间继电器及接触器 KM2 的动作情况。

(4)停止运行。按下停止按钮 SB1，接触器 KM1 线圈失电，KM1 自锁触头分断解除自锁，且 KM1 主触头分断，电动机 M 失电停转。

4. 故障分析与排查

常见故障	故障分析	排查方式	记录
合上电源开关后，按下启动按钮，电动机不转动	1. 电动机绕组尾端没有连接成星形 2. 电动机绕组缺相 3. 电源电压不足 4. 启动按钮是否通路	1. 检查电动机绕组尾端是否连接成星形 2. 用数字万用表检查电动机各项绕组阻值是否正常 3. 测量各项电压是否正常	
电动机运转时只能实现点动控制	1. 电路缺少自锁环节 2. 交流接触器损坏	1. 检查自锁电路接线是否正确 2. 检查交流接触器触点是否正常动作	
合上电源出现短路故障	1. 主电路相间短路 2. 控制回路短路	1. 测量主电路的相间电阻值 2. 测量控制回路的电阻值，查找故障点	
电动机星形启动后无法实现三角形转换	1. 时间继电器没有动作 2. 接触器 KM2 损坏	1. 检查时间继电器触点是否正常动作 2. 检查接触器 KM2 触点是否正常动作	

5. 电路结束

(1)电路工作结束后，应切断电动机的三相交流电源。

(2)拆除控制线路、主电路和有关电路电器。

(3)将各电气设备和电路物品按规定位置安放整齐。

四、实训报告

(1)绘制电气原理图，并在原理图中标出自锁、互锁触头，星形运行控制接触器、三角形运行控制接触器。

(2)记录仪器和设备的名称、规格和数量，记录测量参数。

(3)根据电路操作，简要写出电路步骤。

(4)记录实训结果。

(5)总结本次实训的心得体会。

五、注意事项

(1)电动机和按钮的金属外壳必须可靠接地。接至电动机的导线必须穿在导线通道内加以保护，或采用坚韧的四芯橡皮线或塑料护套线进行临时通电校验。

(2)电源进线应接在螺旋式熔断器底座的中心端上，出线应接在螺纹外壳上。

(3)电动机必须安放平稳，以防运转时产生滚动而引起事故。

(4)要注意电动机必须进行换相，否则，其只能进行单向运转。

(5)要特别注意接触器的联锁触点或互锁触点不能接错，否则，将会造成主电路中两相电源短路事故。

(6)接线时应特别注意电动机的首尾端接线相序不可有错，如果接线有错，在通电运行会出现启动时电动机左转，运行时电动机右转，电动机突然反转电流剧增烧毁电动机或造成掉闸事故。

(7)通电校验前，要再检查熔体规格及时间继电器、热继电器的各整定值是否符合要求。

任务五　双速异步电动机运行控制

学习目标

1. 熟悉速度继电器的结构原理；
2. 掌握双速异步电动机运行控制的方法；
3. 能识读双速异步电动机运行控制电路图；
4. 能完成双速异步电动机运行控制电路的安装与调试。

任务要求

某生产机械变速运行采用 2Y/△接法双速电动机变极调速控制，请按照电气图纸完成双速异步电动机运行控制电路的安装与调试。

实施路径

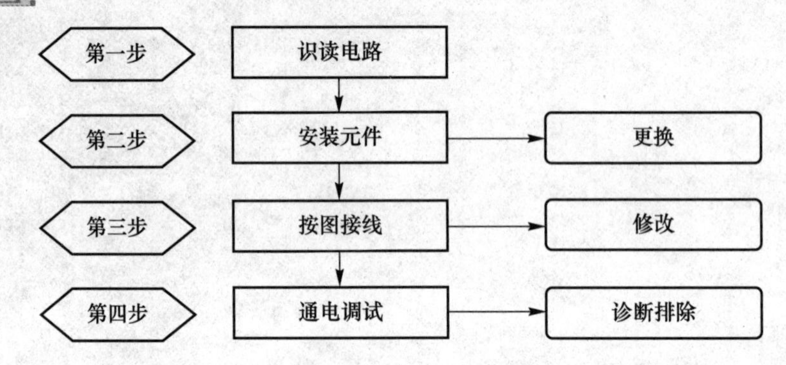

组织形式

在本任务实施中，由 3～4 名学生组成一个工作小组，共同讨论任务并进行分配，任务分配表见表 1-1。各小组制订出实施方案及工作计划，组长协助教师参与指导本组学生学习，检查项目实施进程和质量，制订改进措施，共同完成项目任务。

任务实施

第一步　识读电路

双速异步电动机运行控制电路原理图如图 5-1 所示。在图 5-1 中，SB2 和 SB1 分别为启动运行和停止按钮，KM1 控制电动机低速运行接触器，KM2、KM3 控制电动机高速运行接触器，KT 为断电延时时间继电器，低压断路器 QF 为电源开关，熔断器 FU 和热继电器 KH 分别用作短路和过载保护。

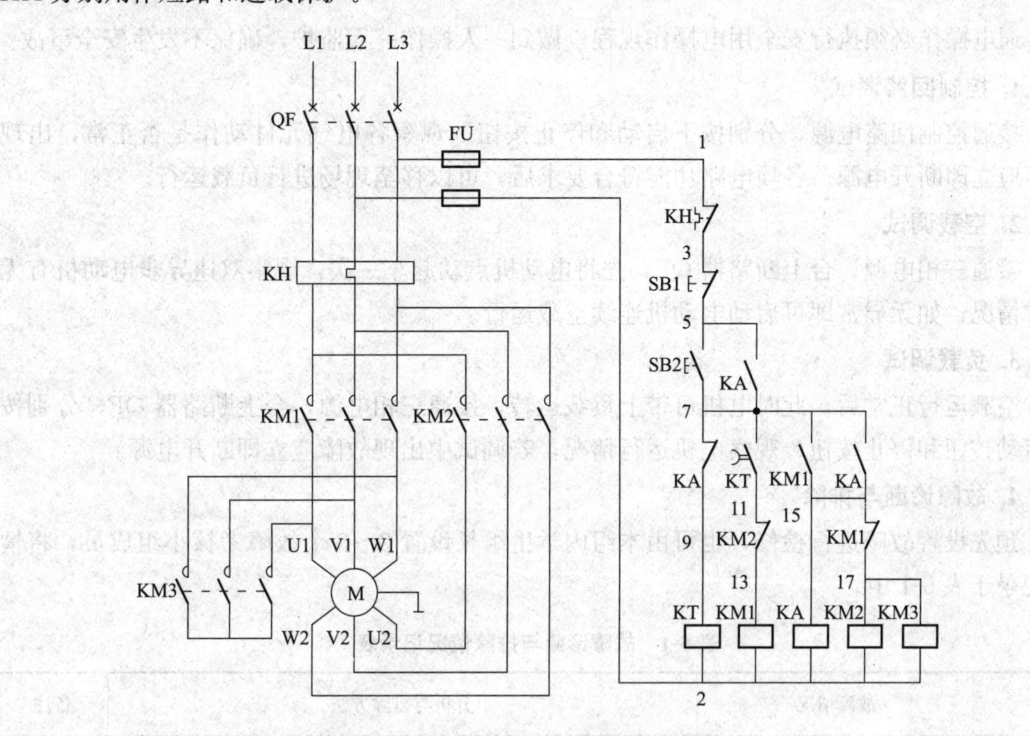

图 5-1 双速电机控制电路原理图

第二步 安装元件

1. 选择元件

按照电路图选择电气元件，检查电气元件是否齐备、完好，所用电气元件的外观应完整无损，动作灵活无阻卡现象，附件、备件、合格证齐全，使用万用表测量所有电气元件的有关技术数据应符合产品质量要求，否则应给予更换。

2. 固定元件

按图安装电气元件，必须横平竖直，各元件的布置应整齐美观，元件的间距须符合电气安全要求。

第三步 按图接线

1. 电路配线

根据电路图配线，横平竖直，符合盘柜电气安装配线工艺要求。一般按电路回路从左到右，每个回路按元件顺序从上至下进行配线。

2. 自检质量

按电路图检查导线连接的正确性，从电源开始、逐段校对接线及接线端子线号有无漏接、错接，压接是否牢固、接触是否良好。必要时，可用万用表检查电路有无短路或断路现象。

第四步　通电调试

通电操作必须执行安全用电操作规程，做到一人操作一人监护，确保不发生安全事故。

1. 控制回路调试

接通控制回路电源，分别按下启动和停止按钮，观察各电气元件动作是否正常，出现故障应立即断开电源。各项电路功能符合要求后，可以移至现场进行负载运行。

2. 空载调试

接通三相电源，合上断路器 QF，先将电动机点动起车一次，观察双速异步电动机有无异常情况，如无异常即可启动电动机连续空载运行。

3. 负载调试

空载运行正常后，此时电机可带上负载运转，接通三相电源，合上断路器 QF，分别按下启动按钮和停止按钮，观察电机运行情况，若调试中出现故障应立即断开电源。

4. 故障诊断与排除

预先设置故障进行检修，也可由本组内学生组长设置 2～3 个故障考核小组成员，将情况记录于表 5-1 中。

表 5-1　故障诊断与排除情况记录表

序号	故障情况	分析与排除方法	备注
1			
2			
3			

常见问题及解决措施

问题 1　合上电源开关后，按下启动按钮，电动机不转动，但无异响，也无异味冒烟。

解决措施　关掉电源，检查电源是否接通，控制设备接线是否错误，调整热继电器整定值与电动机匹配。

问题 2　电动机低速运行方向正确，但高速时运行方向相反。

解决措施　检查电动机主回路△至 2Y 转换时接线是否错误。

任务评价

按时间、质量、安全、文明、环保要求进行考核。首先学生按照表 1-4 的任务考核评分，先自评，在自评的基础上，由本组的学生互评，最后由教师进行总结评分。

拓展训练

双速电动机手/自动运行控制电路图如图 5-2 所示，试分析电路的工作过程。

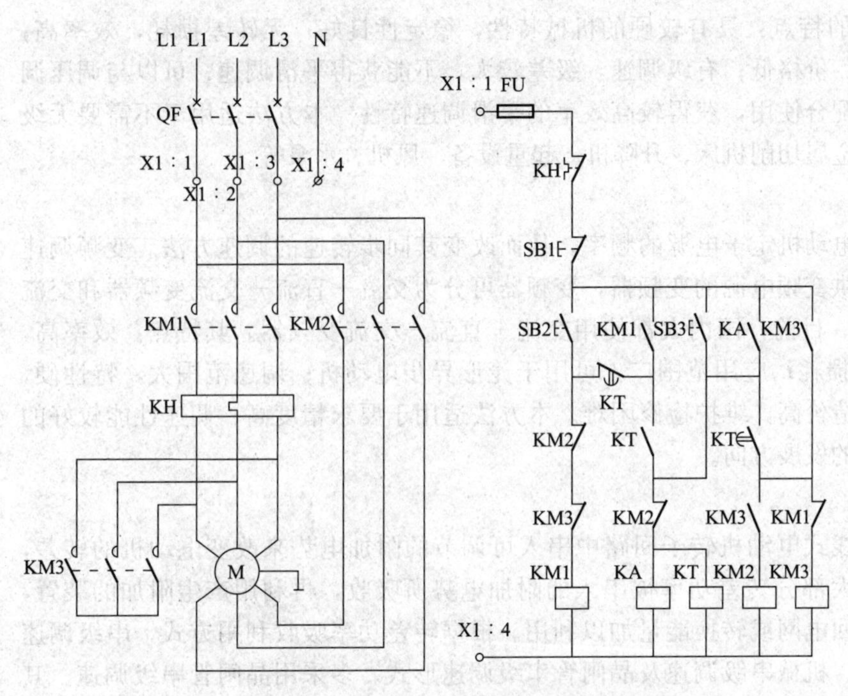

图 5-2 双速电动机手/自动运行控制电路图

微课：双速电动机调速运行控制原理

知识链接

一、三相异步电动机的几种调速方式

三相异步电动机转速公式为

$$n=60f/p(1-s)$$

从上式中可见，改变供电频率 f、电动机的极对数 p 及转差率 s 均可达到改变转速的目的。从调速的本质来看，不同的调速方式无非是改变交流电动机的同步转速或不改变同步转速两种。

在生产机械中，广泛使用不改变同步转速的调速方法有绕线式电动机的转子串电阻调速、斩波调速、串级调速，以及应用电磁转差离合器、液力偶合器、油膜离合器等调速。改变同步转速的有改变定子极对数的多速电动机，改变定子电压、频率的变频调速有能无换向电动机调速等。

从调速时的能耗观点来看，有高效调速方法与低效调速方法两种：一是高效调速主要指转差率不变，因此，无转差损耗，如多速电动机、变频调速及能将转差损耗回收的调速方法(如串级调速等)；二是有转差损耗的调速方法属低效调速，如转子串电阻调速方法，能量就损耗在转子回路中；电磁离合器的调速方法，能量损耗在离合器线圈中；液力耦合器调速，能量损耗在液力耦合器的油中。一般来说，转差损耗随调速范围扩大而增加，如果调速范围不大，能量损耗是很小的。

1. 变极对数调速

变极对数调速是用改变定子绕组的接线方式来改变笼形电动机定子极对数以达到调速

目的。变极对数调速的特点：具有较硬的机械特性，稳定性良好；无转差损耗，效率高；接线简单、控制方便、价格低；有级调速，级差较大，不能获得平滑调速；可以与调压调速、电磁转差离合器配合使用，获得较高效率的平滑调速特性。本方法适用于不需要无级调速的生产机械，如金属切削机床、升降机、起重设备、风机、水泵等。

2. 变频调速

变频调速是改变电动机定子电源的频率，从而改变其同步转速的调速方法。变频调速系统的主要设备是提供变频电源的变频器，变频器可分为交流－直流－交流变频器和交流－交流变频器两大类。目前，国内大都使用交流－直流－交流变频器。其特点：效率高，调速过程中没有附加损耗；应用范围广，可用于笼形异步电动机；调速范围大，特性硬，精度高；技术复杂，造价高，维护检修困难。本方法适用于要求精度高、调速性能较好的场合，是电动机调速的发展方向。

3. 串级调速

串级调速是指绕线式电动机转子回路中串入可调节的附加电势来改变电动机的转差，以达到调速的目的。大部分转差功率被串入的附加电势所吸收，再利用产生附加的装置，将吸收的转差功率返回电网或转换能量加以利用。根据转差功率吸收利用方式，串级调速可分为电机串级调速、机械串级调速及晶闸管串级调速形式。多采用晶闸管串级调速。其特点为：可将调速过程中的转差损耗回馈到电网或生产机械上，效率较高；装置容量与调速范围成正比，投资省，适用于调速范围在额定转速70％～90％的生产机械上；调速装置发生故障时可以切换至全速运行，避免停产；晶闸管串级调速功率因数偏低，谐波影响较大。本方法适用于风机、水泵及轧钢机、矿井提升机、挤压机上使用。

4. 绕线式异步电动机转子串电阻调速

绕线式异步电动机转子串入附加电阻，使电动机的转差率加大，电动机在较低的转速下运行。串入的电阻越大，电动机的转速越低。此方法设备简单，控制方便，但转差功率以发热的形式消耗在电阻上。绕线式异步电动机转子串电阻调速属有级调速，机械特性较软。

5. 定子调压调速

当改变电动机的定子电压时，可以得到一组不同的机械特性曲线，从而获得不同转速。由于电动机的转矩与电压平方成正比，因此，最大转矩下降很多，其调速范围较小，使一般笼形电动机难以应用。目前常用的调压方式有串联饱和电抗器、自耦变压器及晶闸管调压等。晶闸管调压方式为最佳。调压调速的特点是调压调速线路简单，易实现自动控制；调压过程中转差功率以发热形式消耗在转子电阻中，效率较低。调压调速一般适用于100 kW以下的生产机械。

6. 电磁调速电动机调速方法

电磁调速电动机由笼形电动机、电磁转差离合器和直流励磁电源(控制器)三部分组成。直流励磁电源功率较小，通常由单相半波或全波晶闸管整流器组成，改变晶闸管的导通角，可以改变励磁电流的大小。

电磁转差离合器由电枢、磁极和励磁绕组三部分组成。电枢和后者没有机械联系，都能自由转动。电枢与电动机转子同轴连接称为主动部分，由电动机带动；磁极用联轴节与负载轴对接称为从动部分。当电枢与磁极均为静止时，如励磁绕组通以直流，则沿气隙圆周表面将形成若干对N、S极性交替的磁极，其磁通经过电枢。当电枢随拖动电动机旋转时，由于电枢与磁极之间的相对运动，因而使电枢感应产生涡流，此涡流与磁通相互作用产生转矩，带动有磁极的转子按同一方向旋转，但其转速恒低于电枢的转速 N1，这是一种转差调速方式，变动转差离合器的直流励磁电流可改变离合器的输出转矩和转速。电磁调速电动机的调速特点：装置结构及控制线路简单、运行可靠、维修方便；调速平滑、无级调速；对电网无谐影响；速度失大、效率低。本方法适用于中、小功率，要求平滑动、短时低速运行的生产机械。

7. 液力耦合器调速方法

液力耦合器是一种液力传动装置，一般由泵轮和涡轮组成，它们统称为工作轮，放在密封壳体中。壳中充入一定量的工作液体，当泵轮在原动机带动下旋转时，处于其中的液体受叶片推动而旋转，在离心力作用下沿着泵轮外环进入涡轮时，就在同一转向上给涡轮叶片以推力，使其带动生产机械运转。液力耦合器的动力传输能力与壳内相对充液量的大小是一致的。在工作过程中，改变充液率就可以改变耦合器的涡轮转速，作到无级调速，其特点为：功率适应范围大，可满足从几十千瓦至数千千瓦不同功率的需要；结构简单，工作可靠，使用及维修方便，且造价低；尺寸小，能容大；控制调节方便，容易实现自动控制。本方法适用于风机、水泵的调速。

综上所述，交流最理想的调速方法应该是改变电动机供电电源的频率，这就是变频调速。随着电力电子技术的飞速发展，变频调速的性能指标完全可以达到甚至超过直流电动机调速系统。

二、双速异步电动机控制电路工作原理

1. 双速异步电动机内部绕组结构

双速异步电动机调速即变极对数调速，其绕组连接图如图 5-3 所示。其中，图 5-3(a)所示为电动机三角形接法，此时电动机处于低速运行；图 5-3(b)所示为双星形接法，此时电动机处于高速运行。

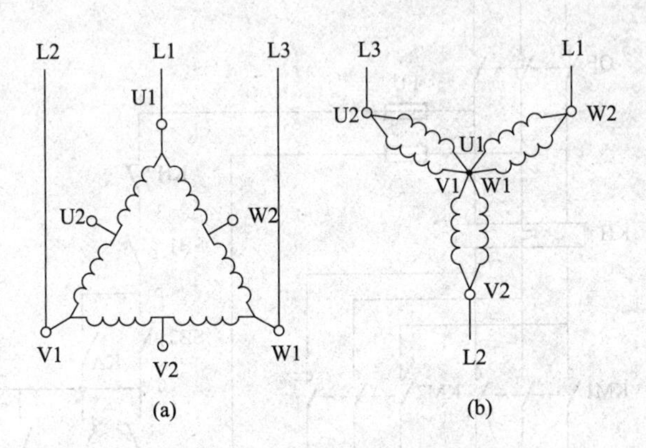

图 5-3　双速异步电动机绕组连接图

(a)三角形(低速)接法；(b)双星形(高速)接法

2. 工作原理分析

参考图 5-1，接通电源，合上断路器 QF。

(1)启动。按下 SB2 按钮→KT 线圈通电吸合→KT 常开触点闭合→KM1 线圈得电→

KA 线圈得电→KA 常开触点自锁→电动机接成△低速运行→同时 KT 失电→KT 延时时间到→KM2、KM3 线圈通电吸合→电动机接成 2 Y 高速运行。

(2)停止。按下 SB1 按钮→控制电路断电→接触器主触点断开→电动机停止运行。

微课：双速电动机控制电路安装(上)

微课：双速电动机控制电路安装(中)

微课：双速电动机控制电路安装(下)

实训六　双速电动机调速控制电路安装与调试

一、实训目的

(1)认识双速电动机的结构，会使用数字万用表等仪器判断绕组好坏；

(2)掌握电气控制线路安装工艺、规范；

(3)能够根据电气原理完成器件的安装、接线与调试；

(4)能够根据调试现象判断故障的原因及解决办法；

(5)通过此次实训能够熟练掌握双速电动机的调速原理与方法。

二、识图与器件选择

1. 识读电路图

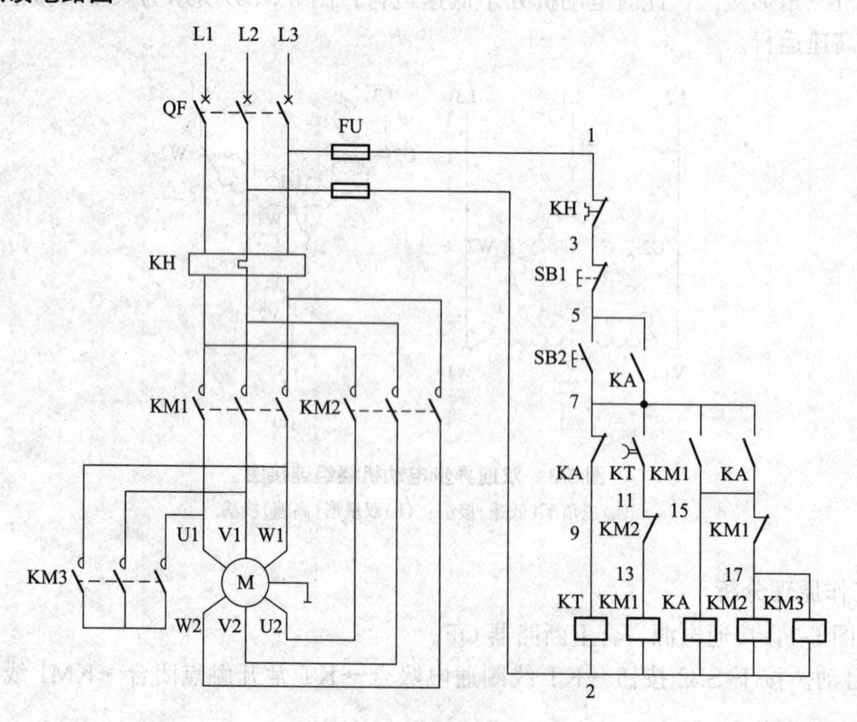

双速电动机调速控制原理图

2. 选择电气元件

器件名称	数量	型号	器件名称	数量	型号

3. 工具与仪器仪表

(1)工具：试电笔、十字螺钉旋具、一字螺钉旋具、尖嘴钳、剥线钳等。

(2)仪器仪表：数字万用表、兆欧表等。

三、操作步骤

1. 电路准备工作

(1)熟悉电气元件结构及工作原理。在连接控制电路线路前，应熟悉按钮开关、交流接触器、热继电器、中间继电器和时间继电器的结构形式、工作原理及接线方式和方法。

(2)记录电路设备参数。将所使用的主要电路电器的型号、规格及额定参数记录下来，并理解和体会各参数的实际意义。

(3)电动机的外观检查。电路接线前应先检查电动机的外观有无异常。如条件许可，可用手盘动电动机的转子，观察转子转动是否灵活，与定子的间隙是否有摩擦现象等。

(4)电动机的绝缘检查。使用兆欧表依次测量电动机绕组与外壳之间及各绕组之间的绝缘电阻值，并将测量数据记录于表中，同时应检查绝缘电阻值是否符合要求。

相间绝缘	绝缘电阻/MΩ	各相对地绝缘	绝缘电阻/MΩ
U相与V相		U相对地	
V相与W相		V相对地	
W相与U相		W相对地	

2. 安装接线

(1)检查电气元件质量。应在不通电的情况下，使用万用表检查各触点的分、合情况是否良好。检查接触器时，应拆卸灭弧罩，用手同时按下三副主触点并用力均匀；同时，应检查接触器线圈电压与电源电压是否相符。

使用数字万用表检查需用到的低压电器在未通电的情况下参数是否正常。

器件名称	电阻/Ω	器件名称	电阻/Ω
交流接触器主触点		热继电器主触点	
交流接触器线圈		热继电器常开触点	
交流接触器常开触点		热继电器常闭触点	
交流接触器常闭触点		按钮常开触点	
熔断芯		按钮常闭触点	
时间继电器线圈		中间继电器线圈	
时间继电器常开触点		中间继电器常开触点	
时间继电器常闭触点		中间继电器常闭触点	

(2)安装电气元件。将电气元件摆放均匀、整齐、紧凑、合理，并用螺钉进行安装。注意应将开关、熔断器的受电端子安装在控制板的外侧，并使熔断器的受电端为底座的中心端；紧固各元件时应用力均匀、紧固程度适当。

(3)电路配线。应遵循“先主后控，先串后并；从上到下，从左到右；上进下出，左进右出”的原则进行接线。

主电路采用 BV1.5 mm^2(黑色)，控制电路采用 BV1 mm^2(红色)；按钮线采用 BVR0.75 mm^2(红色)，接地线采用 BVR1.5 mm^2(绿/黄双色线)。布线时要符合电气原理图，先将主电路的导线配制完成后，再配制控制回路的导线；布线时还应符合平直、整齐、紧贴敷设面、走线合理及接点不得松动等要求。

电路配线应具体注意以下几点：

1)走线通道应尽可能少，对同一通道中的沉底导线，按主、控电路分类集中，单层平行密排，并紧贴敷设面。

2)同一平面的导线应高低一致或前后一致，不能交叉。当必须交叉时，该根导线应在接线端子引出时，水平架空跨越，但走线必须合理。

3)布线应横平竖直，变换走向应垂直。

4)导线与接线端子或线桩连接时，应不压绝缘层、不反圈及不露铜过长。并做到同一元件、同一回路的不同接点的导线间距保持一致。

5)一个电气元件接线端子上的连接导线不得超过两根，每节接线端子板上的连接导线一般只允许连接一根。

6)布线时，严禁损伤线芯和导线绝缘。

7)布线时，不在控制板上的电气元件要从端子排上引出。

(4)按图检验配线正确性。电路线路连接好后，学生应先自行进行认真仔细的检查，特别是控制回路接线，一般可采用万用表进行校线，以确认线路连接正确无误。

使用数字万用表检查控制回路在未通电的情况下参数是否正常。

控制回路	电阻/Ω	自锁电路部分	电阻/Ω
未按下启动按钮 SB2		未按下启动按钮 SB2	
按下启动按钮 SB2		按下启动按钮 SB2	

备注：若控制回路或自锁电路测量的参数不正常，需要根据参数判断故障，然后进行针对性检查。

(5)接电源、电动机等控制板外部的导线。

3. 电路试运行

经教师检查后，通电试车。

(1)接通电源。合上电源开关 QS 或断路器 QF。

(2)启动：按下启动按钮，观察线路和电动机运行有无异常现象，并观察交流接触器的动作情况和电动机的旋转速度。

(3)变速：延时时间到后，观察线路和电动机运行有无异常现象，并观察交流接触器的动作情况和电动机的旋转速度。

(4)停止：按下停止按钮，接触器 KM 线圈失电，KM 自锁触头分断解除自锁，且 KM 主触头分断，电动机 M 失电停转。

4. 故障分析与排查

常见故障	故障分析	排查方式	记录
电动机只能单速运行	时间继电器没有动作	检查时间继电器触点是否能够正常动作	
电动机高速运行时运行方向相反	电动机主电路三角形至双星形转换时接线错误	检查主电路接线方式	

4. 电路结束

(1)电路工作结束后，应切断电动机的三相交流电源。

(2)拆除控制线路、主电路和有关电路电器。

(3)将各电气设备和电路物品按规定位置安放整齐。

四、实训报告

(1)绘制电气原理图，并在原理图中标出双速电机三角形接法、双星形接法等触头。

(2)记录仪器和设备的名称、规格和数量，记录测量参数。

(3)根据电路操作，简要写出电路步骤。

(4)记录实训结果。

(5)总结本次实训的心得体会。

五、注意事项

(1)电动机和按钮的金属外壳必须可靠接地。接至电动机的导线必须穿在导线通道内加以保护，或采用坚韧的四芯橡皮线或塑料护套线进行临时通电校验。

(2)电源进线应接在螺旋式熔断器底座的中心端上，出线应接在螺纹外壳上。

(3)电动机必须安放平稳，以防运转时产生滚动而引起事故。

(4)要注意双速电动机绕组必须先接成三角形，后接成双星形，否则，电动机只能进行低速的运转，不能实现高速运转。

(5)要特别注意双速电动机绕组双星形和三角形接线不能接错，否则，将可能造成主电路电源短路事故。

任务六　电动机制动控制

学习目标

1. 熟悉速度继电器的结构原理；
2. 掌握电动机制动控制的方法；
3. 能识读电动机制动控制电路图；
4. 能完成电动机制动控制电路的安装调试。

任务要求

某生产机械拖动三相异步电动机采用反接制动方式使设备快速准确停下，请按照电气图纸完成电动机制动控制电路的安装调试。

实施路径

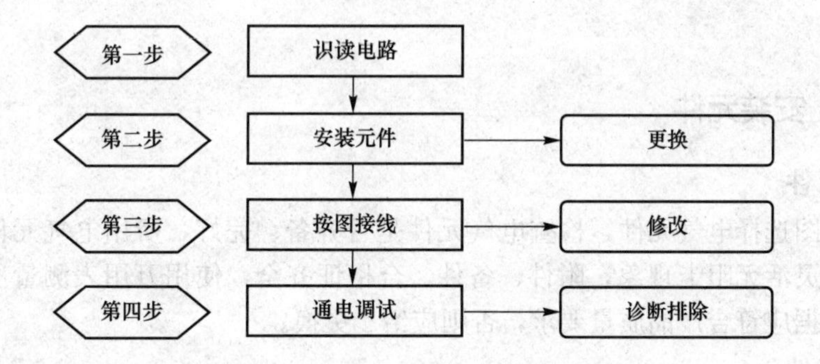

组织形式

在本任务实施中，由 3～4 名学生组成一个工作小组，共同讨论任务并进行分配，任务分配表见表 1-1。各小组制订出实施方案及工作计划，组长协助教师参与指导本组学生学习，检查项目实施进程和质量，制订改进措施，共同完成项目任务。

任务实施

第一步　识读电路

电动机反接制动控制电路如图 6-1 所示。在图 6-1 中，按钮 SB2 和 SB1 分别控制电动机启动和停止，KM1 控制电动机正常运行，KM2 控制电动机反接制动运行，中间继电器 KA、制动电阻 R、速度继电器 KS 在电机转速接近零时立即发出信号，切断电源使之停车。低压断路器 QF 为电源开关，熔断器 FU 和热继电器 KH 分别用作短路与过载保护。

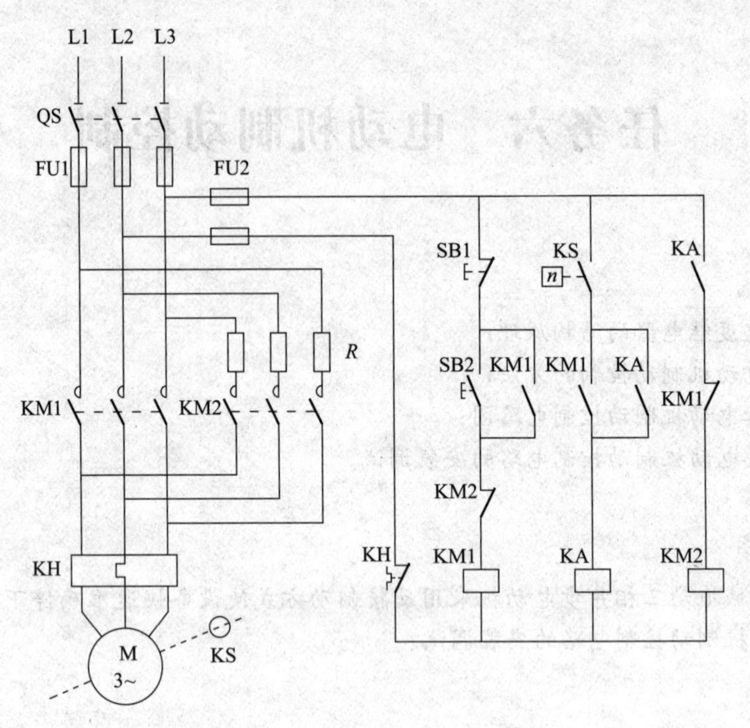

图 6-1　电动机反接制动控制电路

第二步　安装元件

1. 选择元件

按照电路图选择电气元件，检查电气元件是否齐备、完好，所用电气元件的外观应完整无损，动作灵活无阻卡现象，附件、备件、合格证齐全，使用万用表测量所有电气元件的有关技术数据应符合产品质量要求，否则应给予更换。

2. 固定元件

按图安装电气元件，必须横平竖直，所有元件的布置应整齐美观，元件的间距应符合电气安全要求。

第三步　按图接线

1. 电路配线

根据电路图配线，横平竖直，符合盘柜电气安装配线工艺要求。一般按电路回路从左到右，每个回路按元件顺序从上至下进行配线。

2. 自检质量

按电路图检查导线连接的正确性，从电源开始、逐段校对接线及接线端子线号有无漏接、错接，压接是否牢固、接触是否良好。必要时可使用万用表检查电路有无短路或断路现象。

第四步　通电调试

通电操作必须执行安全用电操作规程，做到一人操作一人监护，确保不发生安全事故。

1. 控制回路调试

接通控制回路电源，分别按下启动和停止按钮，观察各电气元件动作是否正常，若出现故障应立即断开电源。

2. 空载调试

接通三相电源，合上断路器 QF，先将电动机点动起车一次，观察异步电动机有无异常情况，如无异常即可启动电动机连续空载运行。各项电路功能符合要求后，可以移至现场进行负载运行。

3. 负载调试

空载运行正常后，此时电机可带上负载运转，接通三相电源，合上断路器 QF，分别按下启动和停止按钮，观察电机运行情况，调试中出现故障应立即断开电源。

4. 故障诊断与排除

预先设置故障进行检修，也可由本组内学生组长设置 2～3 个故障考核小组成员，将情况记录于表 6-1 中。

表 6-1　故障诊断与排除情况记录表

序号	故障情况	分析与排除方法	备注
1			
2			
3			

常见问题及解决措施

问题 1　按下停止按钮后，电动机不能实现反接制动。

解决措施　检查主电路接线是否改变相序；检查控制电路接线是否正确。

问题 2　按下停止按钮，电动机反接制动完成后，电动机向相反的方向运转。

解决措施　检查速度继电器是否存在故障(如电机速度降低后，KV 常开触点不能断开等)；检查控制电路接线是否正确。

任务评价

按时间、质量、安全、文明、环保要求进行考核。首先学生按照表 1-4 的任务考核评分，先自评，在自评的基础上，由本组的学生互评，最后由教师进行总结评分。

拓展训练

电动机拖动直流能耗制动 Y—△降压启动控制电路如图 6-2 所示，试分析电路的工作原理。

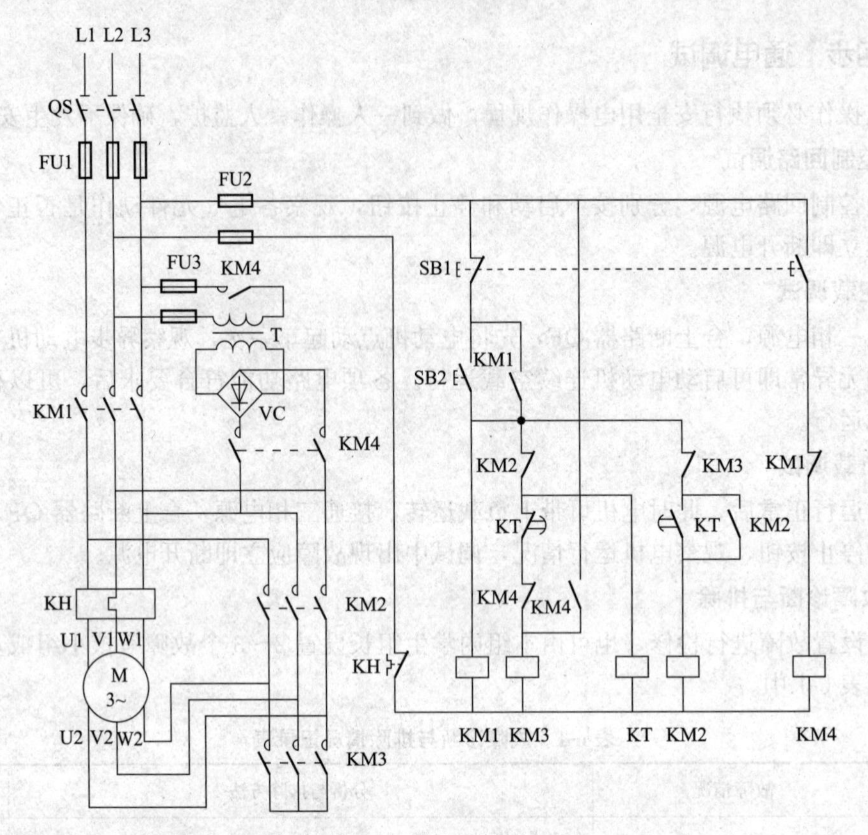

图 6-2　电动机拖动直流能耗制动 Y—△降压启动控制电路

知识链接

一、速度继电器

速度继电器是一种以转速为输入量的非电信号检测电器，它能在被测转速上升或下降至某一设定值时输出开关信号。它通过电磁感应原理实现触点动作，用于三相笼形异步电动机反接制动控制电路中，在电机转速接近零时立即发出信号，切断电源使之停车。JY1 型速度继电器的外形结构、图形符号及文字符号如图 6-3 所示。

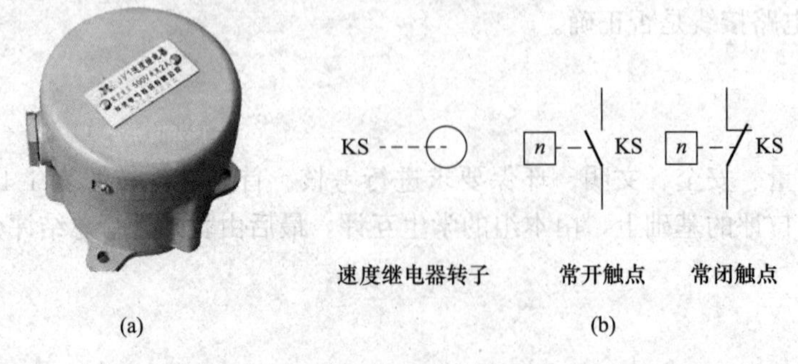

图 6-3　速度继电器的外形结构、图形符号及文字符号

(a)外形结构；(b)图形符号及文字符号

1. 基本结构

速度继电器由定子、转子及触点三部分组成。定子与鼠笼转子相似，内有短路条其转子是一个永久磁铁，与电动机或机械轴连接。

2. 工作原理

当转子随电动机转动时，其磁场与定子短路条相切割，产生感应电势及感应电流，故定子随着转子转动而转动起来。定子转动时带动杠杆，杠杆推动触点，使之闭合与分断。当电动机停止时，继电器的触点即恢复原来的静止状态。当电动机的转速接近零时，速度继电器的制动常开触点分断，从而切断电源，使电动机制动状态结束。

二、三相异步电动机制动方式

1. 机械制动

机械制动是指采用机械装置使电动机断电后迅速停转的制动方法，如电磁抱闸、电磁离合器等。

2. 电气制动

(1)反接制动。在电动机切断正常运转电源的同时改变电动机定子绕组的电源相序，使之有反转趋势而产生较大的制动力矩。

微课：电气制动控制原理

(2)能耗制动。在电动机切断正常运转电源之后，定子绕组上加一个直流电压，即通入直流电流，利用转子感应电流与静止磁场的作用达到制动的目的。

(3)回馈制动。采用有源逆变技术，将再生电能逆变为与电网同频率同相位的交流电回送电网，从而实现制动控制。

三、异步电动机反接制动控制电路工作原理

参考图 6-1，接通电源，合上断路器 QF。

1. 正常运行

按下 SB1 按钮→KM1 线圈通电→KM1 主触点闭合→电动机运行转速生高→速度继电器 KV 常开触点闭合→中间继电器 KA 线圈通电→为反接制动接触器 KM2 接通作好准备。

2. 停机

按下 SB2 按钮→KM1 线圈断电→KM1 辅助常闭触点闭合→KM2 线圈通电→KM2 主触点闭合→电动机串入限流电阻 R 进行反接制动→电动机转速下降至 100 r/min 时，制动结束→电动机停止运行。

微课：电动机制动控制电路安装(上)

微课：电动机制动控制电路安装(中)

微课：电动机制动控制电路安装(下)

实训七　电动机制动控制电路安装与调试

一、实训目的

(1)认识速度继电器的结构，了解速度继电器的工作原理，会判别速度继电器的质量好坏；

(2)掌握电动机制动控制电路安装工艺、规范；

(3)能够根据电气原理完成电气元件安装、接线与调试；

(4)能够根据调试现象判断故障的原因及解决办法；

(5)通过此次实训能够熟练掌握双速电机的调速原理与方法。

二、识图与器件选择

1. 识读电路图

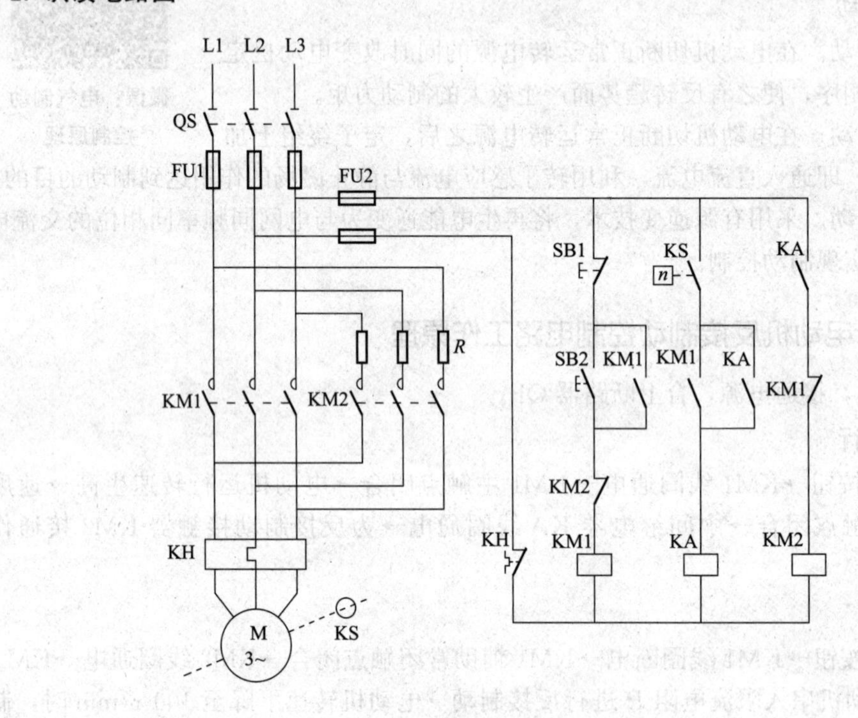

电动机反接制动控制电路图

2. 选择电气元件

器件名称	数量	型号	器件名称	数量	型号

3. 工具与仪器仪表

(1)工具：试电笔、十字螺钉旋具、一字螺钉旋具、尖嘴钳、剥线钳等。

(2)仪器仪表：数字万用表、兆欧表等。

三、操作步骤

1. 电路准备工作

(1)熟悉电气元件结构及工作原理。在连接控制电路线路前，应熟悉按钮开关、交流接触器、热继电器、中间继电器和时间继电器的结构形式、工作原理及接线方式和方法。

(2)记录电路设备参数。将所使用的主要电路电器的型号、规格及额定参数记录下来，并理解和体会各参数的实际意义。

(3)电动机的外观检查。电路接线前应先检查电动机的外观有无异常。如条件许可，可用手盘动电动机的转子，观察转子转动是否灵活，与定子的间隙是否有摩擦现象等。

(4)电动机的绝缘检查。使用兆欧表依次测量电动机绕组与外壳之间及各绕组之间的绝缘电阻值，并将测量数据记录于表中，同时，应检查绝缘电阻值是否符合要求。

相间绝缘	绝缘电阻/MΩ	各相对地绝缘	绝缘电阻/MΩ
U相与V相		U相对地	
V相与W相		V相对地	
W相与U相		W相对地	

2. 安装接线

(1)检查电气元件质量。应在不通电的情况下，使用万用表检查各触点的分、合情况是否良好。检查接触器时，应拆卸灭弧罩，用手同时按下三副主触点并用力均匀；同时，应检查接触器线圈电压与电源电压是否相符。

使用数字万用表检查需用到的低压电器在未通电的情况下参数是否正常。

器件名称	电阻/Ω	器件名称	电阻/Ω
交流接触器主触点		热继电器主触点	
交流接触器线圈		热继电器常开触点	
交流接触器常开触点		热继电器常闭触点	
交流接触器常闭触点		按钮常开触点	
熔断芯		按钮常闭触点	
速度继电器常开触点		中间继电器线圈	
速度继电器常闭触点		中间继电器常开触点	
		中间继电器常闭触点	

(2)安装电气元件。将电气元件摆放均匀、整齐、紧凑、合理，并用螺钉进行安装。注

意开关、熔断器的受电端子应安装在控制板的外侧，并使熔断器的受电端为底座的中心端；紧固各电气元件时应用力均匀，紧固程度适当。

(3)电路配线。装接电路原则：应遵循“先主后控，先串后并；从上到下，从左到右；上进下出，左进右出”的原则进行接线。

主电路采用 BV1.5 mm^2(黑色)，控制电路采用 BV1 mm^2(红色)；按钮线采用 BVR0.75 mm^2(红色)，接地线采用 BVR1.5 mm^2(绿/黄双色线)。布线时要符合电气原理图，先将主电路的导线配完后，再配控制回路的导线；布线时还应符合平直、整齐、紧贴敷设面、走线合理及接点不得松动等要求。

电路配线应具体注意以下几点：

1)走线通道应尽可能少，同一通道中的沉底导线，按主、控电路分类集中，单层平行密排并紧贴敷设面。

2)同一平面的导线应高低一致或前后一致，不能交叉。当必须交叉时，该根导线应在接线端子引出时，水平架空跨越，但走线必须合理。

3)布线应横平竖直，变换走向应垂直。

4)导线与接线端子或线桩连接时，应不压绝缘层、不反圈及不露铜过长。并做到同一元件、同一回路的不同接点的导线间距保持一致。

5)一个电气元件接线端子上的连接导线不得超过两根，每节接线端子板上的连接导线一般只允许连接一根。

6)布线时，严禁损伤线芯和导线绝缘。

7)布线时，不在控制板上的电气元件要从端子排上引出。

(4)按图检验配线正确性。电路线路连接好后，学生应先自行进行认真仔细的检查，特别是控制回路接线，一般可采用万用表进行校线，以确认线路连接正确无误。

使用数字万用表检查控制回路在未通电的情况下参数是否正常。

控制回路	电阻/Ω	自锁电路部分	电阻/Ω
未按下启动按钮 SB2		未按下启动按钮 SB2	
按下启动按钮 SB2		按下启动按钮 SB2	

备注：若控制回路或自锁电路测量的参数不正常，需要根据参数判断故障，然后进行针对性检查。

(5)接电源、电动机等控制板外部的导线。

3. 电路试运行

经教师检查后，通电试车。

(1)接通电源。合上电源开关 QS 或断路器 QF。

(2)启动：按下启动按钮，观察线路和电动机运行有无异常现象，并观察交流接触器的动作情况和电动机的运作情况。

(3)电动机转速上升后：观察线路和电动机运行有无异常现象，并观察中间继电器的动作情况和电动机的运作情况。

(4)停止：按下停止按钮，接触器 KM1 线圈失电，KM 自锁触头分断解除自锁，且 KM 主触头分断；以及 KM2 的运作情况，电动机 M 停止运转。

4. 故障分析与排查

常见故障	故障分析	排查方式	记录
电动机不能反接制动	1. 控制电路接线错误； 2. 主电路没有实现改变相序的功能	1. 检查控制回路接线是否正确； 2. 检查主电路是否具有改变电源相序的功能	
按下停止按钮，电动机反向运行却不制动	1. 控制回路接线错误； 2. 速度继电器存在问题	1. 检查控制回路接线是否正确； 2. 检查速度继电器是否能够正常工作	

5. 电路结束

(1)电路工作结束后，应切断电动机的三相交流电源。

(2)拆除控制线路、主电路和有关电路电器。

(3)将各电气设备和电路物品按规定位置安放整齐。

四、实训报告

(1)绘制电气原理图，并在原理图中标出双速电机三角形接法、双星型接法等触头。

(2)记录仪器和设备的名称、规格和数量，记录测量参数。

(3)根据电路操作，简要写出电路步骤。

(4)记录实训结果。

(5)总结本次实训的心得体会。

五、注意事项

(1)电动机和按钮的金属外壳必须可靠接地。接至电动机的导线必须穿在导线通道内加以保护，或采用坚韧的四芯橡皮线或塑料护套线进行临时通电校验。

(2)电源进线应接在螺旋式熔断器底座的中心端上，出线应接在螺纹外壳上。

(3)电动机必须安放平稳，以防运转时产生滚动而引起事故。

(4)要注意双速电动机绕组必须先接成三角形，后接成双星形；否则，电动机只能进行低速的运转，不能实现高速运转。

(5)要特别注意双速电动机绕组双星形和三角形接线不能接错；否则，将可能造成主电路电源短路事故。

模块二　建筑设备系统电气控制

任务七　建筑给水排水系统控制

学习目标

1. 掌握建筑给水排水系统的基本结构原理；
2. 掌握建筑给水排水系统的电气控制方法；
3. 能识读建筑给水排水系统电气控制原理图；
4. 能完成建筑给水排水系统电气控制设备的安装调试。

任务要求

在掌握建筑给水排水系统的电气控制原理后，能对两台水泵一用一备自动轮换给水系统电气控制电路和控制系统进行正确的安装与调试。

实施路径

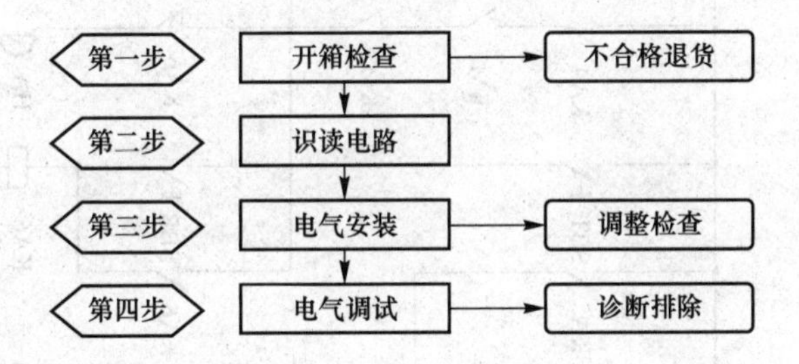

任务实施

第一步　开箱检查

1. 检查铭牌

给水泵电气控制系统由电气控制柜、液位装置及控制线路等构成，开箱确认收到的设备与订购的产品应一致。

2. 检查外观

确认设备在运输中是否有损伤，如内部零件脱落、外壳凹陷变形、连线脱落等问题。破损严重应与运输单位交涉，或与供货单位联系。

3. 资料收集

检查随机配备的产品合格证、保修卡、装箱单、产品使用说明书等。在收到货物后，认真填写保修卡并将保修卡寄回供货单位，产品出厂后依据保修卡对产品实行保修。

第二步　识读电路

两台给水泵一用一备控制电路图如图 7-1～图 7-3 所示。其中，图 7-1 所示为水位自控、自动轮换及故障报警电路；图 7-2 所示为水泵控制电路；图 7-3 所示为水泵主电路及接线端子图。给水泵控制电路图中各电气元件型号规格见表 7-1。

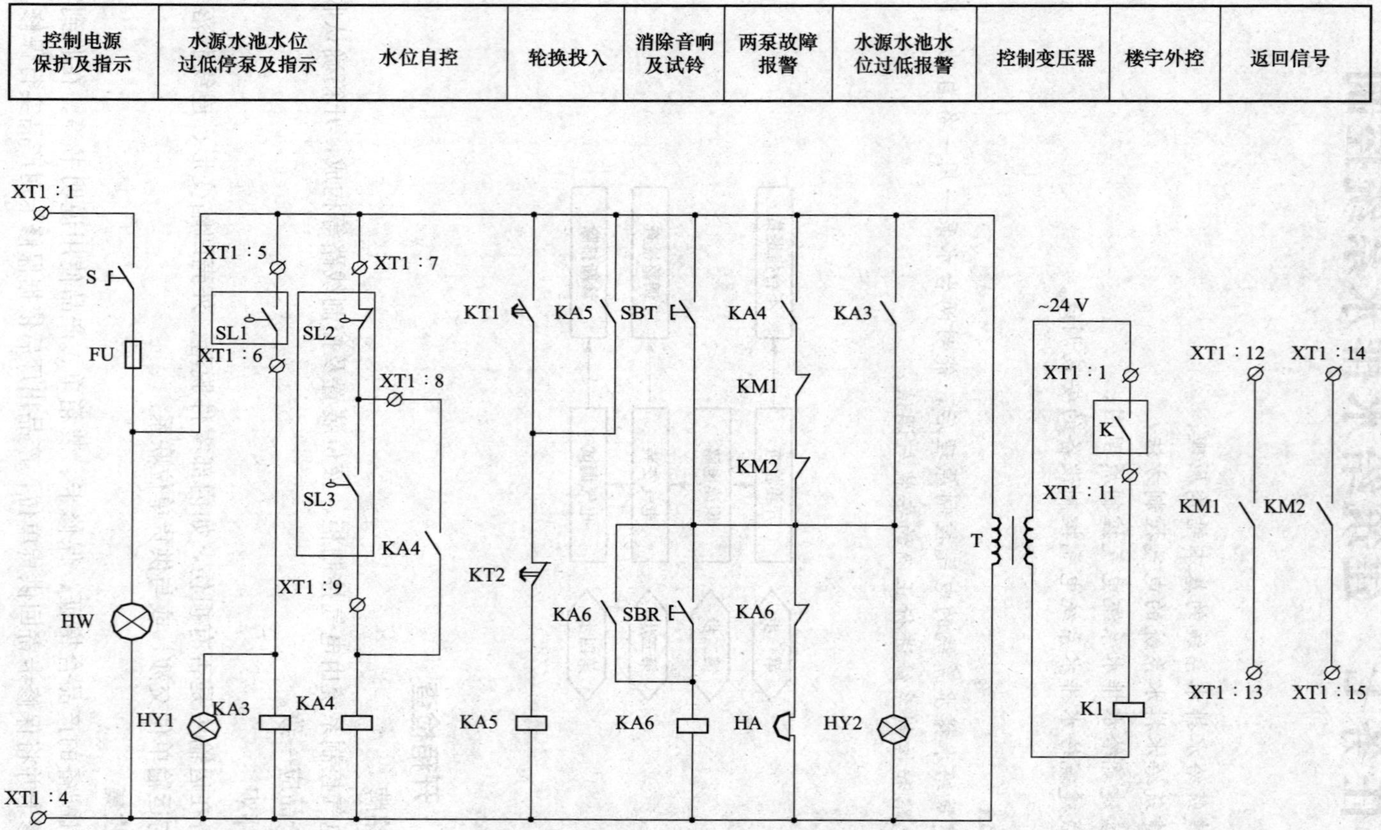

控制电源保护及指示	水源水池水位过低停泵及指示	水位自控	轮换投入	消除音响及试铃	两泵故障报警	水源水池水位过低报警	控制变压器	楼宇外控	返回信号

图 7-1　水位自控、自动轮换及故障报警电路

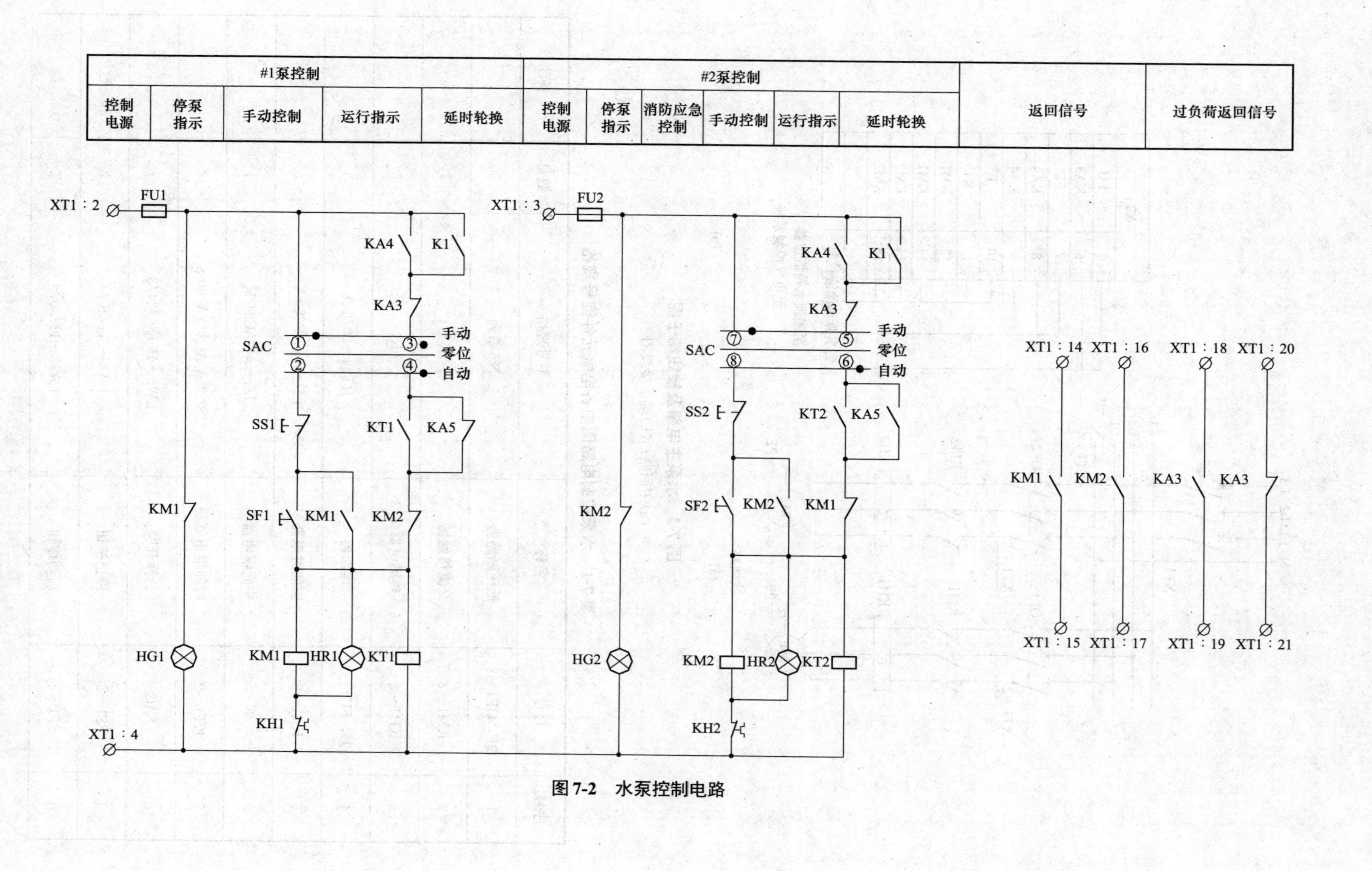
#1泵控制
控制电源
停泵指示
手动控制
运行指示
延时轮换
#2泵控制
控制电源
停泵指示
消防应急控制
手动控制
运行指示
延时轮换
返回信号
过负荷返回信号
XT1：2
FU1
KA4
K1
KA3
SAC
手动
零位
自动
SS1
KT1
KA5
KM1
SF1
KM1
KM2
HG1
KM1
HR1
KT1
KH1
XT1：4
XT1：3
FU2
KM2
HG2
SS2
KT2
SF2
KM2
HR2
KT2
KH2
XT1：14
XT1：16
XT1：18
XT1：20
KA3
XT1：15
XT1：17
XT1：19
XT1：21

图 7-2　水泵控制电路

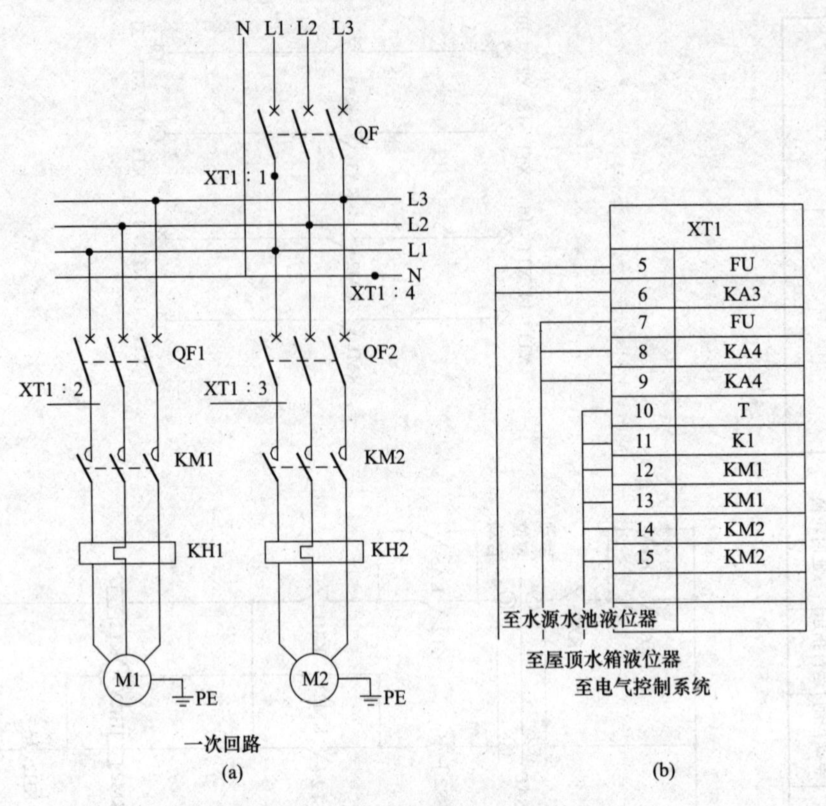

图 7-3　水泵主电路及接线端子图

(a)主回路；(b)端子接线图

表 7-1　水泵控制电路图中各电气元件型号规格

序号	符号	名称	型号规格	数量	备注
1	QF，QF1～2	低压断路器	NS系列	3	
2	KM1～2	交流接触器	LC1	2	
3	KH1～2	热继电器	LR1	2	
4	FU，FU1～2	熔断器	RT14－20/6 A	3	
5	KA1～6	中间继电器	JZ7－44 AC220 V	6	
6	K	中间继电器	JZ7－44 AC24 V	1	
7	KT1～2	时间继电器	JS7-2 A AC220 V 60 S	2	
8	SAC	选择开关	LW5－15 D0 724/3	1	
9	SS1～2	停止按钮	LA38－11/307	2	红
10	SF1～2	启动按钮	LA38－11/307	2	绿

续表

序号	符号	名称	型号规格	数量	备注
11	SBT	试验按钮	LA38－11/307	1	绿
12	SBR	复位按钮	LA38－11/307	1	红
13	HW	白色指示灯	AD11－25/40 AC220 V	1	
14	HR1～2	红色指示灯	AD11－25/40 AC220 V	2	
15	HG1～2	绿色指示灯	AD11－25/40 AC220 V	2	
16	HY1～2	黄色指示灯	AD11－25/40 AC220 V	2	
17	T	控制变压器	BK－250 AC220 V/24 V	1	
18	S	主令开关	LA38 11 X2/204	1	
19	HA	电铃	UC4－2 AC220 V	1	
20	AT	双电源切换装置	SDH－II/BZ	1	
21	SL1～2	液位器		2	
22	K	外控动合触点		若干	

1. 控制功能

(1)高低位水箱(池)均设有水位信号器，当高位水箱水位达到低位，低位水池水位达到高位时，水泵启动；高位水箱水位达到高位或低位水池水位达到低位时，水泵停止。

(2)两台水泵分工作泵和备用泵，自动轮换工作。同时，具有手动、自动工作方式及各种指示及报警。

2. 工作原理

图 7-2 中 SAC 为万能转换开关，使用其中 8 对触点，将手动、零位、自动三挡分别对应不同工作状态。手动状态主要作为调试、试运行及临时使用，此时把 SAC 开关设置为手动挡。

正常工作时，电源开关 QF、QF1、QF2、S 均合上。把控制柜 SAC 转换开关设置为自动挡。当高位水箱水位处于低水位且水池水位在极限水位之上时，高位水箱低水位液位开关 SL3 闭合，中间继电器 KA4 线圈通电，KA4 常开触点闭合，接触器 KM1 通电(此时，时间继电器 KT1 通电延时，为自动轮换 2 号泵运行做准备)，KM1 主触点闭合，1 号水泵投入运行。当时间继电器 KT1 延时时间时，中间继电器 KA5 线圈通电，KA5 常闭触点断开切断了 KM1 线圈，1 号水泵停止运行。同时，KA5 常开触点闭合使接触器 KM2 通电(此时时间继电器 KT2 通电延时，为自动轮换 1 号泵运行做准备)，KM2 主触点闭合。此时，控制系统自动完成了 2 号水泵投入运行供水。

如果在 1 号水泵投入运行期间发生超载等事故时，KH1 常闭触点断开使接触器 KM1

断电，KM1 主触点断开，1 号水泵停止运行。此时，中间继电器 KA5 常开触点是闭合的，接触器 KM2 通电 2 号水泵自动投入运行。请读者自行分析 2 号水泵发生故障时的工作情况。

如果水源水池水位过低时，液位开关 SL1 闭合，中间继电器 KA3 通电，KA3 常开触点闭合，接通声光报警回路，发出声光报警信号。SBT \ SBR 为消除音响及试铃按钮。

第三步　电气安装

按照设备布置图、技术标准及线缆安装配线标准，完成电气控制柜设备、动力及其控制进出线缆的安装接线。

1. 电气控制柜的安装

立式控制柜因其前后均可开门，为便于维护，在条件允许的情况下，后门与墙体之间应保留一定距离。安装地面应水平，柜体应垂直水平面安装并配槽钢基座，保证安装的设备可靠牢固。核对泵、柜功率等级要相符，检查柜内的电气元件是否脱落，接线是否有不牢、不良接触的迹象，否则予以排除。

2. 系统线缆的敷设

按图纸要求接好与该柜有关的柜外电气元件(如浮球开关)，接好电源进线(包括零线、地线)及控制柜到水泵电机出线，导线容量要满足水泵长期工作的容量。把水泵控制柜内一次回路的接线重新上紧一遍(一次回路就是从电源输入到负载输出的主回路)，因为柜内接线在运输途中有可能松动，而且使用中由于接触器经常吸合，工作振动较大，时间长了也容易造成接线松动，一次回路的接头不紧，会产生发热直至烧坏线路和电气元件影响水泵电机。柜体与接线端子均做重复接地，接地电阻、接地线的线径均应符合相关规定和要求。

第四步　电气调试

为了安全运行，在通电前应按进行绝缘检查、安装接线检查，然后系统试运行。

1. 绝缘检查

用 500 V 绝缘电阻表检查对电气控制柜内部线路、水泵电动机和电缆的绝缘状态进行测试。只有绝缘电阻符合有关规定，才能对电气系统进行通电试验。

2. 接线检查

按设计图纸核对接线是否正确，检查所有接线螺母、接线端子是否拧紧，接地是否可靠。

3. 系统试运行

确认无误后再接水泵电动机，将转换开关置于手动挡，使水泵点动运行观察运行情况是否正常，若水泵已装入水，开机后，观察出水口是否正常出水，正常出水说明是正转，务必注意试运转时间要短，以免损坏水泵。以上检查完成后，将转换开关置于自动运行状态，观察电气控制柜指示灯、仪表的状态是否正常，运行几个小时后观察电动机温升是否正常，必要时做一次三相输出负荷电流的测量，检查电气控控柜各项功能是否能达到要求。

任务评价

按时间、质量、安全、文明、环保要求进行考核。首先学生按照表 7-2 的任务考核评分，先自评，在自评的基础上，由本组的学生互评，最后由教师进行总结评分。

表 7-2 任务考核评价表

序号	考核项目	考核内容及要求	评分标准	配分	学生自评	学生互评	教师考评	得分
1	时间		不按时无分	10				
2	质量	柜体安装	1. 柜体基础槽钢制作、安装符合规范，否则扣 5 分/处 2. 柜体安装牢固，接地可靠，否则扣 5 分/处	20				
		管线敷设	1. 电线管敷设工艺符合规范，否则扣 5 分/处 2. 柜内、盒内进出线缆接线规范，否则扣 2 分/处 3. 金属线管接地可靠，否则扣 10 分/处	30				
		通电调试	1. 不会使用电工仪表和工具，扣 5 分 2. 调试或试运行操作错误，扣 5 分/项 3. 一次运行不成功，扣 10 分	30				
		故障排除	1. 处理方法错误，扣 4 分 2. 处理故障超时，扣 2 分 3. 处理结果错误，扣 4 分	10				
3	安全	遵守安全操作规程	不遵守酌情扣 1～5 分					
4	文明	遵守文明生产规则	不遵守酌情扣 1～5 分					
5	环保	遵守环保生产规则	不遵守酌情扣 1～5 分					
注：如出现重大安全、文明、环保事故，本项目考核记为零分。								

拓展训练

两台给水泵一用一备软启动控制电路图如图 7-4～图 7-6 所示，试分析该电路的工作过程。

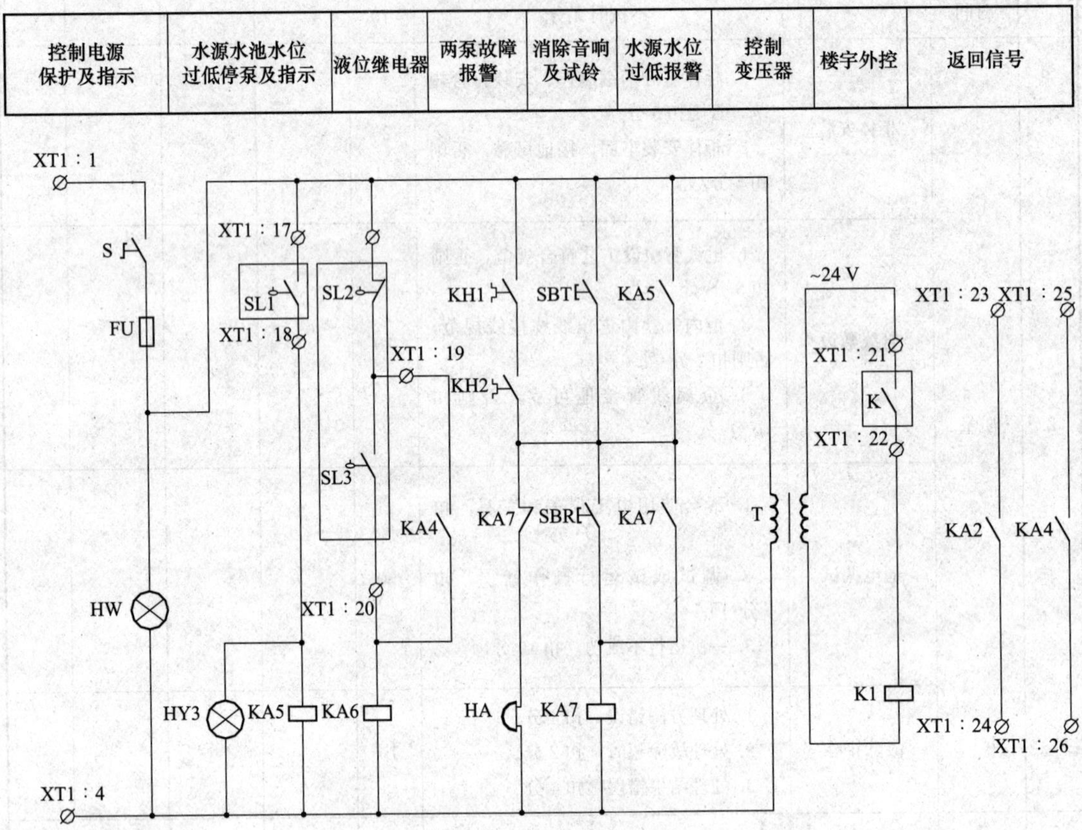

控制电源 保护及指示	水源水池水位 过低停泵及指示	液位继电器	两泵故障 报警	消除音响 及试铃	水源水位 过低报警	控制 变压器	楼宇外控	返回信号

图 7-4　给水泵一用一备软启动控制电路(一)

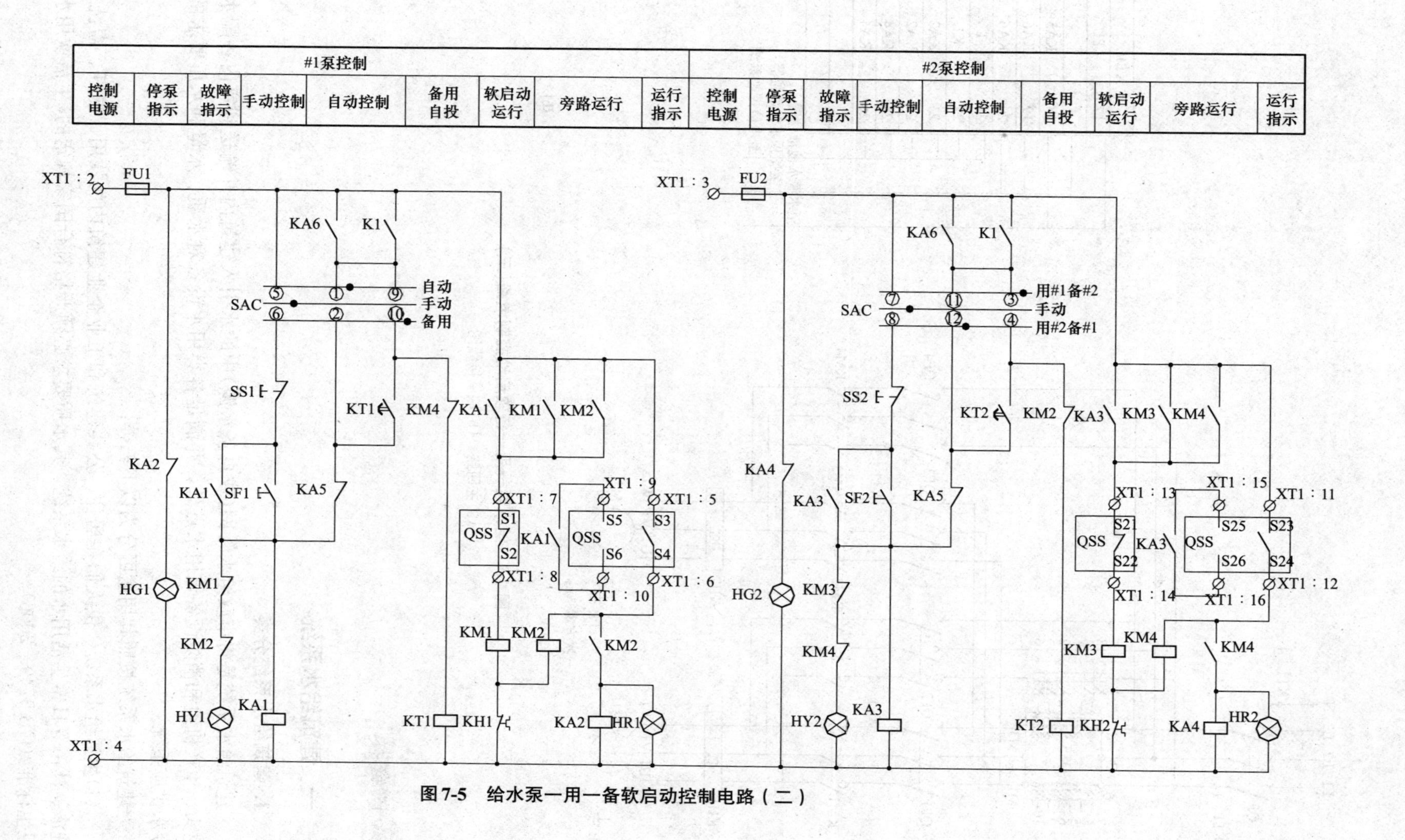

图 7-5　给水泵一用一备软启动控制电路（二）

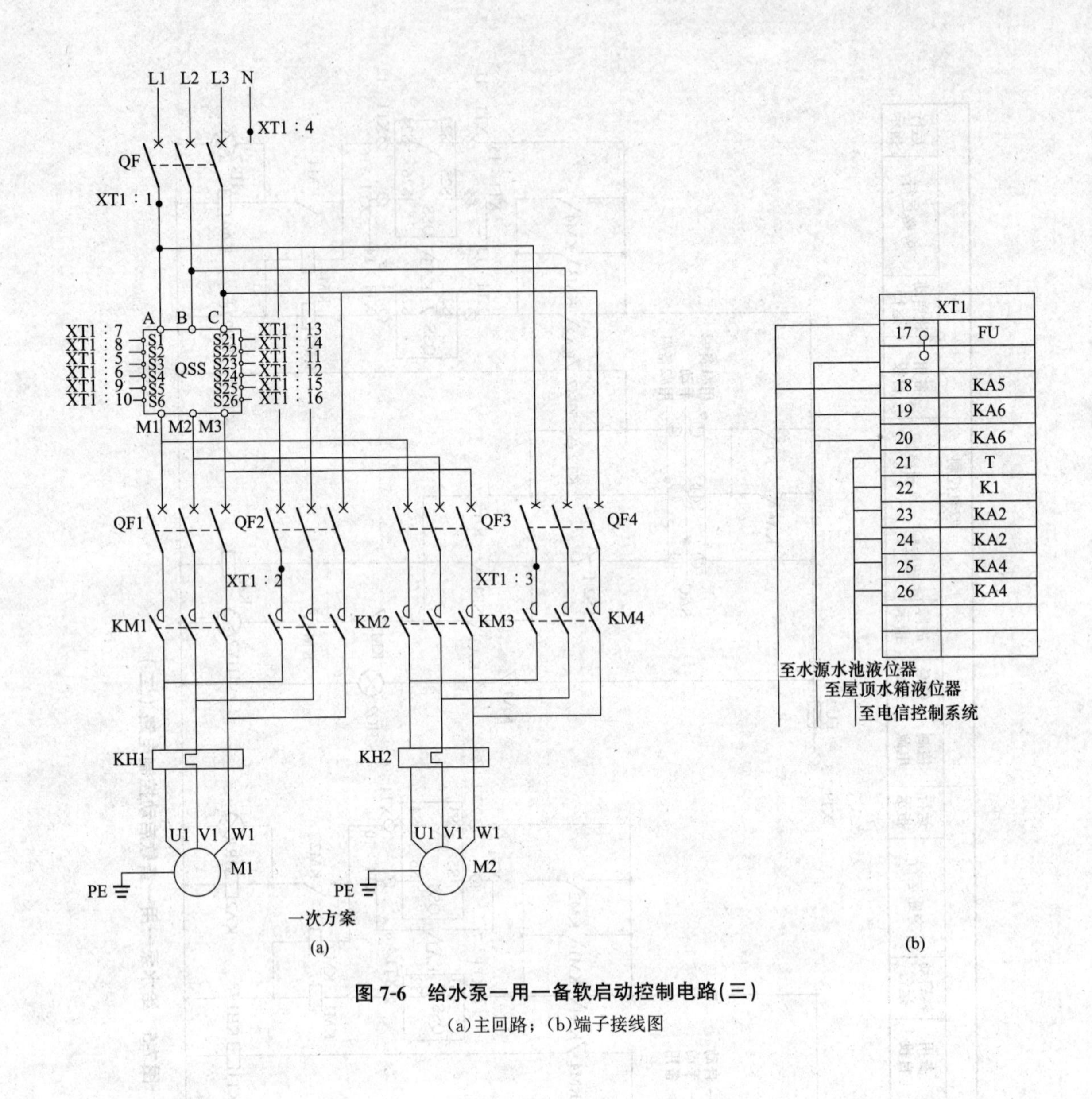

图 7-6　给水泵一用一备软启动控制电路(三)

(a)主回路；(b)端子接线图

知识链接

一、建筑给水系统

1. 建筑给水系统分类

建筑给水系统是将市政给水管网(或自备水源)中的水引入建筑内并输送到室内各配水龙头、生产机组和消防设备等用水点处，并满足各类用水设备对水质、水量和水压要求的冷水供应系统。

建筑给水系统按照其用途可分为以下三类：

(1)生活给水系统。供人们在居住、公共建筑和工业企业建筑内的饮用、烹饪、盥洗、洗涤、沐浴等日常生活用水的给水系统，其水质要求必须严格符合国家规定的《生活饮用水卫生标准》(GB 5749—2006)。

(2)生产给水系统。因各种生产工艺的不同，生产给水系统种类繁多，主要用于各类产品生产过程中所需的用水、生产设备的冷却、原料和产品的洗涤及锅炉用水等。生产用水对水质、水量、水压及安全方面的要求随工艺要求的不同而有很大的差异。

(3)消防给水系统。供居住建筑、公共建筑及生产车间消防用水的给水系统。消防用水对水质要求不高，但必须按照《建筑防火设计规范(2018 年版)》(GB 50016—2014)的要求，保证供应足够的水量和维持一定的水压。

上述三类基本给水系统可以独立设置，也可以根据各类用户对水质、水量、水压等的不同要求，结合室外给水系统的实际情况，经技术经济比较或兼顾社会、经济、技术、环境等因素予以综合考虑，设置成组合各异的共用系统。如生活、生产共用给水系统；生活、消防共用给水系统；生产、消防共用给水系统；生活、生产、消防共用给水系统。

在工业企业内，给水系统比较复杂，且由于生产过程中所需水压、水质、水温等不同，又常常分设成数个单独的给水系统。为了节约用水，可将生产用水划分为循环使用、重复使用及循环和重复使用相结合的给水系统。

2. 建筑给水系统组成

一般民用建筑(如住宅、办公楼等)可将二者合并为生活-消防给水系统。现以生活、消防给水为例，说明建筑给水的主要组成，如图 7-7 所示。

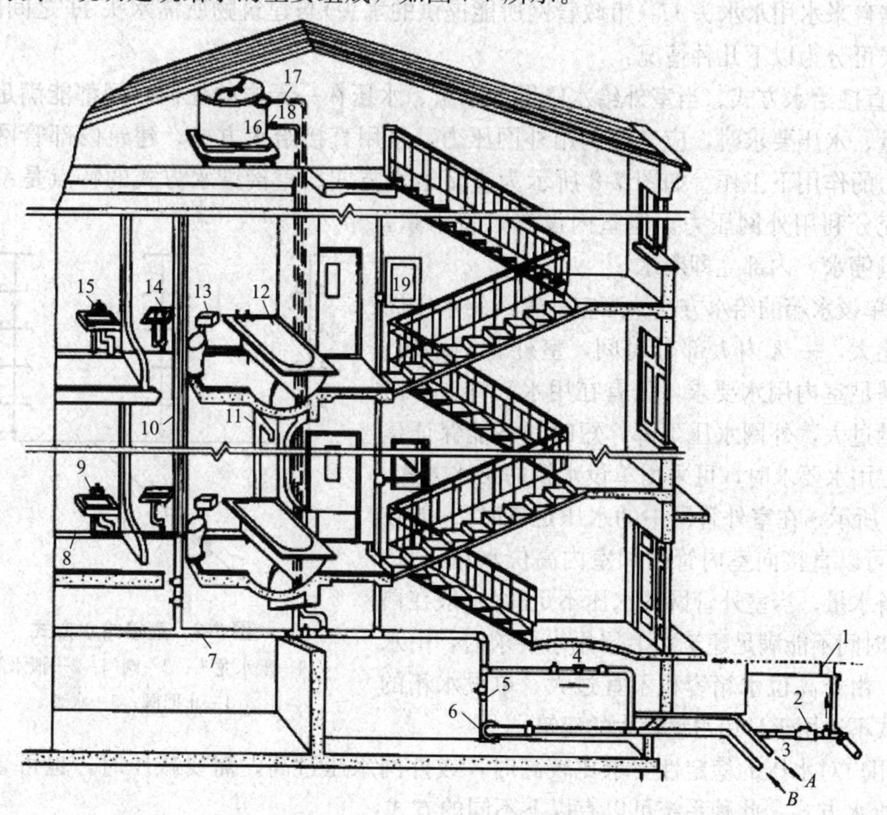

图 7-7 建筑室内给水系统示意

1—阀门井；2—阀门；3—引入管；4—水表；5—止回阀；6—水泵；7—干管；8—支管；9—水龙头；10—立管；11—淋浴器；12—浴盆；13—大便器；14—洗脸盆；15—洗涤盆；16—水箱；17—进水管；18—出水管；19—消火栓

(1)引入管。引入管又称进户管，是从室外供水管网接出，一般穿过建筑物基础或外墙，引入建筑物内的给水连接管段。每条引入管应有不小于3‰的坡度坡向外供水管网，并应安装阀门，必要时还要设置泄水装置，以便管网检修时放水用。

(2)水表节点。水表节点用来记录用水量，根据具体情况可在每个用户、每个单元、每幢建筑物或一个居住区内设置水表。对于需单独计算用水量的建筑物，应将水表安装在引入管上，并装设检修阀门、旁通管、池水装置等。通常，把水表及这些设施通称为水表节点。室外水表结点应设置在水表井内。

(3)给水管网。给水管网将引入管送来的给水输送给建筑物内各用水点的管道，包括水平干管、给水立管和支管。

(4)给水附件。给水附件包括与配水管网相接的各种阀门、仪表、水龙头及消防设备等。

(5)加压和水设备。当外部供水管网的水压、流量经常或间断不足，不能满足建筑给水的水压、水量要求时，需设加压设备提高供水压力，如贮水池、水箱及水泵等加压装置。

(6)局部处理设备。建筑物所在地的水质如果不符合实际要求，或高级宾馆、涉外建筑的给水水质要求超出我国现行相关标准时，需要增设给水深处理构筑物和设备进行处理。

3. 建筑给水方式

根据自来水用水水头 H_0(市政管网所能提供的水头)与建筑物所需水头 H 之间的关系，给水方式可分为以下几种情况：

(1)直接给水方式。当室外给水管网的水量、水压在一天内的任何时间都能满足室内管网的水量、水压要求时，应充分利用外网压力，采用直接给水方式，建筑内部管网直接在外网压力的作用下工作。如图7-8所示为直接给水方式。直接给水方式的特点是系统最简单，能充分利用外网压力。但室内没有贮备水量，外网一旦停水，内部立即断水。

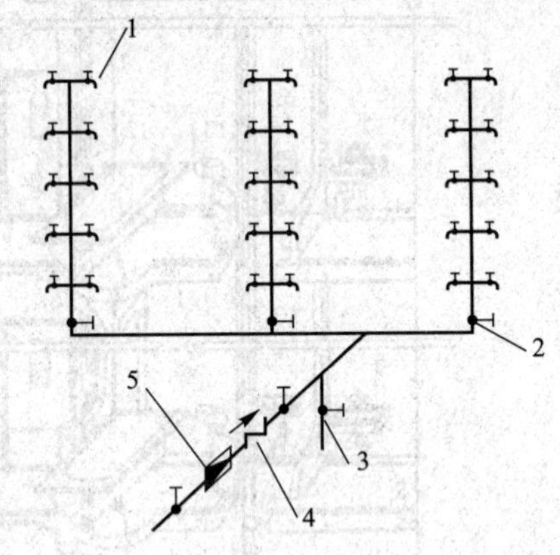

图7-8　直接给水方式

1—配水龙头；2—阀门；3—泄水阀；4—止回阀；5—水表

(2)单设水箱的给水方式。当室外管网的水压周期性变化大，一天内大部分时间，室外管网水压、水量能满足室内用水要求，只有在用水高峰时，由于用水量过大，外网水压下降，短时间不能保证建筑物上层用水要求时，可采用单设水箱的给水方式，如图7-9所示。在室外管网中的水压足够时(一般在夜间)，可以直接向室内管网和室内高位水箱送水，水箱贮备水量；当室外管网的水压不足时(一般在白天)，短时间不能满足建筑物上层用水要求时，由水箱供水。由于高位水箱容积不宜过大，单设水箱的给水方式不适用于日用水量较大的建筑。

当用户对水压的稳定性要求比较高时，或外网水压过高，需要减压时，也可采用单设水箱的给水方式。此种系统可以有以下不同的方式：

1)图7-9(a)所示为引入管与外网管道相连接，通过立管直接送至屋顶水箱，水箱的出水管与布置在水箱下面的横干管相连，水箱的进水管、出水管上无逆止阀，实际上水箱已成为各用水器具用水的必经之路(相当于外网水的断流箱)。这样既可保证水箱的水随进随出，水质新鲜，又可保证水压稳定，但对防冻、防漏要求高。这种方式的缺点是：水箱贮水量要求保证缺水时的最大用水量，否则会造成上、下层同时断水。

2)图 7-9(b)所示为水箱进水、出水合用一根立管，只是在水箱底部才分为两根管，一根管为进水管，另一根为出水管。当外网水压高时，外网既向水箱供水也向用户供水；当外网水压不足时，由水箱补充不足部分。系统要求：水箱的出水管要设逆止阀，保证只出不进，以防止水从出水管进入水箱，冲起沉淀物。在房屋引入管上也要设置逆止阀，为了防止外网压力低时，水箱里的水向户外倒流。横干管设在底部，可以充分利用外网水压，并可以简化防冻、防漏措施。这种方式的缺点是：当水箱的水用尽时，用水器具水压会受到外网压力影响。

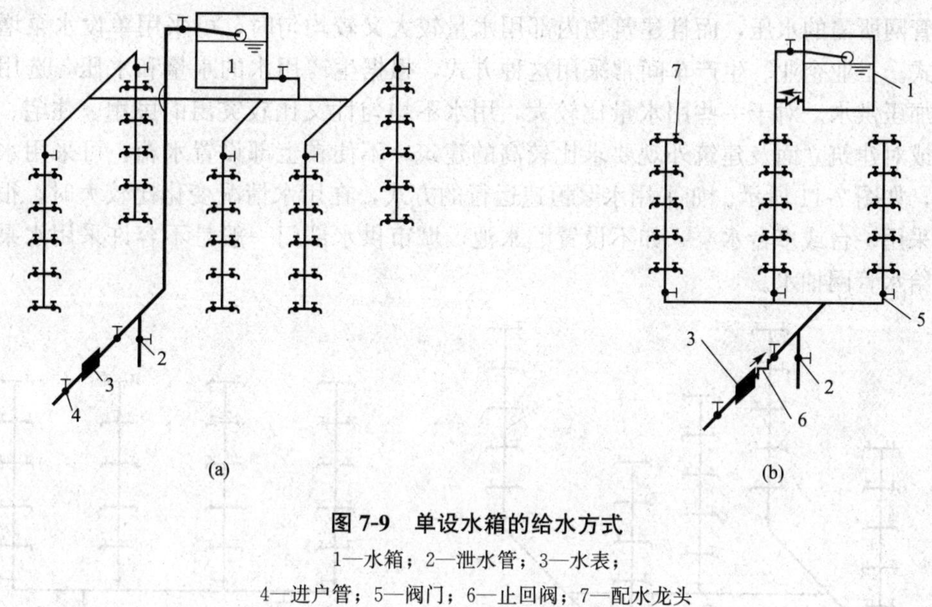

图 7-9　单设水箱的给水方式

1—水箱；2—泄水管；3—水表；

4—进户管；5—阀门；6—止回阀；7—配水龙头

采用这种给水方式，可充分利用室外管网的水压，缓解供求矛盾，节约投资和运行费用；工作完全自动，无须专人管理；但是采用水箱，应注意水箱的污染防护问题，以保护水质；水箱容积的确定应慎重，过大，则增加造价和房屋荷载；过小，则可能发生用户缺水，无法起到调节作用。

在不宜设水箱或设水箱有困难的情况下，也可以设置气压给水设备，如图 7-10 所示。

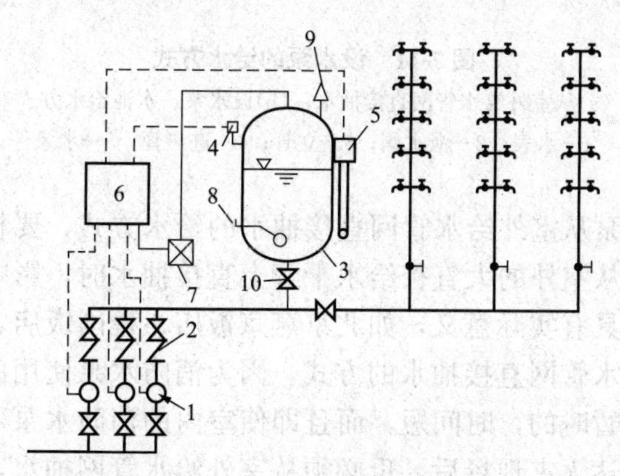

图 7-10　气压水罐给水方式

1—水泵；2—止回阀；3—气压水罐；4—压力信号；5—液位信号器；

6—控制器；7—补气装置；8—排气阀；9—安全阀；10—阀门

(3)设置水泵和水箱的联合给水方式。当室外给水管网的水压经常性低于或周期性低于建筑内部给水管网所需的水压时，而且建筑物内部用水又很不均匀时，可采用设置水泵、水箱联合供水方式。

水泵的吸水管直接与外网连接，当外网水压高时，由外网直接供水，当外网水压不足时，由水泵增压供水，并利用高位水箱调节流量。由于水泵可以及时向水箱充水，水箱容积可大为减小，使水泵在高效率状态下工作。一般水箱采用浮球继电器等控制装置，还可以使水泵自动启闭，管理方便；技术上合理，而且供水可靠。

(4)设水泵的给水方式。当一天内室外给水管网的水压在大部分时间内满足不了建筑内部给水管网所需的水压，而且建筑物内部用水量较大又较均匀时，可采用单设水泵增压的供水方式。工业企业、生产车间常采用这种方式，根据生产用水的水量和水压，选用合适的水泵加压供水。对于一些用水量比较大，用水不均匀性又比较突出的民用、住宅、高层建筑，或对建筑立面及建筑外观要求比较高的建筑，不便在上部设置水箱，可采用水泵供水方式，如图 7-11 所示。如采用水泵恒速运行的方式，在用水情况变化比较大时，很不经济，可采用一台或多台水泵。如不设置贮水池，城市供水部门一般是不容许采用水泵直接从室外给水管网抽水。

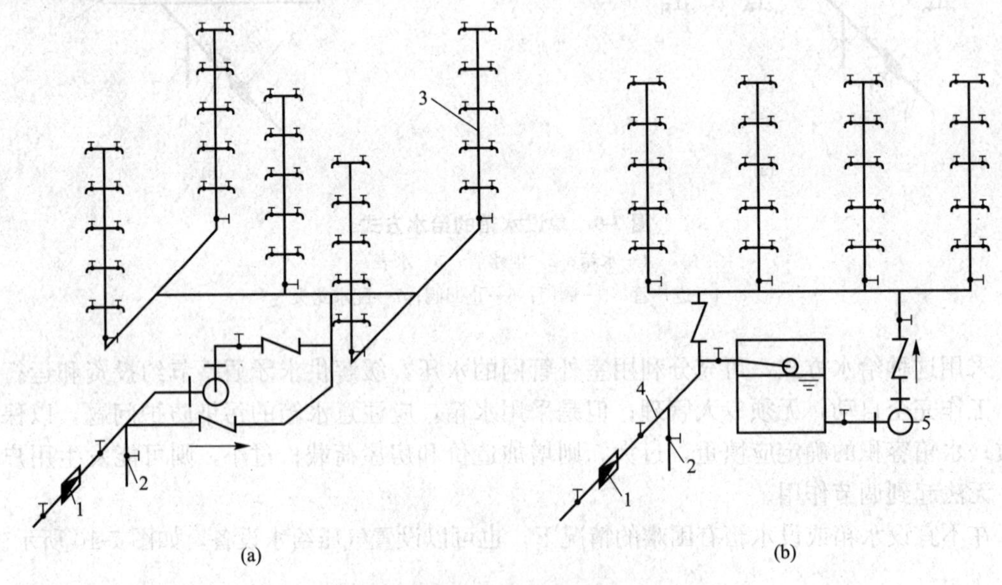

图 7-11　设水泵的给水方式

(a)从室外给水管网直接抽水；(b)设水泵、水池给水方式

1—水表；2—泄水阀；3—立管；4—进户管；5—水泵

综上所述，采用水泵从室外给水管网直接抽水的给水方式，要权衡利弊，有条件时可以采用。室内的小水泵从室外的大直径给水干管上直接抽水时，影响一般很小；消防给水系统直接从外网抽水也具有实际意义，如北京燕京饭店、建国饭店、上海体育馆等都是采用了消防水泵从室外给水管网直接抽水的方式，因为消防水泵使用的概率小，对城市给水管网的影响是偶然的、暂时的，时间短，而且即使室内的消防水泵不从外网直接抽水，消防车中的消防水泵，到达火灾现场后，也必须从室外给水管网抽水，这两者的抽水效果是相同的。

(5)水池、水泵、水箱联合供水方式。当室外给水管网的水压低于或经常不能满足建筑内部给水管网所需的水压，而且不允许直接从室外给水管网抽水时，必须设置室内贮水池，将室外给水管网的水送入水池，使水泵能及时从贮水池抽水，输送到室内管网和水箱。如图 7-12 所示为设置水池、水泵、水箱的分区给水方式。建筑物底部的贮水池，也称为断流池，起室内与室外给水管网水断流的作用，水池安装浮球阀控制外网进水，水泵从贮水池抽水送往室内管网和水箱。

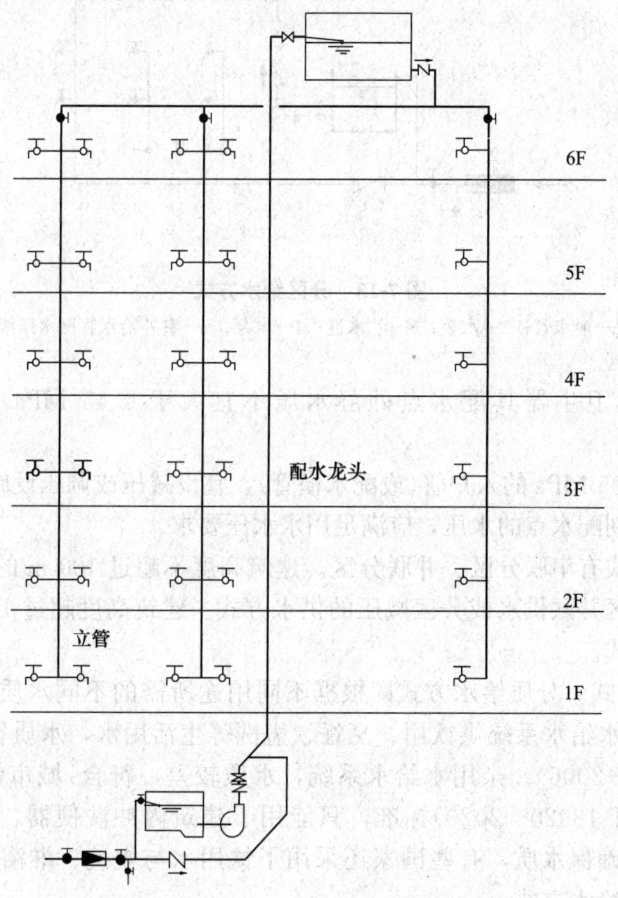

图 7-12 水池、水泵、水箱的分区给水方式

这种供水方式的优点：水池和水箱可以贮备一定的水量，一旦停水、停电时，可延时供水，供水可靠，水压稳定。缺点：不能利用外网压力，日常运行的能源消耗大，水泵噪声大，安装、维护较麻烦，投资大，水池占地，水池防污染，防渗漏要求高。

(6)分区供水的给水方式。高层建筑内所需的水压比较大，而卫生器具给水配件承受的最大工作压力，不得大于 0.6 MPa。故高层建筑应采用竖向分区供水方式，其主要目的是避免用水器具处产生过大的静水头，造成管道及附件漏水、损坏、低层出流量大、产生噪声等。如图 7-13 所示为分区给水方式，室外给水管网水压线以下楼层为低区，由室外给水管网直接供水，高区或上面几个区由水泵和水箱联合供水。合理确定给水系统竖向分区压力值，主要取决于材料设备承压能力、建筑物的使用要求、维修管理能力等几个因素。

高层建筑生活给水系统竖向分区应符合下列要求：

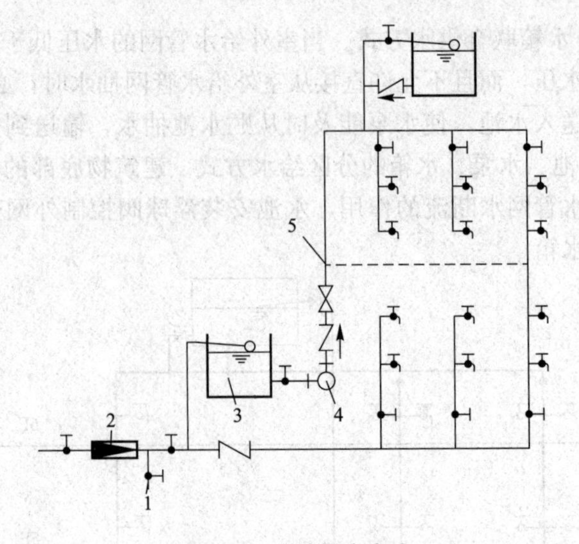

图 7-13　分区给水方式

1—泄水管；2—水表；3—贮水池；4—水泵；5—室外给水管网水压线

1)各分区最低卫生器具配水点处静水压不宜大于 0.45 MPa，特殊情况下不宜大于 0.55 MPa。

2)水压大于 0.35 MPa 的入户管(或配水横管)，宜设减压或调压设施。

3)各分区最不利配水点的水压，应满足用水水压要求。

分区供水的形式有串联分区、并联分区。建筑高度不超过 100 m 的建筑的生活给水系统，宜采用垂直分区并联供水或分区减压的供水方式。建筑高度超过 100 m 的建筑，宜采用垂直串联供水方式。

(7)分质给水方式。分质给水方式即根据不同用途所需的不同水质，分别设置独立的给水系统。即饮用水给水系统供饮用、烹饪、盥洗等生活用水，水质符合《生活饮用水卫生标准》(GB 5749—2006)。杂用水给水系统，水质较差，符合《城市污水再生利用 城市杂用水水质》(GB/T 18920—2020)标准，只能用于建筑内冲洗便器、绿化、洗车、扫除等用水。近年来为确保水质，有些国家还采用了饮用水与盥洗、淋浴等生活用水分设两个独立管网的分质给水方式。

二、建筑排水系统

1. 建筑排水系统分类与选择

(1)分类。根据排水的来源和水受污染的情况不同，一般可分为生活排水系统、工业废水排水系统和雨水排水系统三类。

生活排水系统可分为两个(生活污水排水系统和生活废水排水系统)或多个排水系统(粪便污水排水系统，厨房油烟污水排水系统和生活废水排水系统)等。

工业废水排水系统可分为生产污水排水系统和生产废水排水系统两类。

(2)选择。根据污、废水在排放过程中的关系，可分为污废水合流制和分流制。

1)合流制：结构简单，投资低，占据室内空间小，使用期运行费用高，对环境污染大。

2)分流制：与合流制相反。

具体根据城市排水体制和本建筑污废水分布情况等选择。

2. 建筑排水系统的基本要求与组成

排水系统力求简短，安装正确牢固，不渗不漏，使管道运行正常。建筑排水系统由卫生器具、排水管道、清通设备、抽升设备、通气管道系统及局部污水处理系统组成，如图 7-14 所示。

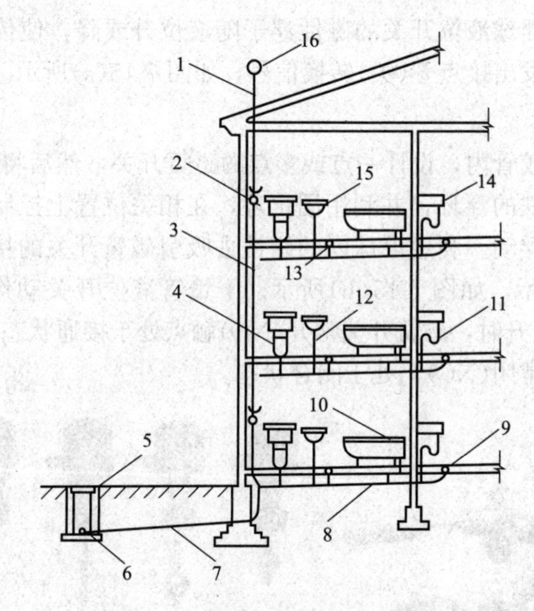

图 7-14　建筑室内排水系统示意

1—伸顶通气管；2—检查口；3—立管；4—大便器；5—检查井；6—室外排水管；7—排出管；8—横支管；9—清扫口；10—浴盆；11—存水弯；12—器具排水管；13—地漏；14—洗涤盆；15—洗脸盆；16—钢丝网罩

(1)卫生器具。卫生器具是建筑内部排水系统的起点，用来满足日常生活和生产过程中各种卫生要求，收集和排除污废水的设备。其包括洗脸盆、洗手盆、洗衣盆、洗菜盆、浴盆、地漏等。

(2)排水管道。排水管道由连接卫生器具的排水管、横支管、立管、排水管及总干管组成。

(3)清通设备。排水管道上的清通设备有检查井、清扫口和地面扫除口。室外管的清通设备是检查井。清通设备主要作为疏通排水管道之用。

(4)抽升设备。当排水不能以重力流排至室外排水管时，必须设置局部污水抽升设备来排除内部污水。常用的污水抽升设备有污水泵、潜水泵、喷射泵、手摇泵及气压输水器等。

(5)通气管道系统。通气管道系统是与排水管系相连通的一个系统，只是该管系内不通水，有补给空气加强排水管系内气流循环流动从而控制压力变化的功能，防止卫生器具水封破坏，使管道系统中散发的臭气和有害气体排到大气中。

(6)局部污水处理系统。当建筑内部污水未经处理不允许直接排入市政排水管网或水体时，须设污水局部处理系统。

三、浮球液位开关

浮球液位开关(又称干簧管液位开关)除触点形式不同外，另外，材质也有多种可选如塑料、不锈钢 304/316、PVDF、喷四氟等，可适用于不同环境中，各有各的优点与缺点。如塑料材质成本低，但只能用于低温 80 ℃以内及轻微腐蚀的液体中；而不锈钢 304 则可用于高温 150 ℃，高温 200 ℃需定制。其他两种材质则适用于强酸碱环境中的塑料与不锈钢。

1. 安装形式一

浮球液位开关利用浮球液位开关的磁性浮子随液位升或降，使传感器检测管内设定位置的干簧管芯片动作，发出接点开(关)转换信号，如图 7-15(a)所示。

2. 安装形式二

在密闭的金属或塑胶管内，设计一点或多点的磁簧开关，然后将管子贯穿一个或多个，中空而内部装有环型磁铁的浮环，并利用固定环，在相关位置上控制浮球与磁簧开关，使浮球在一定范围内上下浮动。利用浮球内的磁铁去吸引磁簧开关的接点，产生开与关的动作，作液位的控制或指示，如图 7-15(b)所示。干簧管液位开关动作原理如图 7-16 所示。图 7-16(a)所示为水位上升时，磁簧开关常开(NO)触点处于接通状态；图 7-16(b)所示为当水位下降时，磁簧开关常闭(NC)仍处于闭合状态。

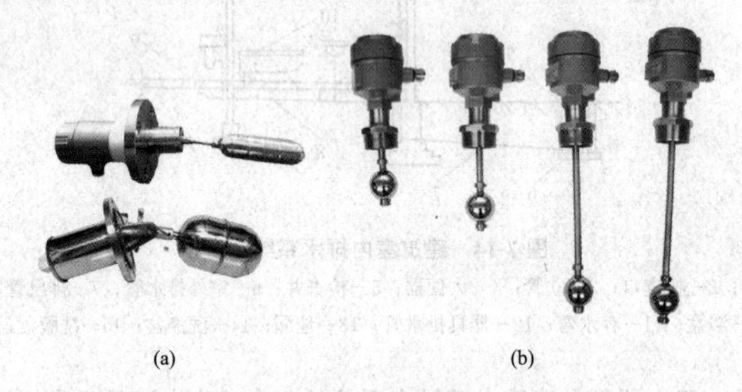

图 7-15　干簧管浮球液位开关

(a)水平安装；(b)垂直安装

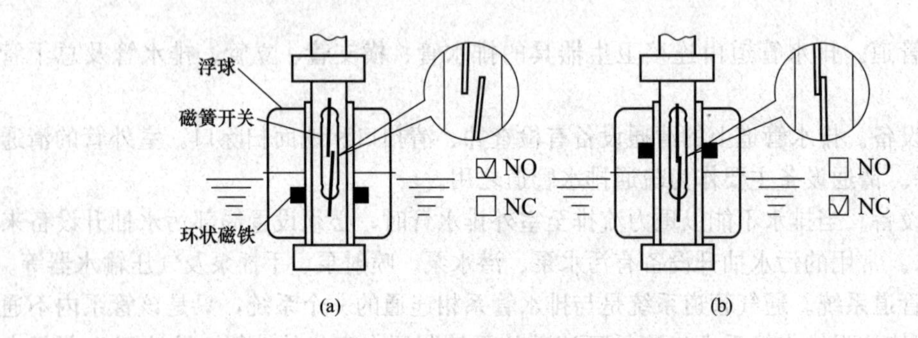

图 7-16　干簧管液位开关动作原理

(a)水平安装；(b)垂直安装

四、两台排水泵一用一备运行控制电路

两台排水泵一用一备控制电路如图 7-17、图 7-18、图 7-19 所示。其中，图 7-17 所示为水位自控、溢流指示及故障报警电路；图 7-18 所示为水泵控制电路；图 7-19 所示为水泵主电路及接线端子图。排水泵控制电路图中电气元件的型号规格见表 7-3。

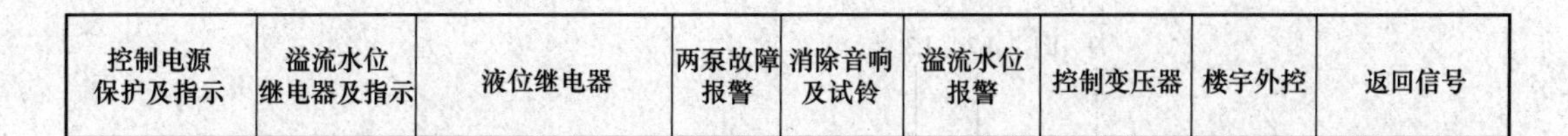

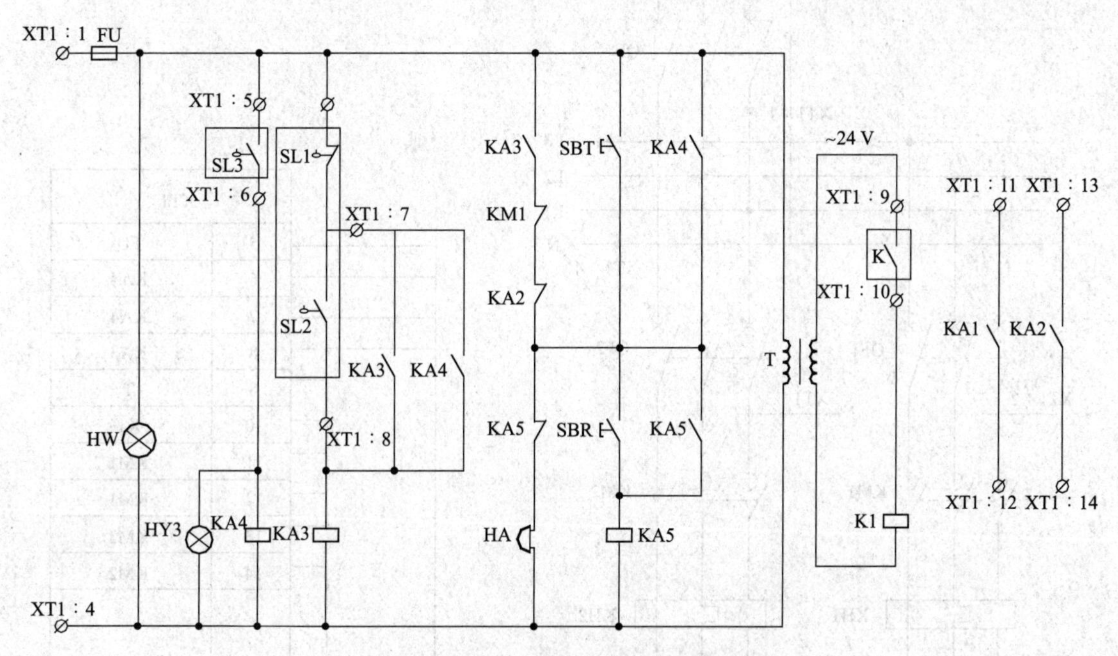

图 7-17　水位自控、溢流指示及故障报警电路

#1泵控制						#2泵控制					
控制电源	停泵指示	手动控制	自动控制	故障提示	备用自投	控制电源	停泵指示	手动控制	自动控制	故障提示	备用自投

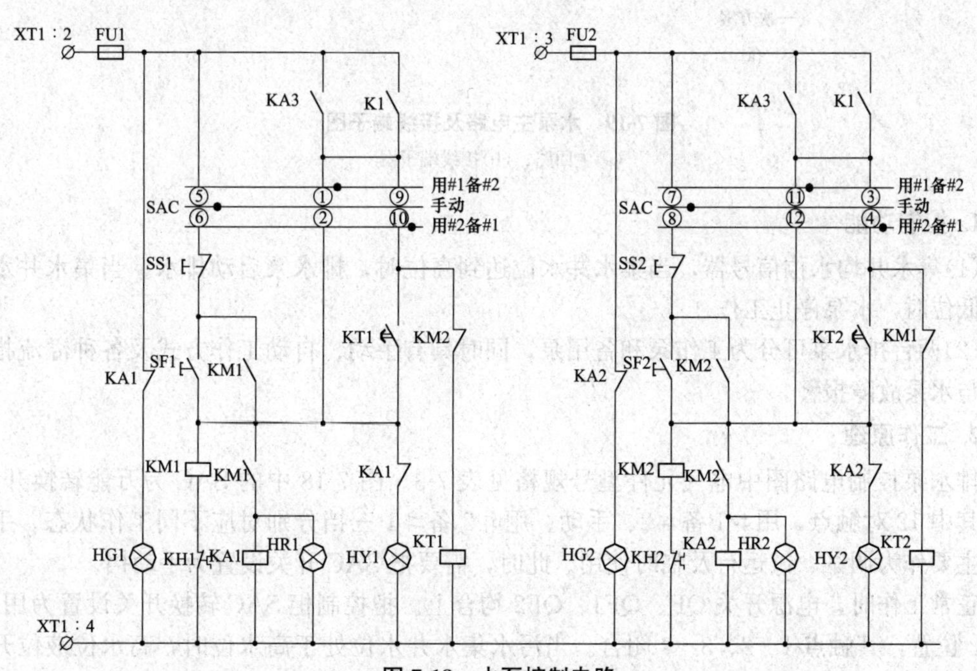

图 7-18　水泵控制电路

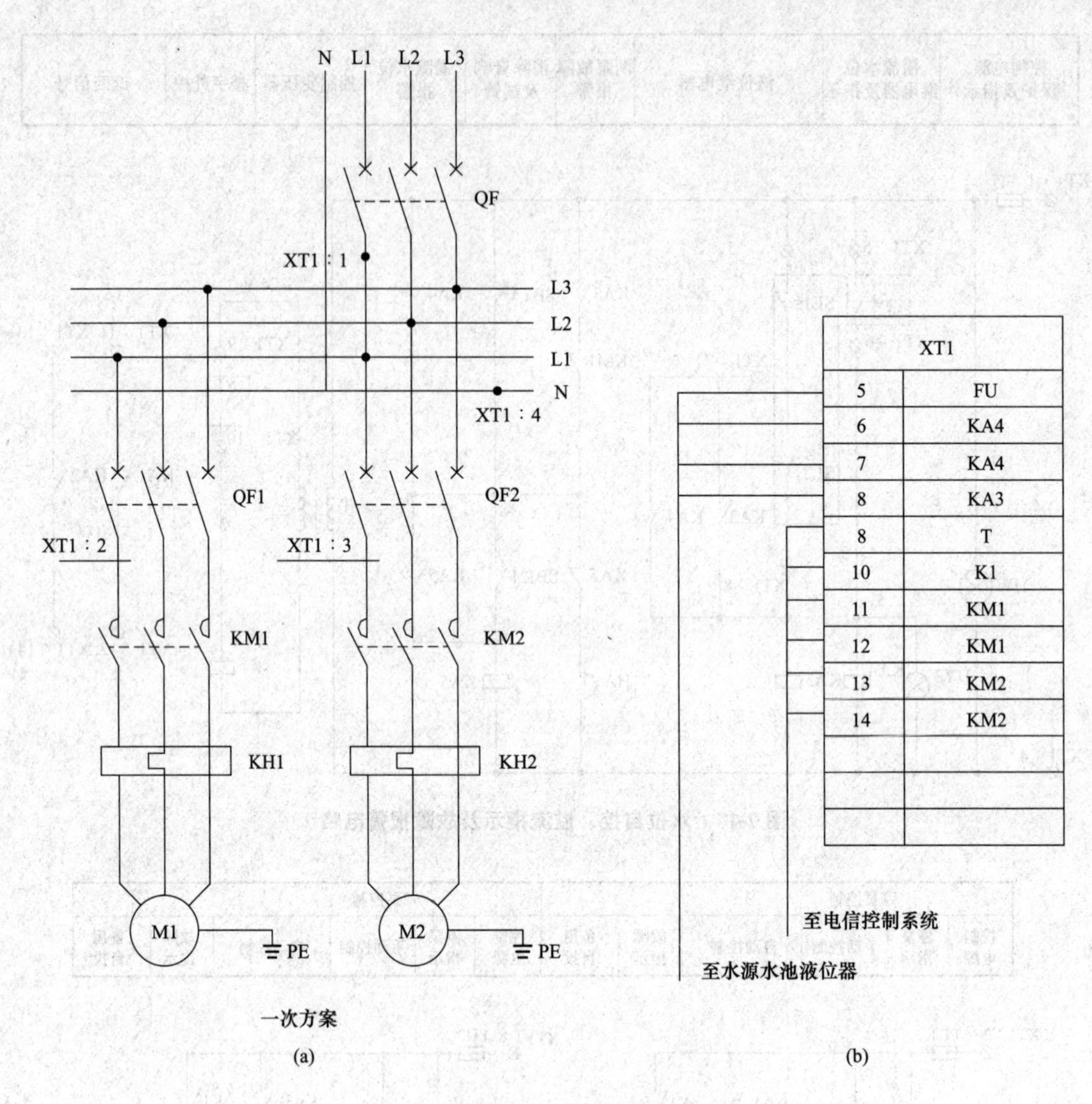

图 7-19 水泵主电路及接线端子图

(a)主回路；(b)接线端子图

1. 控制功能

(1)集水井均水位信号器，当集水井水位达到高位时，排水泵启动排水；当集水井水位达到低位时，水泵停止工作。

(2)两台排水泵可分为工作泵和备用泵，同时具有手动、自动工作方式及各种溢流指示报警与水泵故障报警。

2. 工作原理

排水泵控制电路图中电气元件型号规格见表 7-3。图 7-18 中的 SAC 为万能转换开关，使用其中 12 对触点，用＃1 备＃2、手动、用＃2 备＃1 三挡分别对应不同工作状态。手动状态主要作为调试、试运行及临时使用。此时，需要把 SAC 开关设置为手动挡。

正常工作时，电源开关 QF、QF1、QF2 均合上。把控制柜 SAC 转换开关设置为用＃1 备＃2 位置，其触点 1－2、3－4 闭合。当污水集水井水位处于高水位时，高水位液位开关 SL2 闭合，液位继电器 KA3 线圈通电，KA3 常开触点闭合，接触器 KM1 线圈通电，KM1

主触点接通，1号水泵投入运行系统加压送水。当污水集水井水位排完处于低水位时，低水位液位开关SL1触点断开，使中间继电器KA3线圈断电，其常开辅助触点复位断开，接触器KM1线圈断电，KM1主触点断开，1号水泵停止运行。

如果在1号排水泵投入运行期间发生超载时，KH1常闭触点断开使接触器KM1断电，1号水泵停止运行，此时中间继电器KA1常开触点恢复闭合，故障指示灯亮，并发出故障报警。此时，时间继电器KT2线圈通电，KT2常开延时触点延时闭合，使接触器KM2线圈通电，KM2主触点接通，2号备用水泵投入运行。读者可自行分析2号泵发生故障时的工作情况。

如果集水井水位发生溢流时，液位开关SL3闭合，中间继电器KA4通电，KA4常开触点闭合，接通声光报警回路，发出声光报警信号。SBT/SBR为消除音响及试铃按钮。

表7-3　排水泵控制电路图中电气元件型号规格表

序号	符号	名称	型号规格	数量	备注
1	QF，QF1～2	低压断路器	NS系列	3	
2	KM1～2	交流接触器	LC1	2	
3	KH1～2	热继电器	LR1	2	
4	FU，FU1～2	熔断器	RT14－20/6 A	3	
5	KA1～5	中间继电器	JZ7－44 AC220 V	5	
6	K	中间继电器	JZ7－44 AC24 V	1	
7	KT1～2	时间继电器	JS7-2 A AC220 V 60 S	2	
8	SAC	选择开关	LW5－15 D0 724/3	1	
9	SS1～2	停止按钮	LA38－11/307	2	红
10	SF1～2	启动按钮	LA38－11/307	2	绿
11	SBT	试验按钮	LA38－11/307	1	绿
12	SBR	复位按钮	LA38－11/307	1	红
13	HW	白色指示灯	AD11－25/40 AC220 V	1	
14	HR1～2	红色指示灯	AD11－25/40 AC220 V	2	

续表

序号	符号	名称	型号规格	数量	备注
15	HG1～2	绿色指示灯	AD11－25/40 AC220 V	2	
16	HY1～2	黄色指示灯	AD11－25/40 AC220 V	3	
17	T	控制变压器	BK－250 AC220 V/24 V	1	
18	HA	电铃	UC4－2 AC220 V	1	
19	SL1～2	液位器		2	
20	K	外控动合触点		若干	

任务八 建筑消防系统控制

学习目标

1. 掌握消火栓、自动喷淋灭火系统的基本原理；
2. 掌握消火栓、自动喷淋灭火系统的电气控制方法；
3. 能识读消火栓、自动喷淋灭火系统电气控制原理图；
4. 能完成消火栓、自动喷淋灭火系统电气控制设备的安装调试。

任务要求

在掌握消火栓及自动喷淋灭火系统的电气控制原理后，能对两台消火栓泵一用一备的电气控制电路及控制系统进行正确的安装与调试。

实施路径

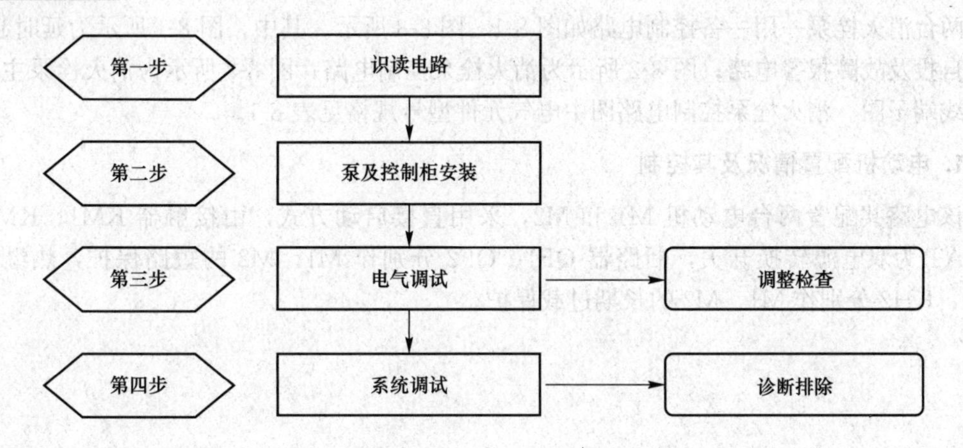

任务实施

第一步 识读电路

(一)消防水泵控制要求

1. 消防水泵控制的三种方法

(1)由消防按钮控制消防水泵的启停：当火灾发生时，用小锤击碎消防按钮的玻璃罩，按钮盒中按钮自动弹出，接通消防水泵电路。

(2)由水流报警启动器，控制消防水泵的启停：当发生火灾时，高位水箱向管网供水时，水流冲击水流报警启动器，既可发出火灾报警，又可快速发出控制消防水泵启动信号。

(3)由消防中心发出主令信号控制消防水泵启停：当发生火灾时，灾区探测器将所测信号送至消防中心的报警控制器，再由报警控制器发出启动消防水泵的联动信号。

2. 消防水泵基本控制要求

(1)消火栓用消防水泵多数是两台一组，一备一用，互为备用。

(2)互为备用的另一种形式为水压不足时，备用泵自动投入运行。另外，当水源无水时，消防水泵能自动停止运转，并设水泵故障指示灯。

(3)消火栓用消防水泵由消火栓箱内消防专用控制按钮及消防中心控制。

(4)设有工作状态选择开关：消火栓用消防水泵有手动、自动两种操作方式。

(5)消防按钮启动后，消火栓用消防水泵应自动投入运行，同时应在建筑物内部发出声光报警，通告住户。

(6)为防止消防水泵误启动使管网水压过高而导致管网爆裂，需加设管网压力监视保护。

(7)消防水泵属于一级供电负荷，需双电源供电，末端互投。

(二)消火栓泵控制电路工作原理

两台消火栓泵一用一备控制电路如图 8-1～图 8-3 所示。其中，图 8-1 所示为延时起泵、备用自投及故障报警电路；图 8-2 所示为消火栓泵控制电路；图 8-3 所示为消火栓泵主电路及接线端子图。消火栓泵控制电路图中电气元件型号规格见表 8-1。

1. 电动机配置情况及其控制

该电路共配置两台电动机 M1 和 M2，采用直接启动方式，由接触器 KM1、KM2 控制。AT 为双电源转换开关，断路器 QF1、QF2 分别作 M1、M2 的短路保护，热继电器 KH1、KH2 分别作 M1、M2 的长期过载保护。

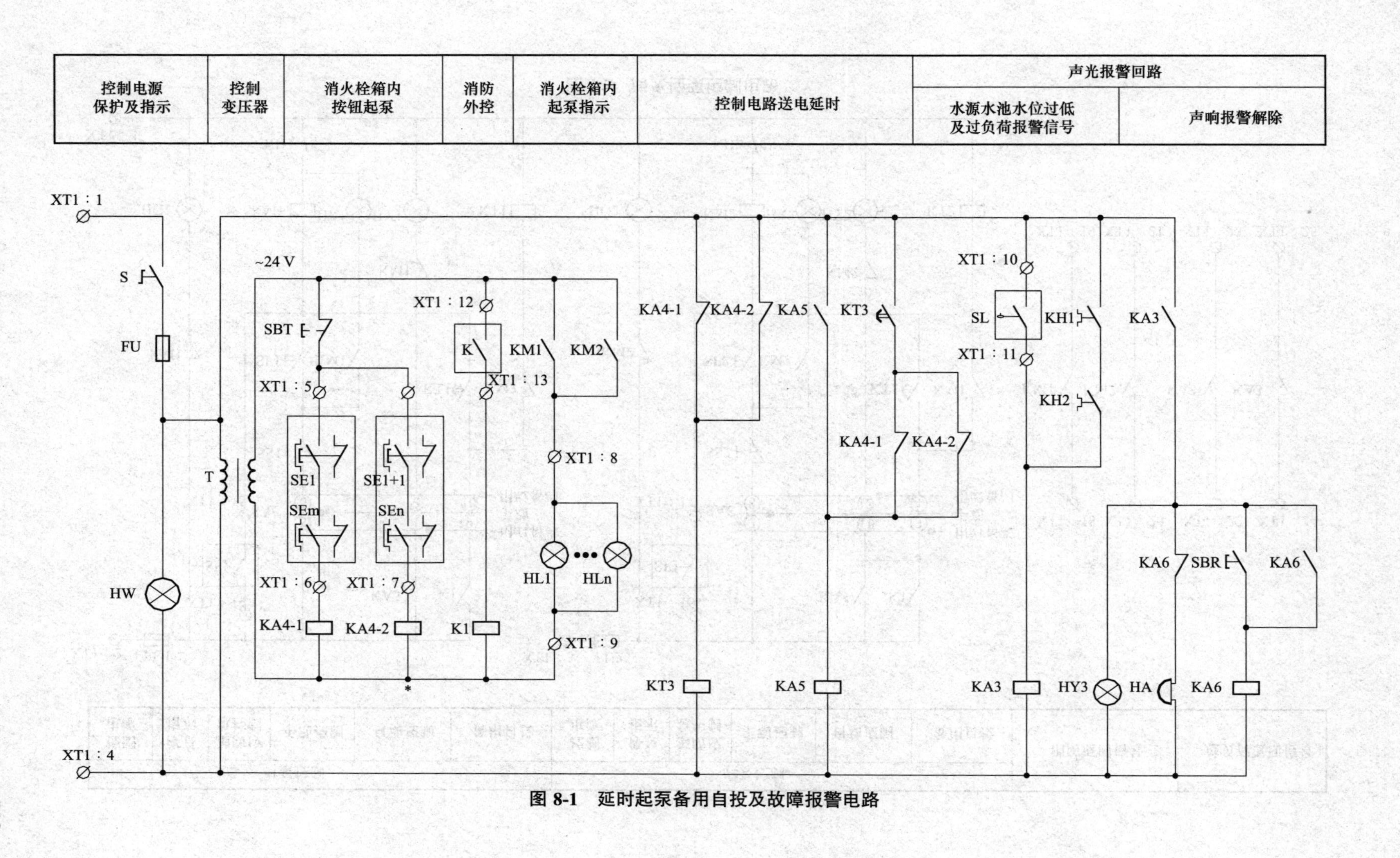

图 8-1　延时起泵备用自投及故障报警电路

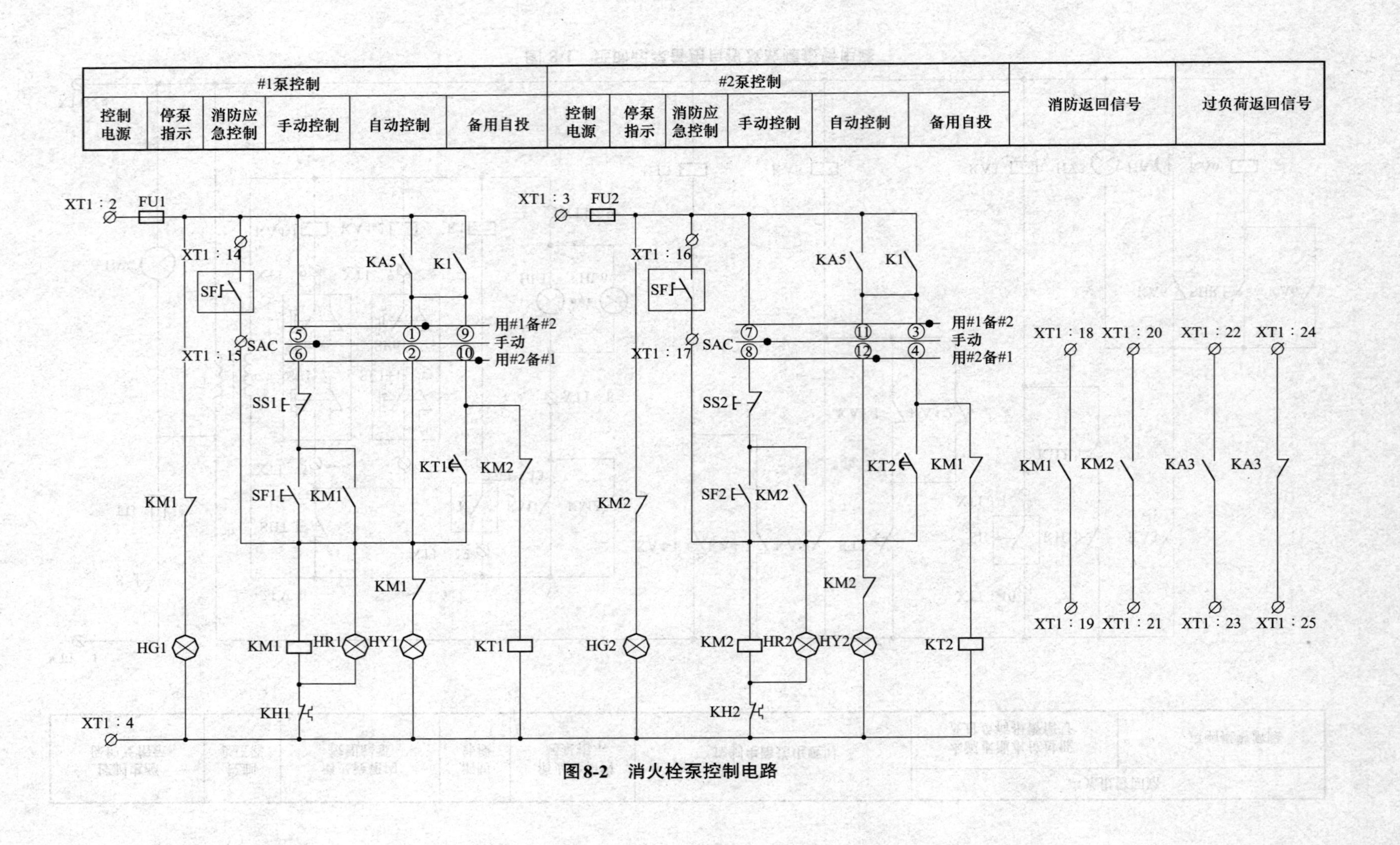

图 8-2　消火栓泵控制电路

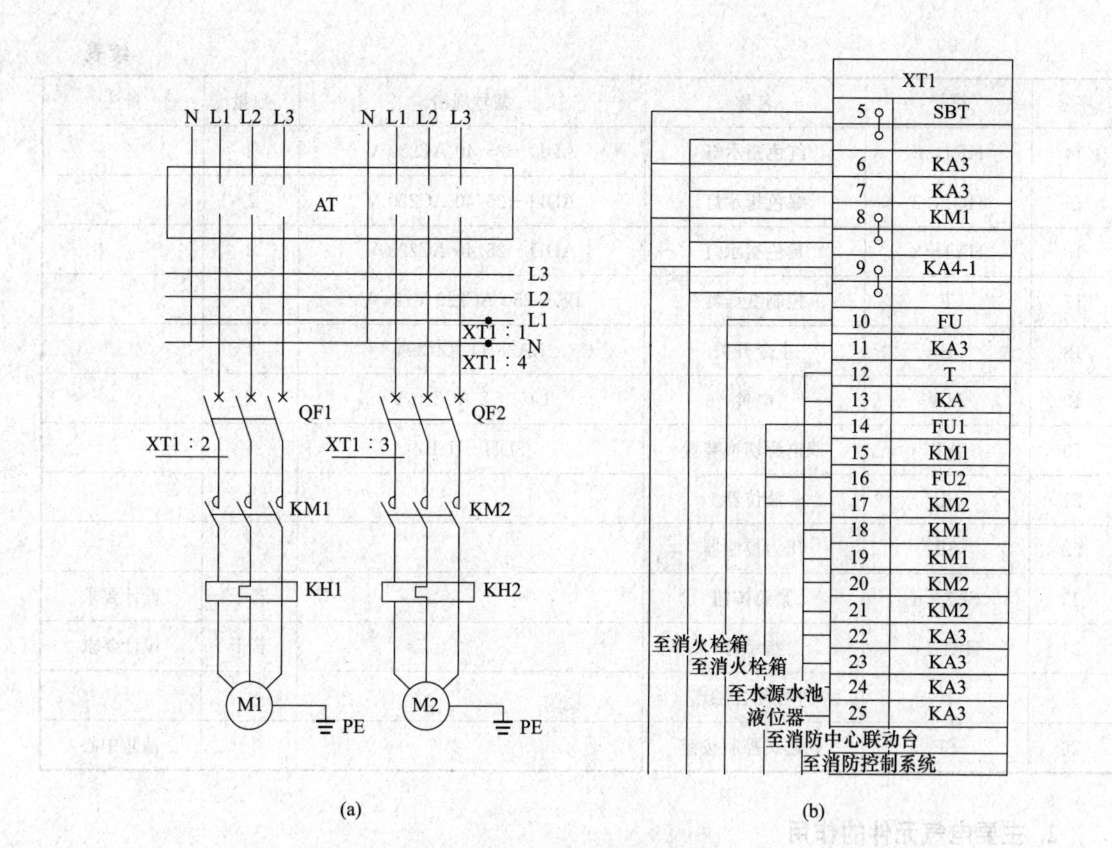

图 8-3　消火栓泵主电路及接线端子图

(a)主回路；(b)接线端子图

表 8-1　消火栓泵控制电路图中电气元件型号规格

序号	符号	名称	型号规格	数量	备注
1	QF，QF1，2	低压断路器	NS系列	3	
2	KM1，2	交流接触器	LC1	2	
3	KH1，2	热继电器	LR1	2	
4	FU，FU1，2	熔断器	RT14－20/6 A	3	
5	KA3，5－7	中间继电器	JZ7－44 AC220 V	4	
6	K4－1，2	中间继电器	JZ7－44 AC24 V	3	
7	KT1－3	时间继电器	JS7-2 A AC220 V 60 S	3	
8	K1	时间继电器	JZ7－44 AC24 V	1	
9	SAC	选择开关	LW5－15 D0 724/3	1	
10	SS1，2	停止按钮	LA38－11/307	2	红
11	SF1，2	启动按钮	LA38－11/307	2	绿
12	SBR	复位按钮	LA38－11/307	1	红
13	HW	白色指示灯	AD11－25/40 AC220 V	1	

续表

序号	符号	名称	型号规格	数量	备注
14	HR1，2	红色指示灯	AD11－25/40 AC220 V	2	
15	HG1，2	绿色指示灯	AD11－25/40 AC220 V	2	
16	HY1－3	黄色指示灯	AD11－25/40 AC220 V	3	
17	T	控制变压器	BK－250 AC220 V/24 V	1	
18	S	主令开关	LA38 11 X2/204	1	
19	HA	电铃	UC4－2 AC220 V	1	
20	AT	双电源切换装置	SDH－II/BZ	1	
21	SL	液位器		1	
22	SP	压力控制器		1	
23	SE1－n	紧急按钮		若干	设计要求
24	HL1－n	指示灯		若干	设计要求
25	K	外控动合触点			
26	SF	钥匙式控制按钮			消防中心

2. 主要电气元件的作用

(1)消防水泵专用按钮的作用。SE1－SEn 为设在消火箱内的消防水泵专用控制按钮，按钮上带有消防水泵运行指示灯 1HL～NHL。消防水泵专用控制按钮平时由玻璃片压着，其常开触头闭合，使中间继电器 KA4－1、KA4－2……KA4－N 等得电吸合。当发生火灾时，打碎消火栓箱内消防专用控制按钮的玻璃片，该消防专用控制按钮的常开触头复位断开，使 KA4－N 失电释放，从而启动消防水泵。

(2)万能转换开关的作用。万能转换开关 SAC 为消防水泵工作状态选择开关，可使两台泵分别处在＃1 泵用＃2 泵备、＃2 泵用＃1 泵备或两台泵均为手动的工作状态。

(3)水源水池液位器 SL 的作用。水源水池液位器 SL 用于监视水源水池的水位，当水池水位过低时，液位器 SL 的动合触头 SL 闭合，使中间继电器 KA3 得电吸合，其常开触头 KA3 闭合，系统发出声光报警信号。

(4)中间继电器 KA5 的作用。电动机 M1、M2 的控制电路中都有 KA5 的动合触头，只有 KA5 得电吸合，其常开触头闭合，M1、M2 才能得电。KA5 由通电延时时间继电器 KT1 控制，而 KT1 又由 KA4 控制，KA4 由消防专用按钮 SE1－SEn 控制。

(5)中间继电器 KA6 的作用。如果水源水池水位过低时，液位开关 SL 闭合，中间继电器 KA3 通电，KA3 常开触点闭合，接通声光报警回路，发出声光报警信号。SBR 为消除音响按钮。

(6)双电源切换个装置 AT 的作用。当正常供电电源停电后，可以通过自动启动双电源切换个装置 AT 实现供电电源转换，以达到消防电源连续供电的目的。

3. 线路工作原理分析

(1)手动控制。按下启动按钮 SF1 或 SBF2，接触器 KM1 或 KM2 得电吸合并自锁，其主触头闭合，使电动机 M1(或 M2)得电启动运转，#1泵(或#2泵)运行。

当电动机过载时，热继电器 KH1(或 KH2)的常闭触头断开，KM1(或 KM2)失电释放，M1(或 M2)失电停转，使#1泵(或#2泵)停止工作。

按下停止按钮 SS1(或 SS2)，KM1(或 KM2)失电释放，使#1泵(或#2泵)停止工作。

(2)自动控制。将万能转换开关 SAC 旋转至“1号泵工作，2号泵备用”挡，其触点1—2、3—4闭合。

1)未发生火灾时的控制。消防专用控制按钮 SE1－SEn 由玻璃片压着，其动合触头闭合，使中间继电器 KA4－N 得电吸合，其触头断开，使通电延时、时间继电器 KT3 不能得电，其延时闭合的常闭触头未闭合，KA5 不能得电，其常开触头未闭合，KM1 或 KM2 不工作，#1泵、#2泵均停止工作。

2)发生火灾而#1泵正常工作时的控制。当发生火灾时，打碎消防栓箱内消防专用按钮的玻璃片，该按钮的常开触头复位断开，使 KA4－N 失电释放，引起各电器的动作。此时，KA4－N 常闭触点恢复接通，时间继电器 KT3 线圈得电，经延时，时间继电器 KT3 通电延时常开触点闭合，KA5 线圈得电，KA5 常开触点闭合，接触器 KM1 线圈得电，#1水泵启动运行向系统供水。

3)当发生火灾且#1泵出现故障时的控制。由于#1泵出现故障，接触器 KM1 线圈断电，#1水泵停止运行。同时，接触器 KM1 常闭触点复位接通时间继电器 KT2 线圈，经延时，时间继电器 KT2 通电延时常开触点闭合，接触器 KM2 线圈得电，#2水泵启动运行向系统供水。

4)在两台泵的控制电路中，与 KA5 的常开触头并联的引出线，接在消防控制模块上(K1 常开触点)，由消防中心集中控制消防水泵的启停。

读者可以自行分析，当万能转换开关 SAC 旋转至“2号泵工作，1号泵备用”挡时控制电路的工作过程。

第二步　消防水泵及电气控制柜的安装

一、消防水泵的安装

1. 基础的复查及清理

(1)消防泵组就位前应复查基础的尺寸、标高及地脚螺栓预留孔的位置是否符合设计要求，并按图纸位置要求在基础上放出安装基准线。安装应在消防水泵基础混凝土强度达到设计要求后才能进行。

(2)消防水泵就位前必须将泵底座底面的油垢、泥土等脏物和地脚螺栓孔中的杂物清理干净，灌浆处的表面凿成麻面，并应凿掉被粘污的混凝土。

2. 泵组就位及找正

(1)地脚螺栓安装时，底端不应碰孔底，地脚螺栓距离孔边应大于20～30 mm，地脚螺栓应保持垂直，垂直度偏差不超过1%。

(2)消防水泵找平应以水平中开面，轴的外伸部分，底座的水平加工面等处为基准，用水准仪进行测量，泵体的水平度偏差每米不得超过0.1 mm。

(3)消防水泵的联轴同心度的找正。使用水准仪、百分表、螺旋测微仪或曲尺进行测量和校正，使消防水泵轴与电动机轴保持同心，其轴向倾斜每米不得超过 0.8 mm，径向位移不得超过 0.1 mm。消防水泵找正、找平时，应采用垫铁来调整安装精度。

二、电气控制柜的安装

(1)电气控制柜安装处应有良好的通风，地面应有排水沟，以保证室内无积水。电气控制柜安装时，柜体和基础牢固相连。

(2)电气控制柜与消防水泵之间的连接电缆线应有金属软管或金属管等保护，电缆不得裸露，电缆线径必须满足设计要求。

(3)电缆接头必须焊接可靠，接触良好。

(4)电气控制柜应有良好的接地保护，接地电阻≤1 Ω。

第三步　电气调试

一、调试前的准备工作

(1)调试前应按设计要求及有关技术资料，查验设备的规格、型号、数量、备品、备件等。

(2)检查并排除系统各线路中的错线、掉线、虚焊、短路、松脱、松动等错误，并对系统元器件损坏、安装固定用螺栓、螺母的松动等问题进行及时更正处理。

(3)检查三相电源应符合电源性能指标：380±10%。

(4)使用 500 V 兆欧表检查电气控制柜及电动机绝缘程度，不得小于 1 Ω。

二、消火栓泵的试运行

(1)检查进出水阀门启闭情况，保证所有管道系统畅通，试运转应灵活。

(2)各紧固连接部件不应有松动，安全保护装置灵敏、可靠。

(3)在水泵轴承盒内加注符合设备技术要求的润滑油。

(4)打开回水管路上的信号蝶阀，打开进水口闸阀，向泵内注水。

(5)电气控制柜功能选择开关，拨至手动位置，以电气原理图提供的数值来整定热继电器、时间继电器。

(6)合上空气开关，分别点动各台水泵，观察电机转向是否正常，若相序不符时则打开电机接线盒，任意调换二相电源线即可。

(7)消火栓泵在启动前，入水闸全开，出水闸关闭，待启动水泵运转正常后及时缓慢开启出水阀。

(8)在设计负荷下连续试运行时间不得少于 2 h，密切注意电机和轴承温度，温度应符合设备技术文件或设计要求，对轴承温度进行测试并做好记录。

第四步　系统调试

(1)分断配电柜空气开关，暂时取消时控功能。

(2)打开系统所有阀门，关闭回水闸，保证水路畅通。

(3)合上空气开关，将“手动自动”功能开关置于“自动”位置。打开楼层的试水阀，观察消防水泵能否按设计要求自动启动。若不能按规定程序投入运行，则对照电气原理图检查电路连接线是否正确，电气元件是否工作正常。再检查时间继电器，压力测控仪表(或电接点压力表)的上下限整定值是否符合要求，直到工作正常为止。

(4)模拟消防信号，启动系统中的每台消防水泵，或按“消防启动按钮”启动系统每台消防水泵，在消防模拟状态下运行时，可以按下停止按钮终止系统运行，才能停止系统运行。

(5)模拟各种故障状况，检查各种故障检测装置，动作是否正常，调试至正常为止。

(6)消防水泵设备调试应在管道系统安装试压冲洗完毕后进行，设备应连续无故障运行48小时。

任务评价

按时间、质量、安全、文明、环保要求进行考核。首先学生按照表7-2的任务考核评分，先自评，在自评的基础上，由本组的学生互评，最后由教师进行总结评分。

拓展训练

两台消防稳压水泵一用一备电气控制电路如图8-4、图8-5、图8-6所示，试分析该的电路工作过程。

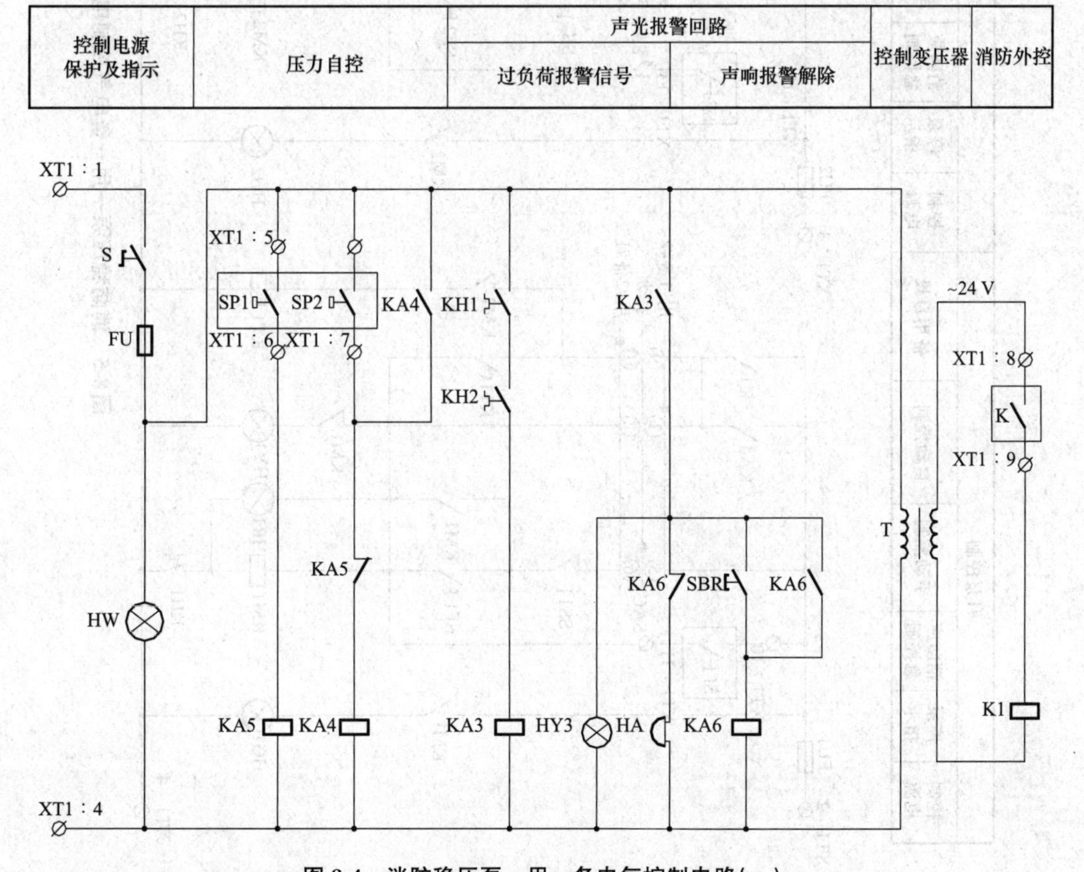

图8-4　消防稳压泵一用一备电气控制电路(一)

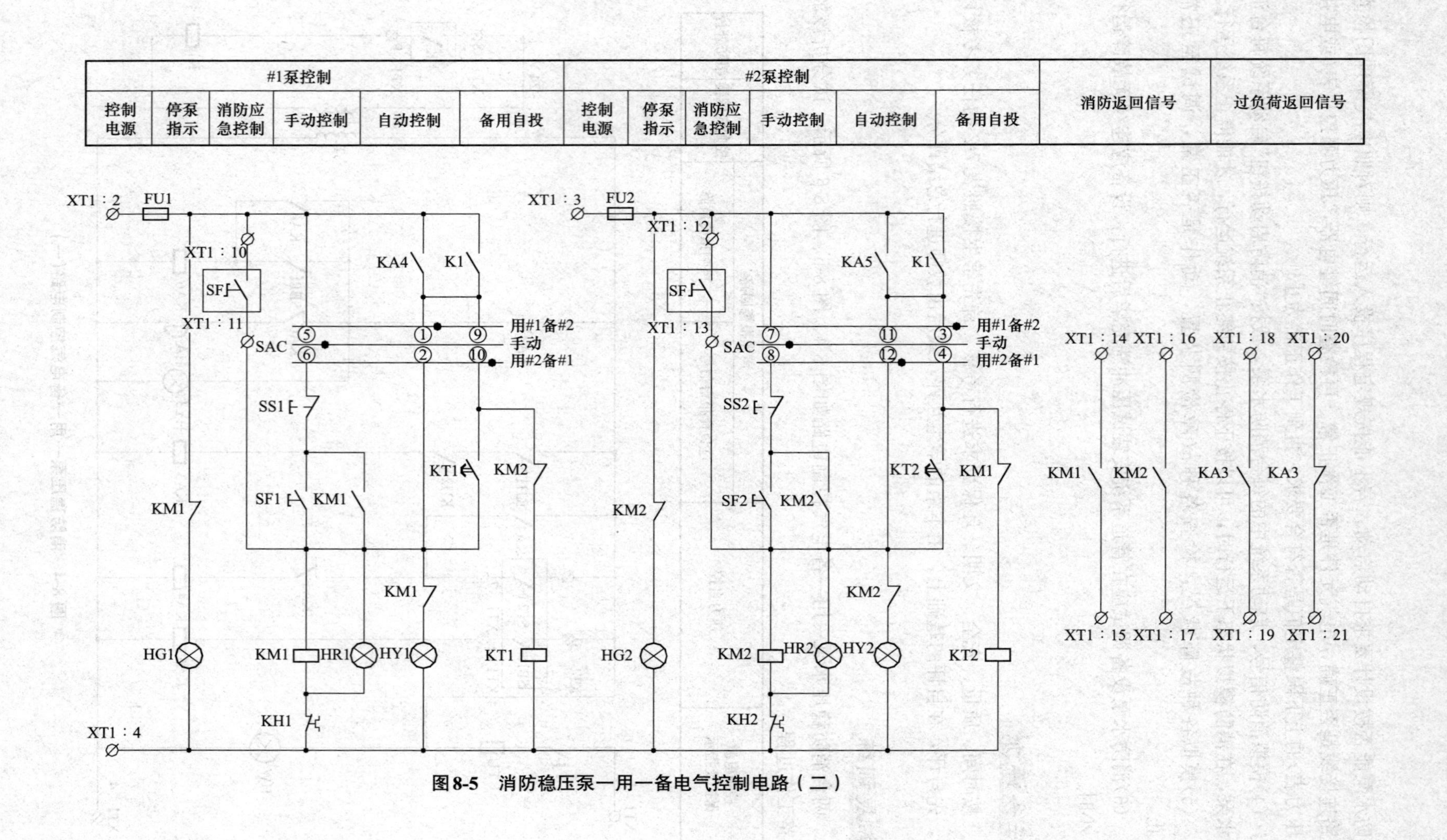

图 8-5　消防稳压泵一用一备电气控制电路（二）

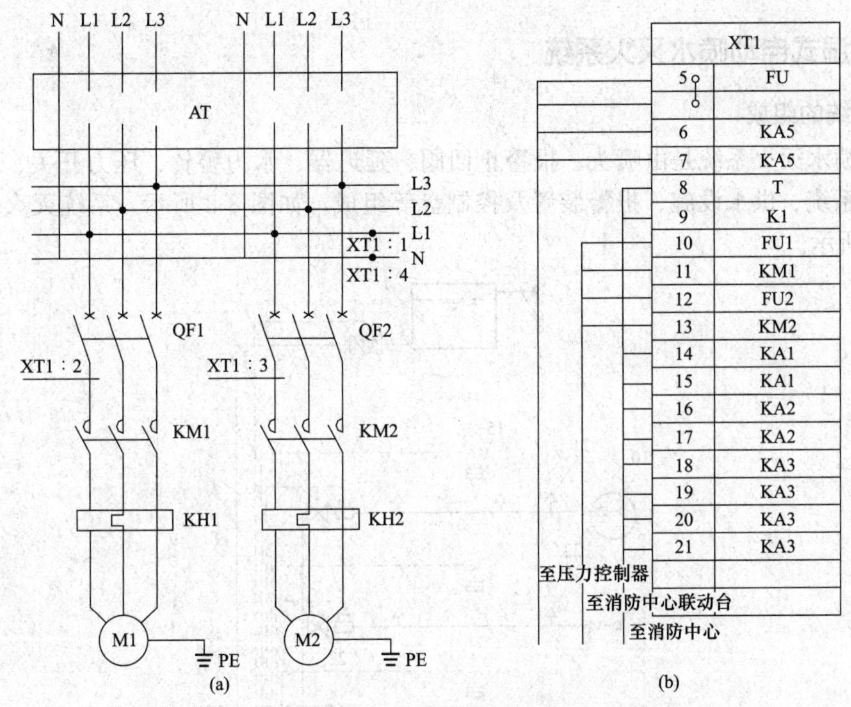

图 8-6　消防稳压泵一用一备电气控制电路(三)

(a)主回路；(b)端子接线图

知识链接

一、消火栓灭火系统

1. 消火栓灭火系统组成

采用消火栓灭火是最常用的移动式灭火方式。其由蓄水池、加压送水装置(消防水泵)及室内消火栓等主要设备构成。室内消火栓系统由水枪、水龙带、消火栓、消防管道等组成。

常用的加压设备有消防水泵和气压给水装置两种。采用消防水泵时，在每个消火栓内设置消防按钮，灭火时用小锤击碎按钮上的玻璃小窗，按钮不受压而复位，从而通过控制电路启动消防水泵。采用气压给水装置时，可采用电接点压力表，通过测量供水压力来控制水泵的启动。

2. 消火栓泵的控制要求

消火栓灭火系统由消火栓、消防水泵、管网、压力传感器及电气控制电路组成。消火栓灭火系统属于闭环控制系统。当发生火灾时，控制电路接到消火栓泵启动指令发出消防水泵启动的主令信号后，消防水泵电动机启动，向室内管网提供消防用水，压力传感器用来监视管网水压，并将监测水压信号送至消防控制电路，形成反馈的闭环控制，如图 8-7 所示。

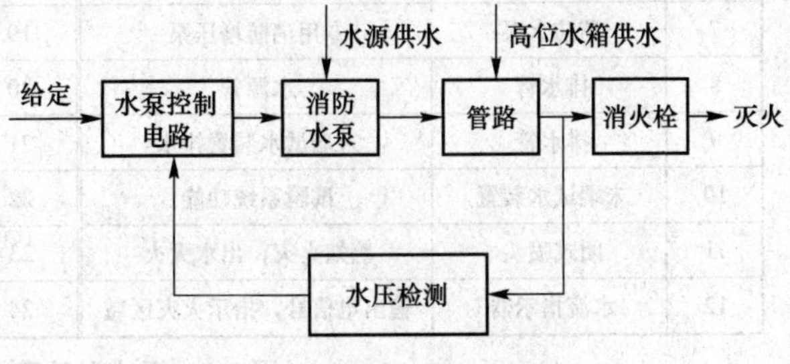

图 8-7　消火栓灭火系统框图

二、湿式自动喷水灭火系统

1. 系统的组成

湿式喷水灭火系统是由喷头、报警止回阀、延迟器、水力警铃、压力开关、水流指示器、管道系统、供水设施、报警装置及控制盘等组成，如图 8-8 所示。系统灭火动作程序如图 8-9 所示。

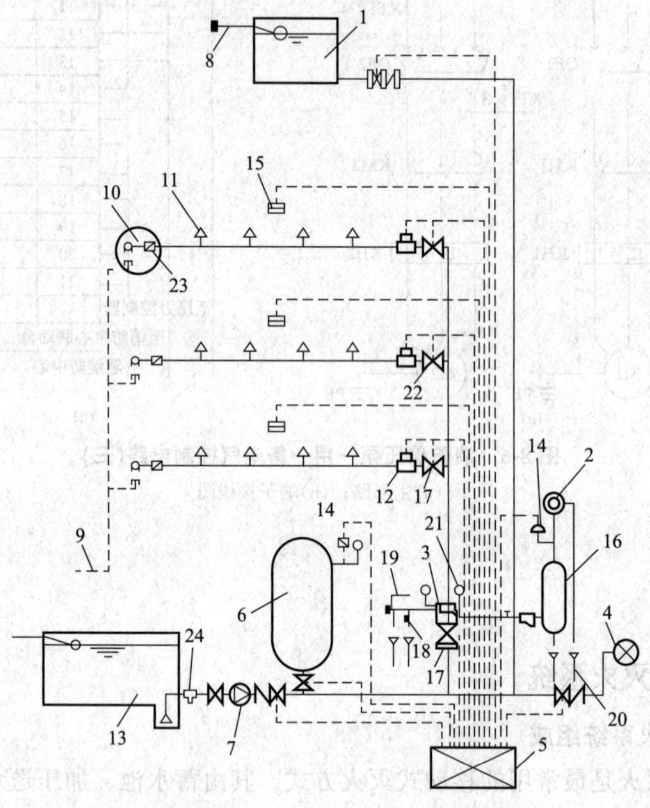

编号	名称	用途	编号	名称	用途
1	高位水箱	储存初期火灾用水	13	水池	储存1 h火灾用水
2	水力警铃	发出音响报警信号	14	压力开关	自动报警或自动控制
3	湿式报警阀	系统控制阀，输出报警水流	15	感烟探测器	感知火灾，自动报警
4	消防水泵接合器	消防车供水口	16	延迟器	克服水压流动引起的误报警
5	控制箱	接收电信号并发出指令	17	消防安全指示阀	显示阀门启闭状态
6	压力罐	自动启闭消防水泵	18	放水阀	试警铃阀
7	消防水泵	专用消防增压泵	19	放水阀	检修系统时，放空用
8	排水管	水源管	20	排水漏斗或管	排走系统的出水
9	排水管	末端试水装置排水	21	压力表	指示系统压力
10	末端试水装置	试验系统功能	22	节流孔板	减压
11	闭式喷头	感知火灾，出水灭火	23	水表	计量末端试验装置出水量
12	水流指示器	输出电信号，指示火灾区域	24	过滤器	过滤水中杂质

图 8-8　湿式自动喷水灭火系统

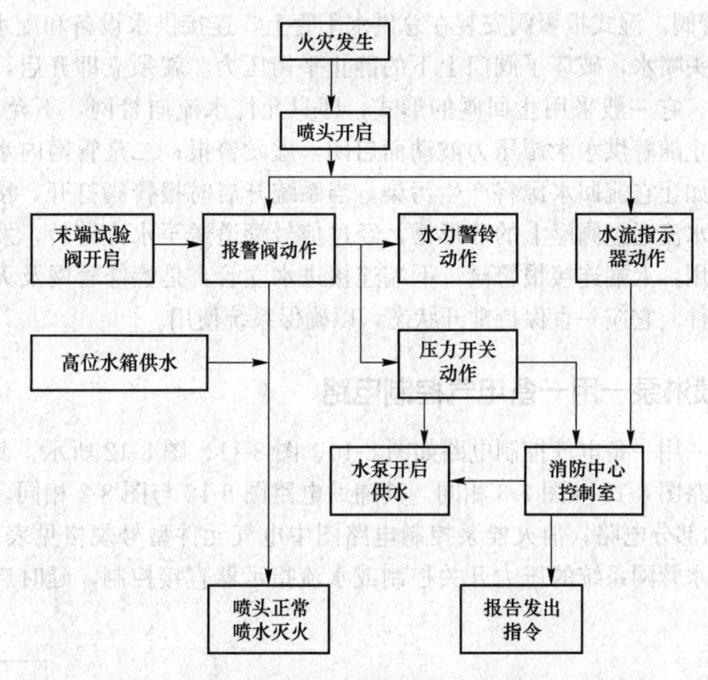

图 8-9 湿式自动喷水灭火动作程序

2. 湿式喷水系统附件

(1)水流指示器(水流开关)。水流指示器的作用是把水的流动转换成电信号报警。其电接点既可直接启动消防水泵，也可接通电警铃报警。在多层或大型建筑的自动喷水系统中，在每一层或每分区的干管或支管的始端安装一个水流指示器。

水流指示器分类：按叶片形状可分为板式和桨式两种；按安装基座可分为管式、法兰连接式和鞍座式三种。

(2)洒水喷头。喷头可分为封闭式和开启式两种。其是喷水系统的重要组成部分。

1)封闭式喷头。封装式喷头可分为易熔合金式、双金属片式和玻璃球式三种。应用最多的是玻璃球式喷头。火灾时，开启喷水是由感温部件(充液玻璃球)控制，当装有热敏液体的玻璃球达到动作温度(57 ℃、68 ℃、79 ℃、93 ℃、141 ℃、182 ℃、227 ℃、260 ℃)时，球内液体膨胀，使内压力增大，玻璃球炸裂，密封垫脱开，喷出压力水，由于压力降低压力开关动作，将水压信号变为电信号向喷淋泵控制装置发出启动信号，以保证喷头有水喷出。同时，流动的消防水使主管道分支处的水流指示器电接点动作，接通延时电路，通过继电器触点，发出声光信号给控制室，以识别火灾区域。喷头具有探测火情、启动水流指示器、扑灭早期火灾的重要作用。

2)开启式喷头。按其结构可分为双臂下垂型、单臂下垂型、双臂直立型和双臂边墙型四种。开启式喷头的特点是外形美观、结构新颖、价格低廉、性能稳定、可靠性强。其适用于易燃、易爆品加工现场或储存仓库及剧场舞台上部的葡萄棚下部等处。

(3)压力开关。压力开关安装在延迟器与水力警铃之间的信号管道上。当喷头启动喷水时，报警阀阀瓣开启，水流通过阀座上的环形槽流入信号管道和延迟器。延迟器充满水后，水流经信号管进入压力继电器，压力继电器接到水压信号，即接通电路报警，并启动喷淋泵。

(4)湿式报警阀。湿式报警阀安装在总供水干管上，连接供水设备和配水管网。即使管网中只有一个喷头喷水，破坏了阀门上下的静止平衡压力，就须立即开启，任何迟延都会耽误报警的发生。它一般采用止回阀的形式，即只允许水流向管网，不允许水流回水源。其作用：一是防止随着供水水源压力波动而启闭，虚发警报；二是管网内水质因长期不流动而腐化变质，如让它流回水源将产生污染。当系统开启时报警阀打开，接通水源和配水管。同时，部分水流通过阀座上的环形槽，经过信号管道送至水力警铃，发出音响报警信号。控制阀的作用：上端连接报警阀，下端连接进水立管，是检修管网及灭火后更换喷头时关闭水源的部件。它应一直保持常开状态，以确保系统使用。

三、自动喷淋泵一用一备电气控制电路

自动喷淋泵一用一备电气控制电路如图 8-10、图 8-11、图 8-12 所示。其中，自动喷淋泵电气控制主电路图 8-10 与图 8-3 相同，其辅助电路图 8-12 与图 8-2 相同，这里仅介绍辅助电路图 8-11 的部分电路。消火栓泵控制电路图中电气元件型号规格见表 8-2。自动喷淋泵工作时接受供水管网系统的压力开关控制或水流指示器直接控制，延时启泵或由消防中心控制启泵。

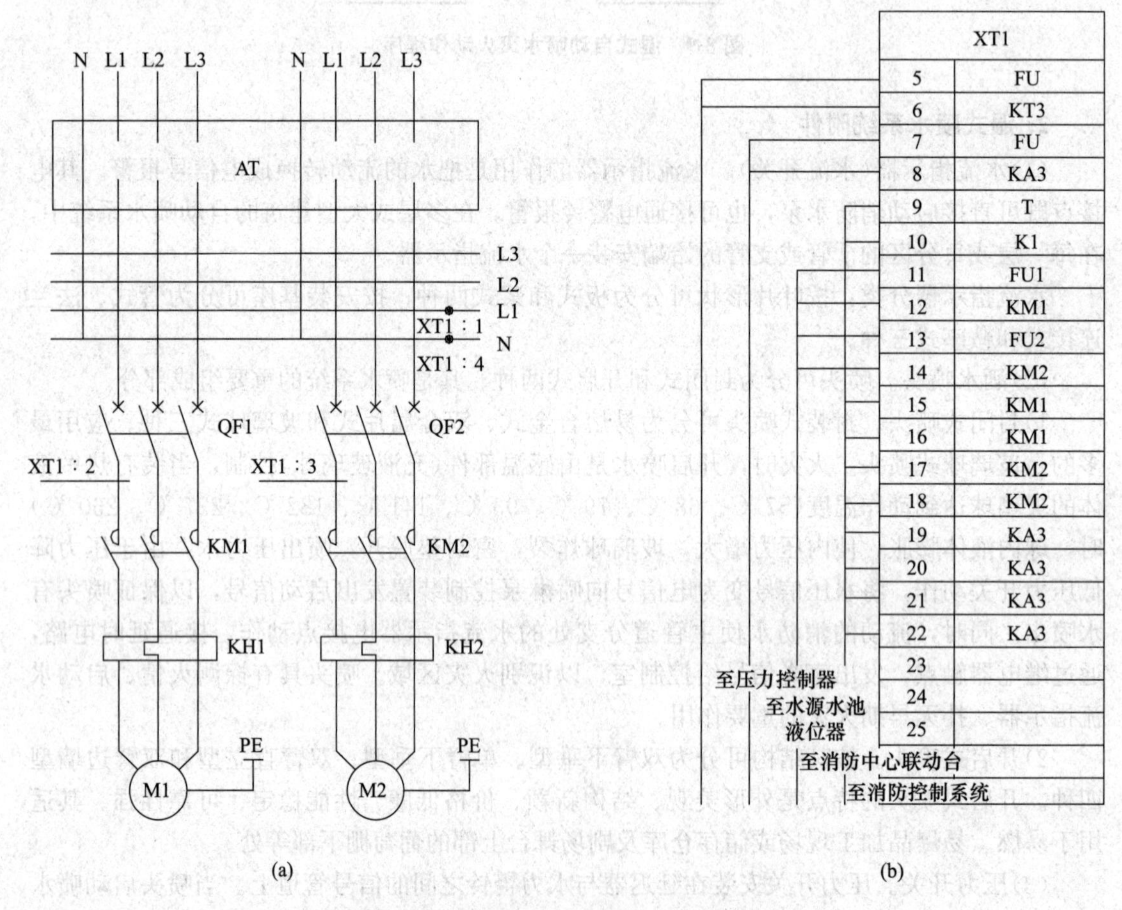

图 8-10　自动喷淋泵一用一备电气控制电路(一)

(a)主回路；(b)端子接线图

控制电源保护及指示	延时启泵	运行1 h后停泵	声光报警回路		控制变压器	消防外控
			水源水池水位过低及过负荷报警信号	声响报警解除		

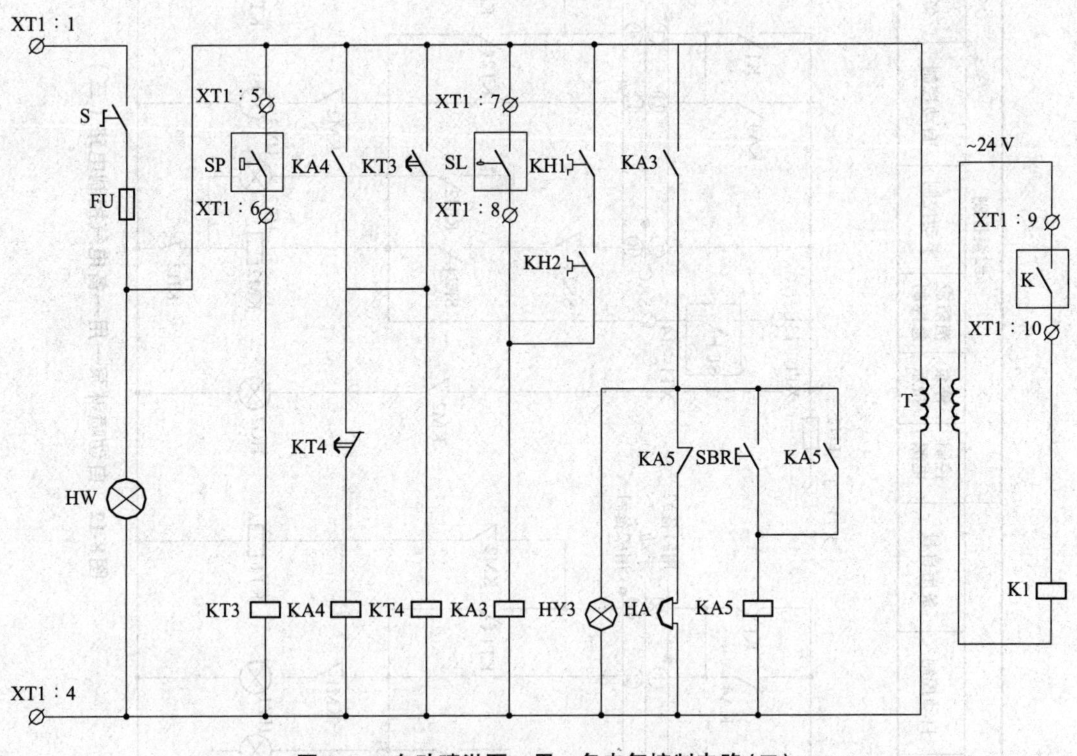

图 8-11　自动喷淋泵一用一备电气控制电路(二)

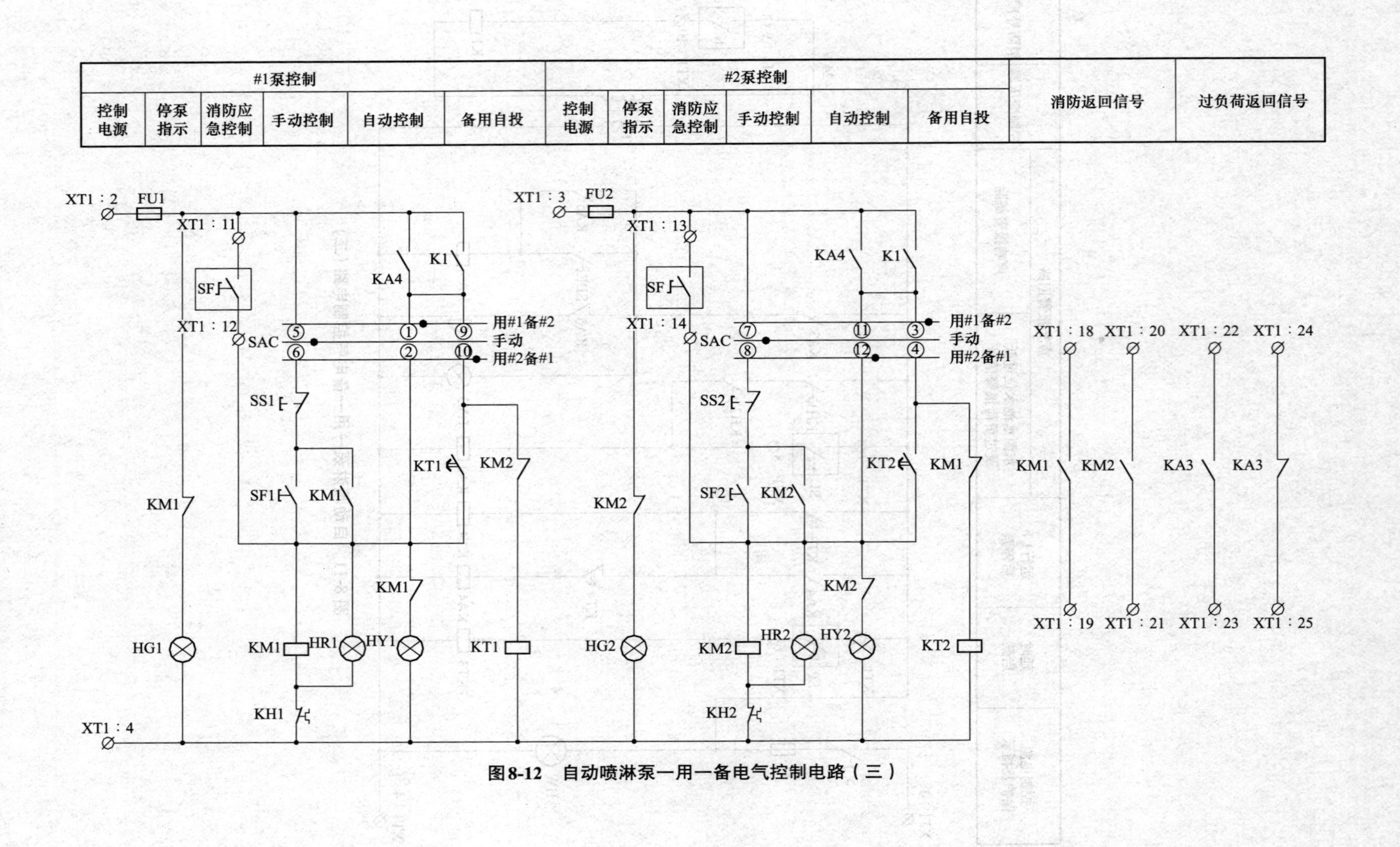

图 8-12　自动喷淋泵一用一备电气控制电路（三）

表 8-2 喷淋泵控制电路图中电气元件型号规格

序号	符号	名称	型号规格	数量	备注
1	QF，QF1，2	低压断路器	NS系列	3	
2	KM1，2	交流接触器	LC1	2	
3	KH1，2	热继电器	LR1	2	
4	FU，FU1，2	熔断器	RT14－20/6 A	3	
5	KA3，5，6	中间继电器	JZ7－44 AC220 V	3	
6	K4－1，2	中间继电器	JZ7－44 AC24 V	3	
7	KT1－3	时间继电器	JS7-2 A AC220 V 60 S	3	
8	K1	时间继电器	JZ7－44 AC24 V	1	
9	SAC	选择开关	LW5－15 D0 724/3	1	
10	SS1，2	停止按钮	LA38－11/307	2	红
11	SF1，2	启动按钮	LA38－11/307	2	绿
12	SBR	复位按钮	LA38－11/307	1	红
13	HW	白色指示灯	AD11－25/40 AC220 V	1	
14	HR1，2	红色指示灯	AD11－25/40 AC220 V	2	
15	HG1，2	绿色指示灯	AD11－25/40 AC220 V	2	
16	HY1－3	黄色指示灯	AD11－25/40 AC220 V	3	
17	T	控制变压器	BK－250 AC220 V/24 V	1	
18	S	主令开关	LA38 11 X2/204	1	
19	HA	电铃	UC4－2 AC220 V	1	
20	AT	双电源切换装置	SDH－II/BZ	1	
21	SL1，2	液位器		2	
22	SP	压力控制器		1	
23	K	外控动合触点			
24	SF	钥匙式控制按钮			消防中心

发生火灾时，喷淋系统的喷头自动喷水，设在主立管上的压力继电器或水流继电器 SP 接通，其常开触点闭合，使时间继电器 KT3 得电吸合。经延时，KA3 的延时闭合的常开触点闭合，使中间继电器 KA4 和时间继电器 KT4 得电吸合并自锁。若转换开关 SAC 置于用 ＃1 倍 ＃2 的位置，1 号水泵的接触器 KM1 得电吸合，1 号水泵启动供水。若此时 1 号水泵故障，KM1 跳闸，使 2 号水泵控制电路中 KT2 得电吸合，经延时，KT2 的延时闭合常开触点闭合，中继 KA4 的常开触点已闭合，使接触器 KM2 得电吸合，2 号水泵作为备用泵启动供水。

任务九　建筑通风系统控制

学习目标

1. 掌握通风系统的基本原理；
2. 掌握通风系统的电气控制方法；
3. 能识读通风系统电气控制原理图；
4. 能完成通风系统电气控制设备的安装调试。

任务要求

在掌握建筑通风系统的电气控制原理后，能对通风机的电气控制电路及控制系统进行正确的安装与调试。

实施路径

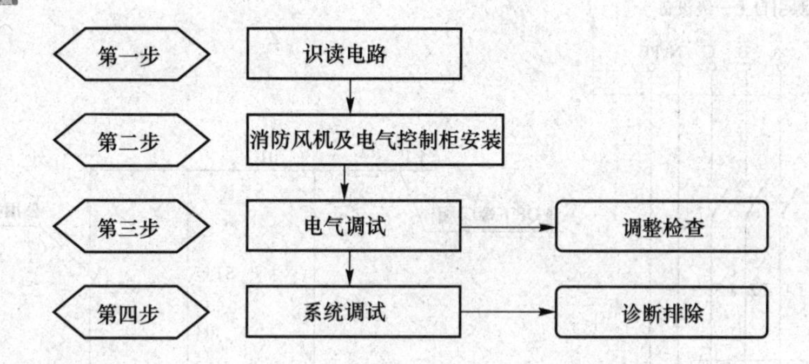

任务实施

第一步　识读电路

消防单速风机控制电路如图 9-1、图 9-2 所示。其中，图 9-1 所示为消防风机 KBO 控制电路；图 9-2 所示为消防风机主电路及故障报警电路。图 9-3 所示为建筑通风系统及风机 KBO 控制箱。

1. 电动机配置情况及其控制

该电路电动机 M，采用直接启动方式，由接触器 KM 控制。断路器 QF 作 M 的短路保护，KBO 为新型控制与保护开关，具有断路器＋接触器＋热继电器等功能组合控制，必要时能进行数据联网通信。

2. 线路工作原理分析

(1)手动控制。将万能转换开关 SA 旋转至手动挡(此时，KBO 上手/自动旋钮应打在手动挡)，将现场按钮箱中开关S打在闭合位置。按下启动按钮SF1，控制保护开关KBO的线圈A2得电吸合，KBO常开触点(23－24)闭合并自锁，KBO主触点闭合，使风机M得电启动运行。

按下停止按钮SS1，控制保护开关KBO失电释放，使风机停止工作。

(2)自动控制。将万能转换开关SA旋转至自动挡(此时，KBO上手/自动旋钮应打在自动挡)，将现场按钮箱中开关S打在闭合位置。

1)未发生火灾时，中间继电器KA1的常开触点及KBO输出触点等保持原状，消防风机处于停止状态。

2)发生火灾时，来自消防中心的消防普通联动信号使中间继电器KA2线圈得电，KA1的常开触点闭合使控制保护开关KBO线圈通电，消防风机启动运行，同时，把消防风机运行信号反馈给消防中心。

3)当消防风机的电动机过载时，控制保护开关KBO热继电器的常开触点(95－98)闭合，中间继电器KA2线圈得电，KA2的常开触点闭合，发出声光报警信号，同时过负荷指示灯亮。按下SR按钮，解除报警信号。

(3)按钮SF和中间继电器KA4的作用。发生火灾时，无论万能转换开关SA处于什么状态，来自现场启动信号SF直接启动风机或由消防中心的应急启动信号使中间继电器KA4线圈得电，KA4的常开触点闭合直接使控制保护开关KBO通电(KBO上手/自动旋钮应打在自动挡)，消防风机启动运行。

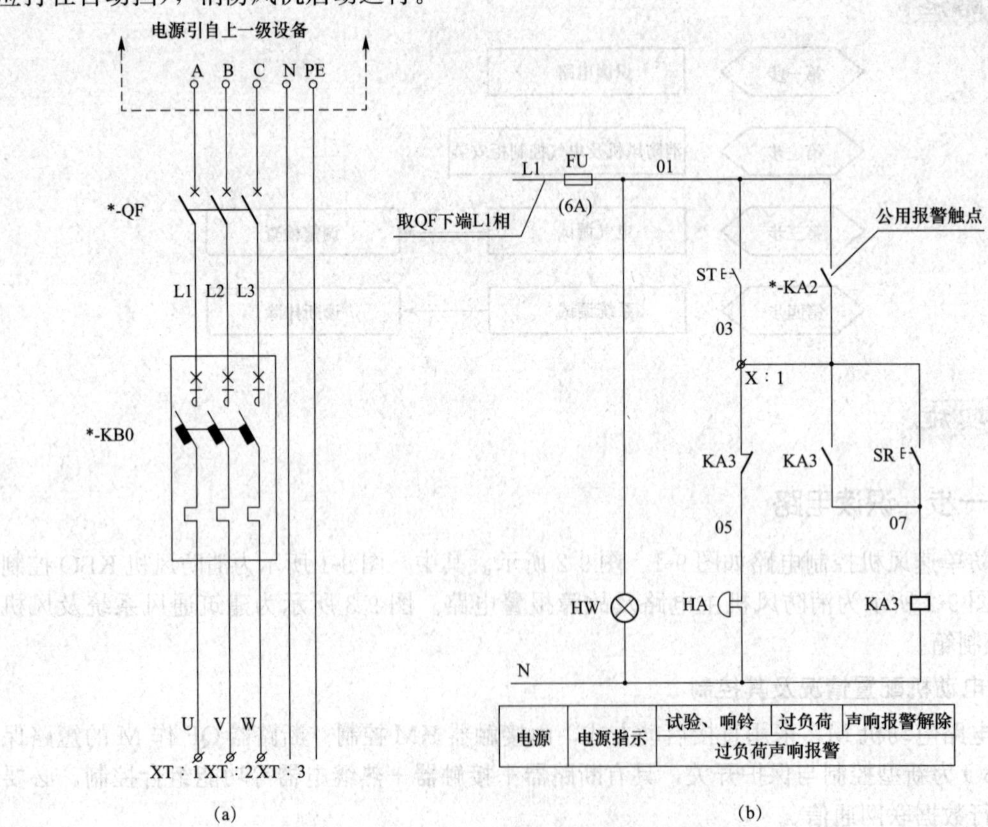

图9-1 消防风机KBO控制电路

(a)消防单速风机一次图；(b)电铃控制回路图

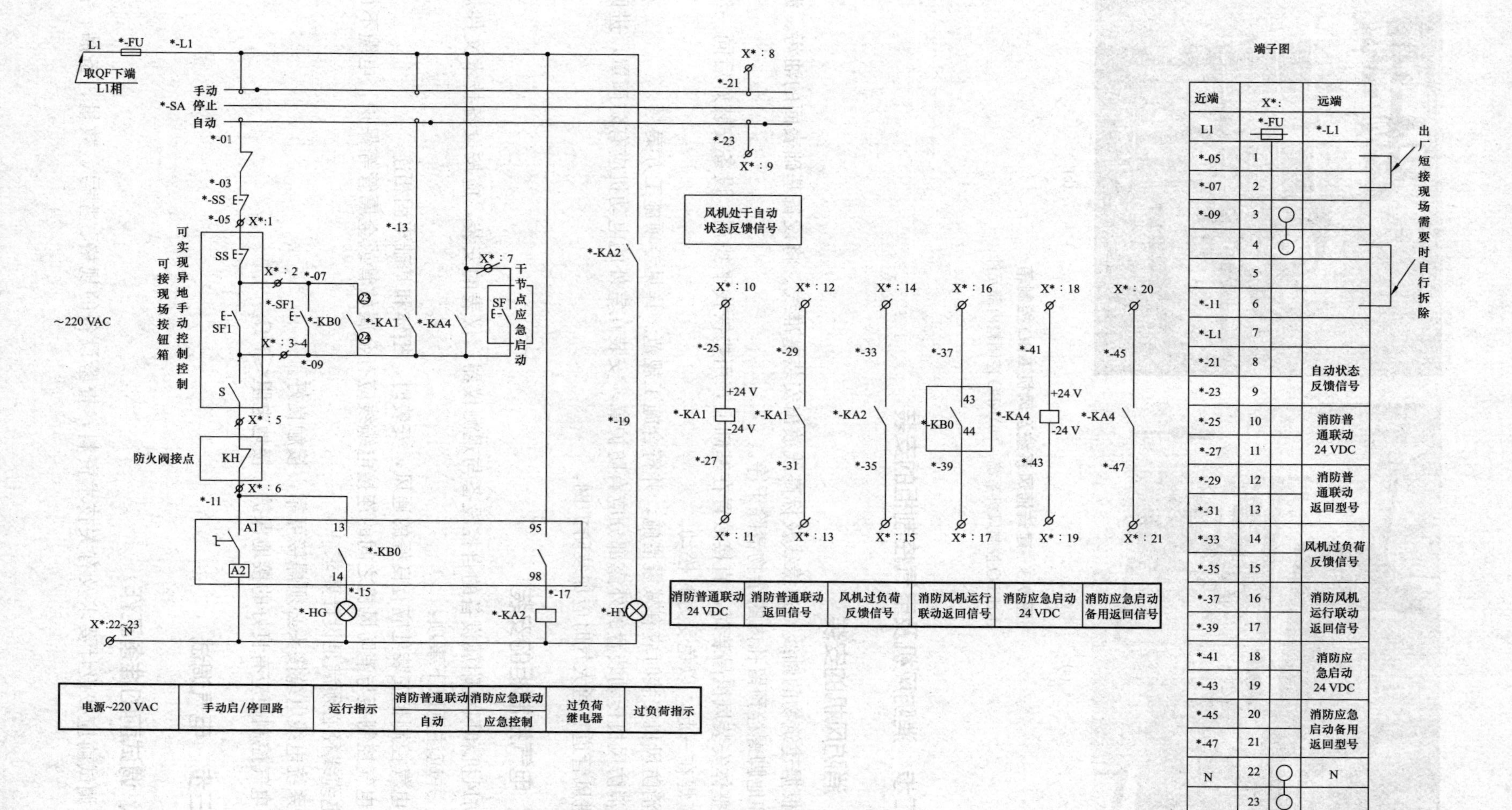

图9-2 消防风机主电路及故障报警电路

(a)

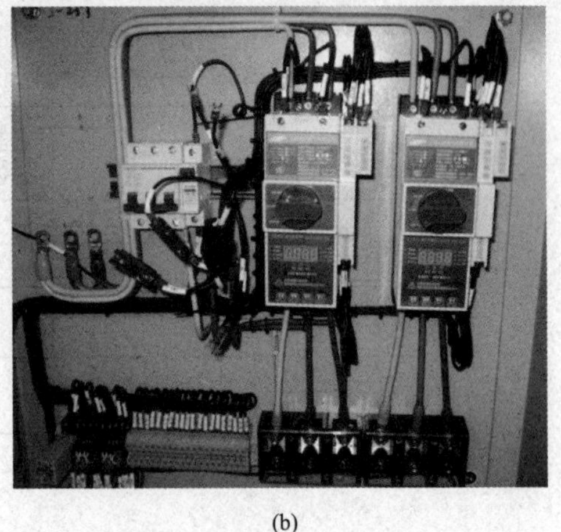

(b)

图 9-3　建筑通风系统及风机 KBO 控制箱

(a)KBO 控制风机系统；(b)KBO 控制箱内部元件

第二步　消防风机及电气控制柜的安装

一、消防风机的安装

(1)根据建筑物的轴线、边缘线及标高线放出安装基准线。将设备基础表面的油污、泥土杂物和地脚螺栓预留孔内的杂物清除干净。

(2)整体安装风机吊装时，直接放置在基础上，用垫铁找平找正。设备安装好后同一组垫铁应点焊在一起，以免受力时松动。

(3)消防风机安装时应有减震措施，并符合施工规范。详见专项施工方案。

(4)消防风机传动装置的外露部分应有防护罩，安装在室外的电动机应有防雨罩，进回风口或进风管道直通大气时应加装防护网。

二、电气控制柜的安装

消防风机和风机附属设备的自控设备与观测仪器、仪表的安装，应按设备技术文件规定执行，并应注意以下事项：

(1)电气控制柜安装处应有良好的通风，安装时，柜体和基础牢固相连。

(2)电气控制柜与消防风机之间的连接电缆线应有金属软管或金属管等保护，电缆不得裸露，电缆线径必须满足设计要求。

(3)系统电线电缆接头必须焊接可靠，接触良好。

(4)电气控制柜应有良好的接地保护，接地电阻≤1 Ω。

第三步　电气调试

一、调试前的准备工作

(1)调试前应按设计要求及有关技术资料，查验设备的规格、型号、数量、备品、备件等。

(2)检查并排除系统各线路中的错线、掉线、虚焊、短路、松脱、松动等错误，并对系统元器件损坏、安装固定用螺栓、螺母的松动等问题进行及时更正处理。

(3)检查三相电源应符合电源性能指标：380±10%。

(4)使用500 V兆欧表检查电气控制柜及电动机绝缘程度，不得小于1 MΩ。

二、消防风机的电气调试

(1)断开主电路，接通电源开关，使电路处于空载状态，检查控制电路的工作情况。如操作各按钮，检查其对接触器、继电器的控制作用，以及自锁、联锁功能是否符合要求，若有异常情况，必须立即切断电源查明原因。

(2)通过以上试车后，可进行带负荷试车，以便在正常负荷下连续运行，验证电气设备所有部分运行的正确性，特别要验证电源中断和恢复时是否会危及人身安全、损坏设备。

(3)经过全面检查手动盘车后，供应电源方可送电运转，运转持续时间不应小于2 h，运转后，再检查消防风机减震基础有无移位和损坏现象，并做好记录。

第四步　系统调试

(1)合上电源开关，启动风机，控制功能应正常。

(2)消防风机启动后运转平稳，叶轮旋转方向正确，无异常振动与声响。

(3)消防风机控制柜仪表、指示灯显示应正常，开关及控制按钮应灵活可靠。

(4)能自动和手动启动相应区域的送风机或排烟风机，并反馈信号。

(5)模拟各种故障状况，检查各种故障检测装置，动作是否正常，调试至正常为止。

(6)若为排烟风机应随设置于风机入口处排烟防火阀的关闭而自动停止。

任务评价

按时间、质量、安全、文明、环保要求进行考核。首先学生按照表7-2的任务考核评分，先自评，在自评的基础上，由本组的学生互评，最后由教师进行总结评分。

拓展训练

双速排烟风机KBO控制电路如图9-4、图9-5、图9-6所示，试分析该电路的工作过程。

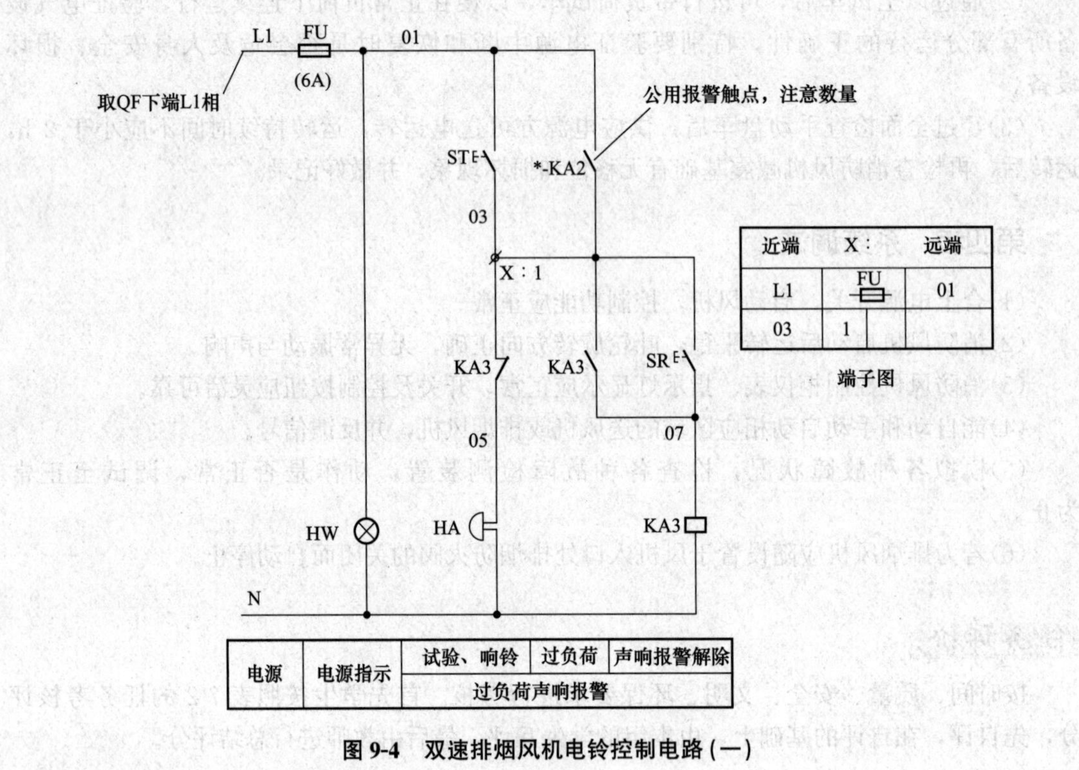

图 9-4　双速排烟风机电铃控制电路（一）

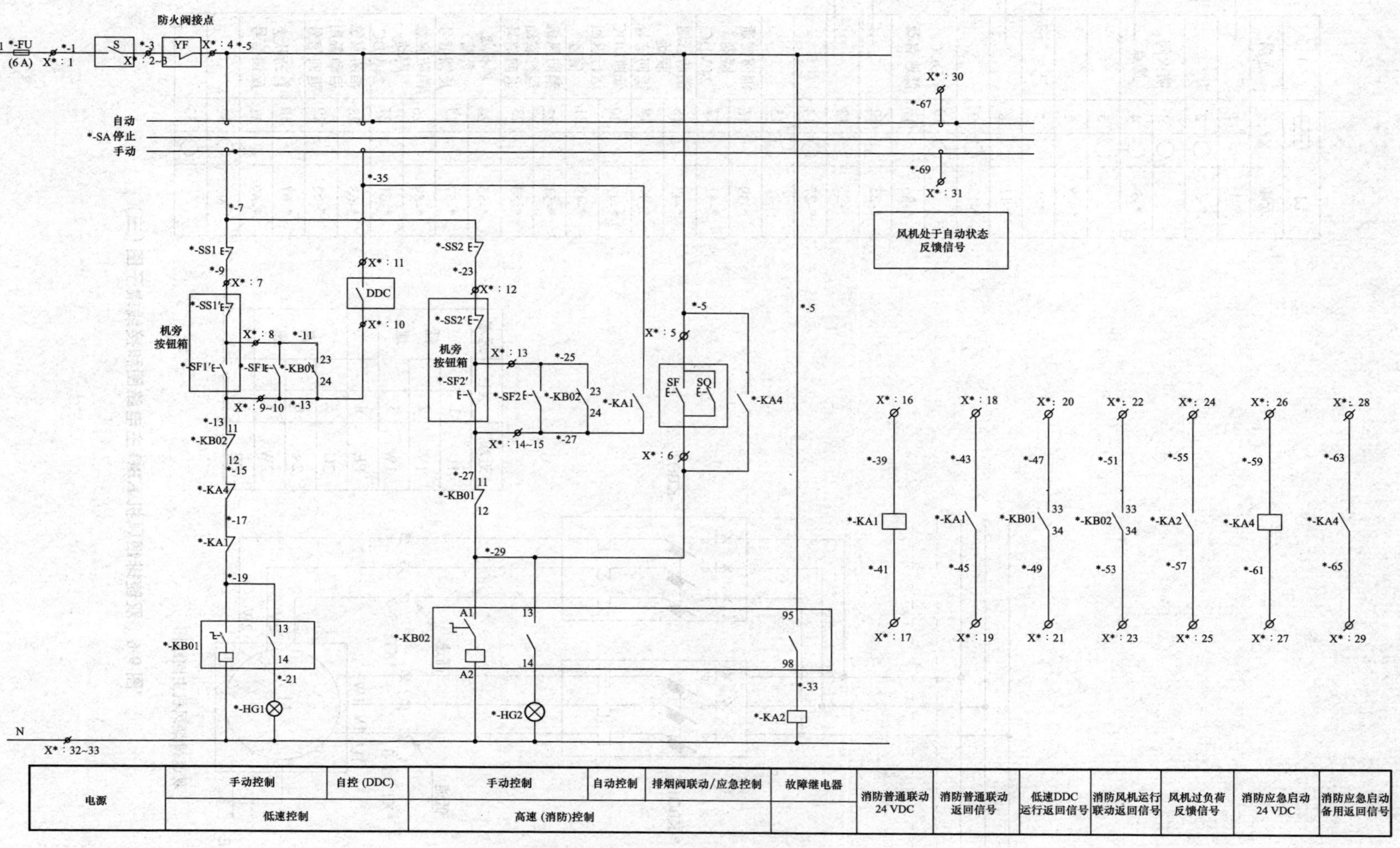

图9-5　双速排烟风机KBO控制电路（二）

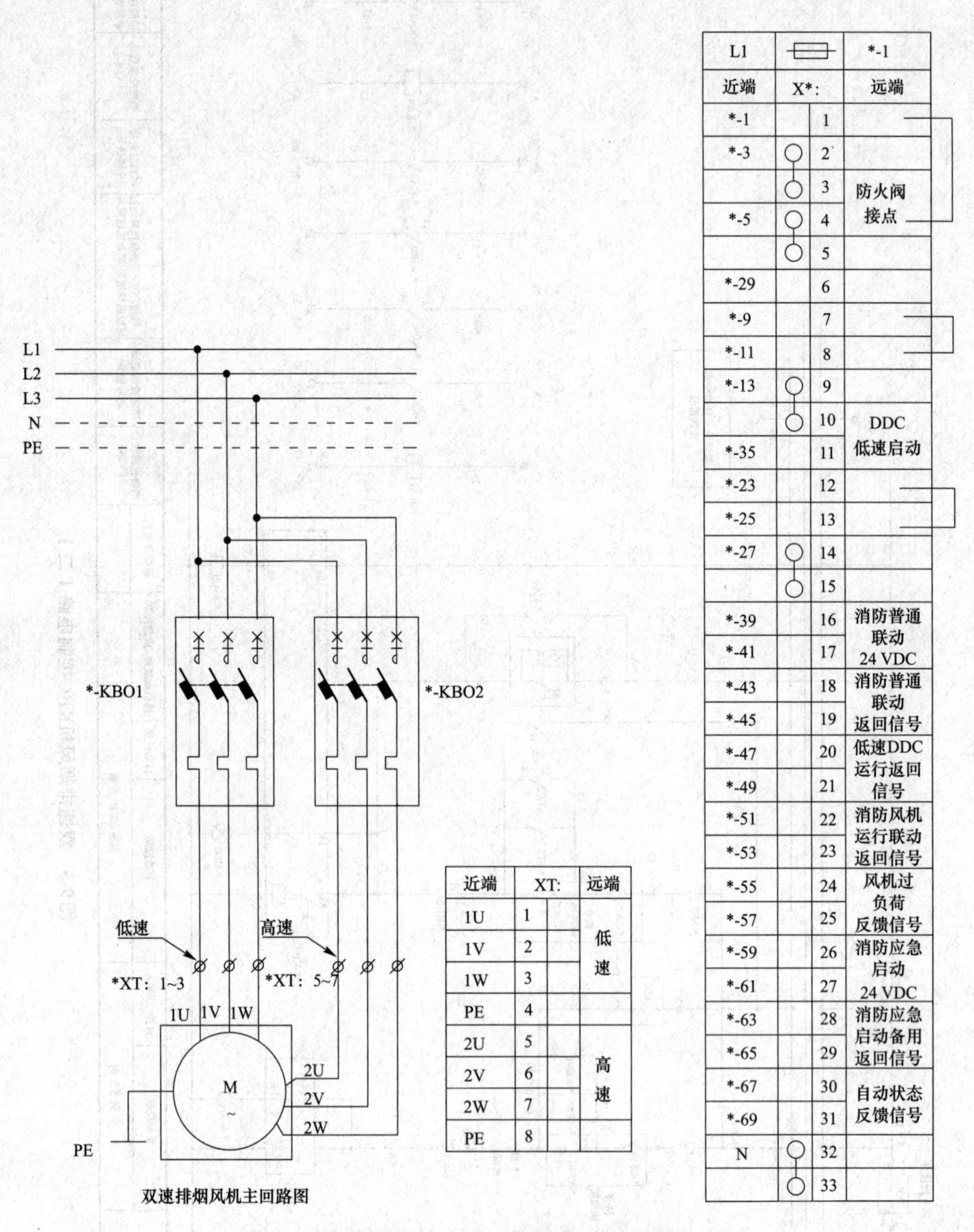

图 9-6　双速排烟风机 KBO 主电路图和接线端子图(三)

知识链接

一、建筑通风系统

通风是改善空气条件的一种方法。其包括从室内排出污浊空气和向室内补充新鲜空气两个方面。前者称为排风，后者称为送风。为实现排风和送风所采用的一系列设备、装置的总体称为通风系统。

1. 自然通风

自然通风主要是依靠室外风所造成的自然风压和室内、外空气温度差所造成的热压来迫使空气进行流动，从而改变室内空气环境的一种经济而有效的通风方法。但受自然条件的影响较大，空气不能进行预先处理，排出的空气不能进行除尘和净化，会污染周围环境。自然通风如图 9-7 所示。

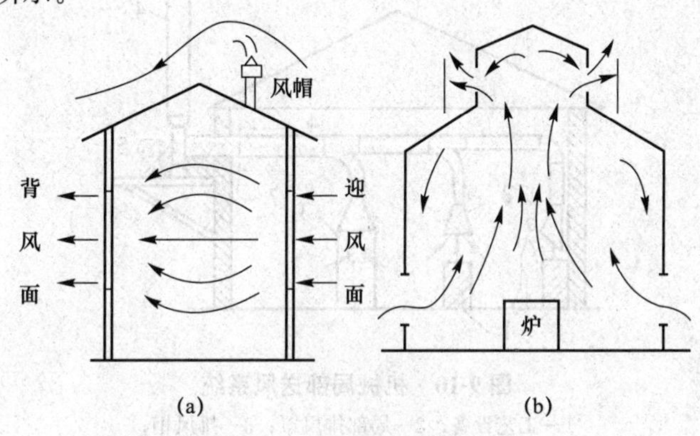

图 9-7　自然通风

(a)风压作用下的自然通风；(b)热压作用下的自然通风

2. 机械通风

利用通风设备所造成的压力，迫使室内、外空气进行交换的一种通风方式。可进行局部通风，改善室内局部空气条件，可根据实际需要调节风量。机械通风又可分为全面通风和局部通风两种。全面通风如图 9-8、图 9-9 所示；局部通风如图 9-10、图 9-11 所示。

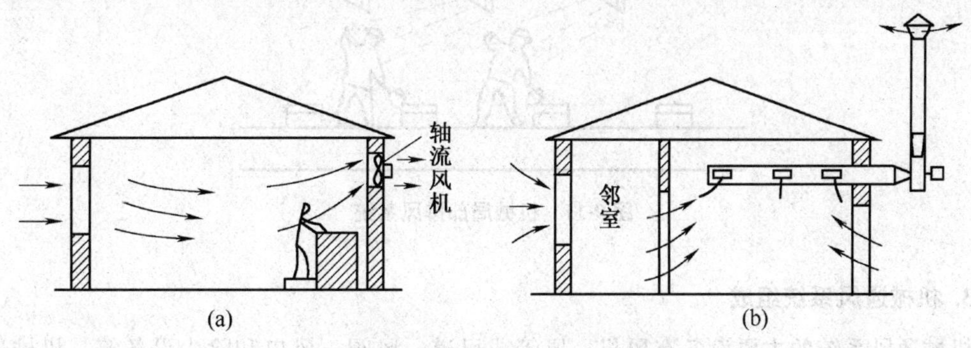

图 9-8　用轴流风机排风的全面通风

(a)全面送排风系统；(b)全面排风系统

图 9-9　同时设送风、排风风机的全面通风方式

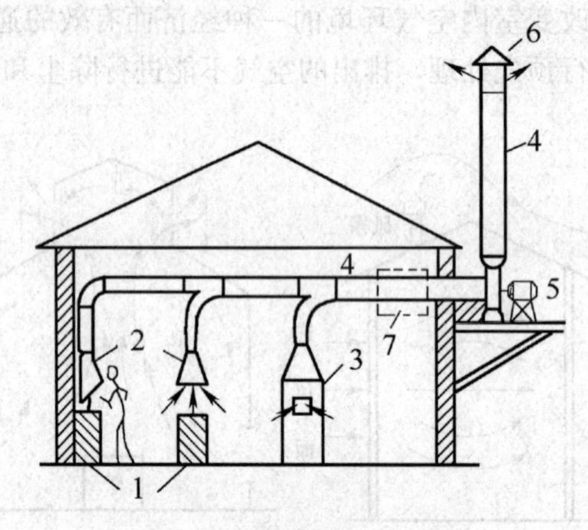

图 9-10　机械局部送风系统

1—工艺设备；2—局部排风罩；3—排风柜；

4—风道；5—排风机；6—排风帽；7—排风处理装置

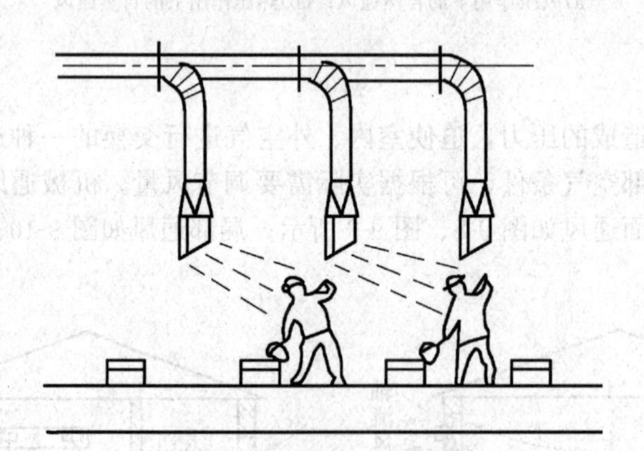

图 9-11　机械局部排风系统

3. 机械通风系统组成

机械通风系统的主要设备有风机、风管或风道、风阀、风口和除尘设备等。机械送风系统由室外采风口、风管、空气处理装置、送风机、室内送风口等组成；机械排风系统由室内排风口、风道、排风机、空气处理装置、室外排风口等组成。

4. 高层建筑的防火排烟

在火灾事故的死伤者中，大多数是由于烟气的窒息或中毒所造成的。燃烧时产生有毒气体的装修材料的使用，以及高层建筑中各种竖向管道产生的烟囱效应，烟气遮挡视线，使人们在疏散时产生心理恐慌，给消防抢救工作带来很大困难。

(1)防火分区和防烟分区。为防止火灾的蔓延和危害，在高层建筑中，必须进行防火排烟设计，防火的目的是防止火灾蔓延和扑灭火灾，而排烟的目的则是将火灾产生的烟气及时予以排除，防止烟气向外扩散，以确保室内人员的顺利疏散。在高层建筑的防火排烟设计中，通常将建筑物划分为若干个防火、防烟分区，各分区间以防火墙及防火门进行分隔，防止火势和烟气从某一分区内向另一分区扩散如图 9-12 所示。

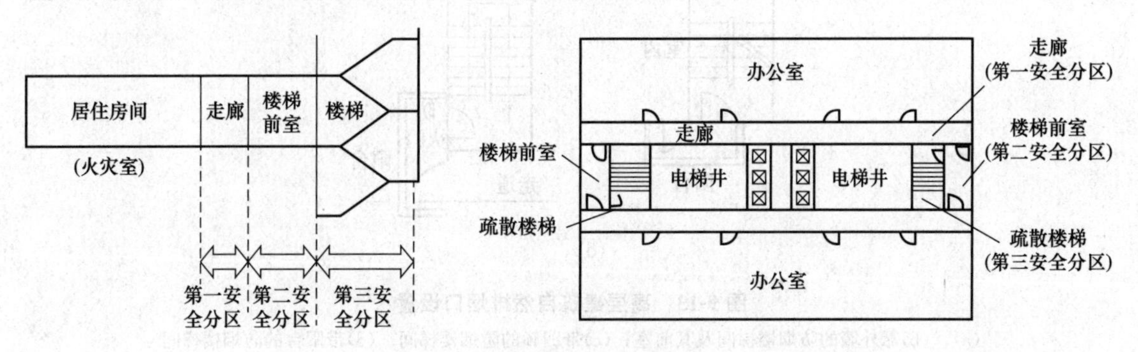

图 9-12　防烟分区设计实例

(2)烟气的扩散机理。烟气是指物质在不完全燃烧时产生的固体及液体粒子在空气中的浮游状态。烟气的流动扩散，主要受到风压和热压等因素的影响。

1)风压是指风吹到建筑物的外表面时，由于空气流动受阻，速度减小，部分动能转变为静压时产生的压力。在迎风面，室外压力大于室内压力，空气从室外向室内渗透。发生火灾时，如果窗户处于建筑物的迎风面，风压作用会使烟气迅速地扩散到整个失火楼层，甚至把它吹到其他的楼层中。

2)热压或烟囱效应是由室内外空气的密度差和空气柱高度产生的作用力所造成的，热压作用随着室内外温差和竖井高度的增加而增大。火灾发生时，高层建筑物内温度远远高于室外温度，加上高层建筑竖井高度较大的影响，热压明显增大，烟气将沿着建筑物的竖井向上扩散，而且失火楼层越低，烟囱效应越明显。

由此可知，当建筑物的下部或迎风面房间发生火灾时，由于风压和热压的作用，火灾造成的危害性要比建筑物的上部或背风面房间失火所造成的危害大得多。另外，火灾时，空调系统风机提供的动力及由竖向风道产生的烟囱效应会使烟气和火势沿着风道扩散，迅速蔓延到风道所能达到的地方。因此，高层建筑的防排烟，需采用自然排烟、机械防烟、机械排烟等各种形式，阻止烟气在建筑物内部疏散通道中的扩散蔓延，确保安全。另外，建筑物的通风空调系统应采取防火、防烟措施。

(3)自然排烟。自然排烟是利用风压和热压作动力的排烟方式，如图 9-13 所示。在高层建筑中，具有靠外墙的防烟楼梯间及其前室、消防电梯间前室和合用前室的建筑宜采用自然排烟方式，排烟口的位置应设在建筑物常年主导风向的背风侧。

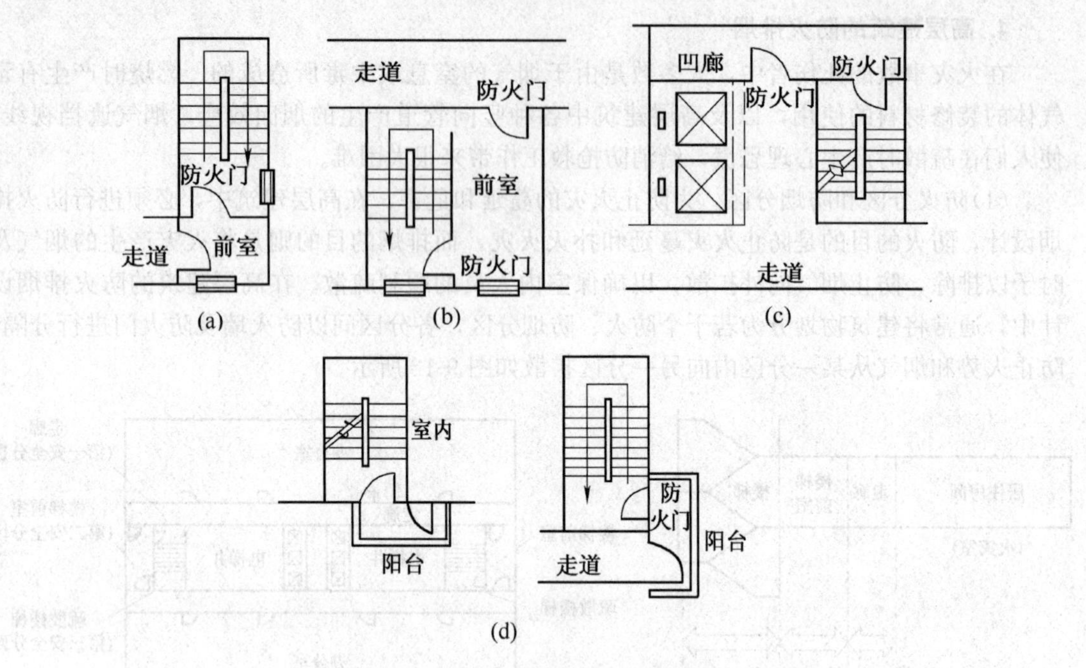

图 9-13　高层建筑自然排烟口设置

(a)、(b)靠外墙的防烟楼梯间及其前室；(c)带凹廊的防烟楼梯间；(d)带阳台的防烟楼梯间

(4)机械防烟。机械防烟是采取机械加压送风方式，以风机所产生的气体流动和压力差控制烟气的流动方向的防烟技术。在火灾发生时，风机气流所造成的压力差阻止烟气进入建筑物的安全疏散通道内，从而保证人员疏散和消防扑救的需要。对于没有散开的阳台、凹廊或不同朝向的可开启外窗的防烟楼梯间及其前室、消防电梯前室和两者合用前室，应设置机械防烟设施。避难层为全封闭式避难层时，应设加压送风设施。

(5)机械排烟。机械排烟是采取机械排风方式，以风机所产生的气体流动和压力差，利用排烟管道将烟气排出或稀释烟气的浓度。机械排烟方式适用于不具备自然排烟条件或较难进行自然排烟的内走道、房间、中庭及地下室。严格按照机械排烟的要求来进行设计建造，如排烟口的设置、排烟风机的选择及风道材料的选择等。

二、智能控制与保护开关

控制与保护开关电器 CPS(Control and Protective Switching Device)在国外于二十世纪八九十年代开始投放市场。20 世纪 90 年代施耐德公司推出了 integral 系列 CPS，根据市场需要及技术的不断革新。进入 21 世纪，施耐德公司又推出了 TeSys U 系列 CPS。西门子公司推出了 3RA6 系列，其最主要的特点体现在：现代通信技术，如现场总线、微电子技术、控制器专用 ASIC 和微处理器；新型材料，如绝缘与触头材料等的应用。

我国智能控制与保护开关电器是一个多种功能高度整合的多功能一体化综合保护开关，控制与保护开关产品采用模块化的单一产品结构形式，集成了传统的断路器(熔断器)、接触器、过载(或过流、断相)保护继电器、启动器、隔离器等的主要功能。2000 年，上海电器科学研究所联合浙江中凯电器在原产品的基础上进行了进一步完善，成为国内第一代 CPS 系列产品，即 KB0 系列控制与保护开关，该系列产品的最大额定电流为 125 A。

1. CPS产品特点

(1)功能全面。

1)断路器功能：具有短路瞬时动作和短路短延时保护等功能。

2)接触器功能：额定工作电压为380 V、额定工作电流为0.8～630 A，并在AC43和AC44使用类别下无须降容。

3)热继电器与过流继电器功能：具有完善、合理、连续的三段保护功能和电动机定时限启动保护功能。过载保护模型采用当前最为先进的双时间常数指数方程，能与被保护对象的允许过载特性相匹配，动作准确、可靠。

4)剩余电流断路器功能：具有反时限剩余电流保护特性。

5)启动器功能：可代替接触器和热继电器组合的启动器，控制电动机的直接启动。

6)产品生命周期预警功能：运行中记录并显示开关的累计操作次数。

7)故障记录与显示功能：当系统发生故障时，开关能自动识别、存储和记录故障类型，并予以显示，便于用户排除故障。

8)预警功能：可以根据用户的需要打开或关闭预警功能，当设备过载运行温度达到预警门限时，开关发出预警信号，便于及时排除故障。

9)通信功能：具有通信接口，通过现场总线、计算机网络或无线网络与监控中心进行信息交换。

10)检测和显示功能：在运行中实时检测三相绕组的电流值、电压值和剩余电流值，并循环显示检测结果。

11)其他功能：具有缺相、三相不平衡保护及过压、欠压、失压保护等常规功能。

(2)节省材料。传统的控制保护回路为了实现对负荷(M)的控制与保护功能，常采用分立器件包括隔离开关(QS)＋断路器(QF)＋接触器(KM)＋热继电器(KH)等进行组合控制，如图9-14所示。电力系统从电源至电动机之间，需要用12根电缆线或母排，24个螺钉(或螺母)接点才能与电动机相连接。电缆线或母排的电阻，消耗相当多的电能并产生热量，且故障点的增加直接使得系统的故障率成倍增长。而由CPS控制与保护开关电器组成的电力系统，从电源至电动机只需要6根电缆线或母排，6个接点，大大降低了系统的故障率及电能消耗并节约了铜材等材料。

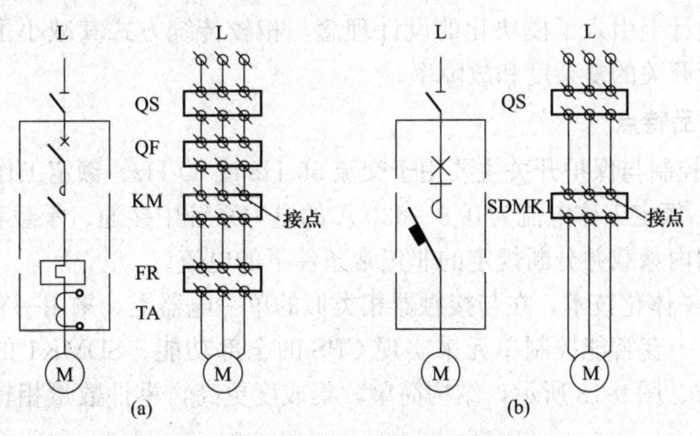

图9-14　控制与保护开关方案对比

(3)选型简单。从其结构和功能上来说，控制与保护开关电器产品已不再是接触器或断路器或热继电器等单个产品，而是一套控制保护系统。它的出现从根本上解决了传统的采用分立元器件(通常是断路器或熔断器＋接触器＋过载继电器)由于选择不合理而引起的控制和保护配合不合理的种种问题，特别是克服了由于采用不同考核标准的电器产品之间组合在一起时，保护特性与控制特性配合不协调的现象，极大地提高了控制与保护系统的运行可靠性和连续运行性能。

2. KBO 产品特点

KBO 系列控制与保护开关于 1996 年 5 月通过国家级鉴定验收，型号含义“K”“B”为“控制”和“保护”汉语拼音的第一个字母；“O”为填补国内空白的“第一代”控制与保护开关电器。主要用于交流 50 Hz、额定电压至 690 V、额定电流 0.25～125 A 的电力系统中。

以 KBO 基本型为例，开关主要由主体，热磁脱扣器、辅助触头模块、分励脱扣器、远距离再扣器 5 部分组成。而主体部分又由电磁传动机构、操作机构、主电路接触器组成。KBO 基本型产品如图 9-15 所示。

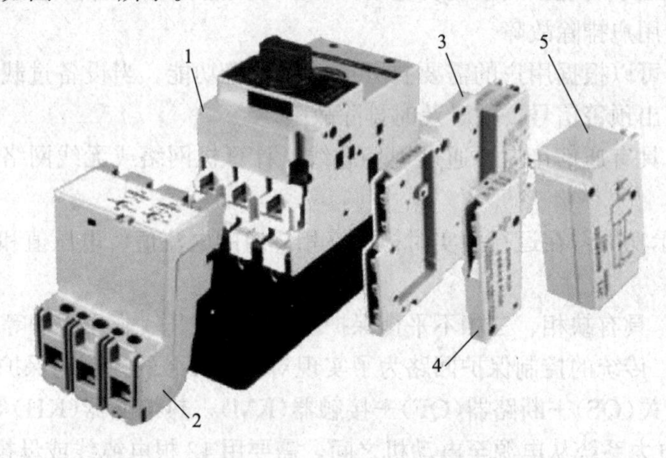

图 9-15　KBO 基本型产品

1—主体；2—热磁脱扣器；3—辅助触头模块；4—分励脱扣器；5—远距离再扣器

由图 9-16 可以看出，KBO 的集成性相对较高，但是在组成上相对来说比较复杂，机械零件较多。除基本型外，KBO 以附件模块的形式对 CPS 进行了功能拓展，如消防型、隔离型等。在附件的设计上引入了模块化的设计理念，相较传统方式其减小了体积，但是附件模块的加入增加了开关的复杂度和故障率。

3. SDMK1 产品特点

SDMK1 系列控制与保护开关主要用于交流 50 Hz 或 60 Hz、额定工作电压 380 V(额定绝缘电压 660 V)，额定工作电流为 0.8～630 A 的电力系统中接通、承载和分断正常件下的电流，在规定时间内承载并分断规定的非正常条件下的电流。

SDMK1 采用一体化技术，在与接触器相类似的单一电器上，采用一套电磁系统、一套触头及灭弧系统、一套智能控制单元来实现 CPS 的全部功能。SDMK1 的组成与内部结构原理分别如图 9-17、图 9-18 所示，结构简单，集成度更高，零件数量相较 KBO 大幅减少，运行稳定性更高。

从根本上说，SDMK1 是通过智能控制单元实现开关的各种保护功能，开关整体上不存在复杂的脱扣机构。结构简单保证了 SDMK1 开关的低故障率，而智能控制保证了全面的可控性。

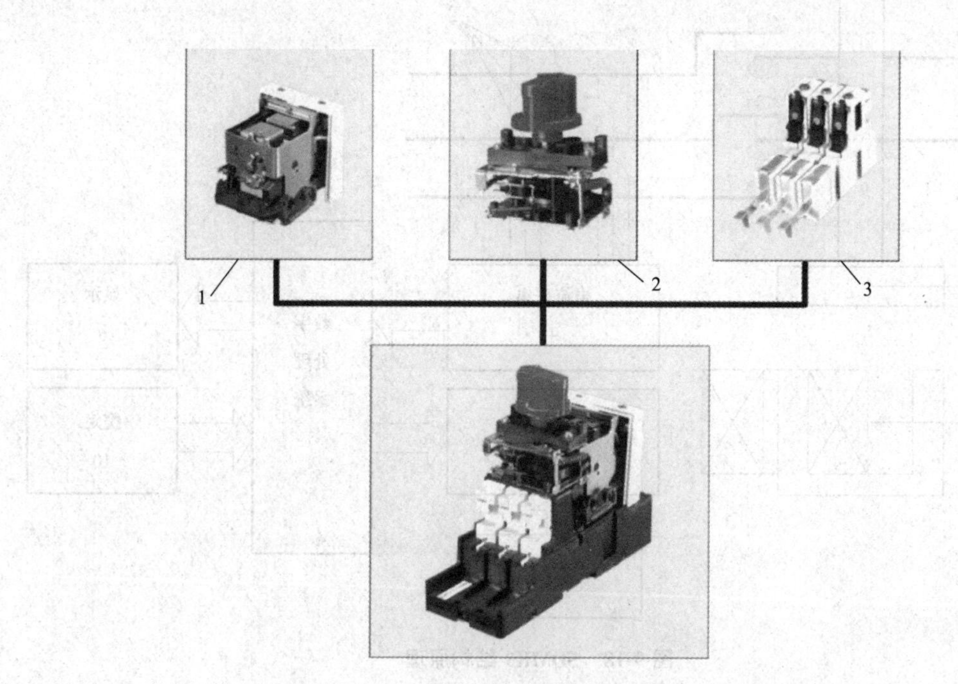

图 9-16　KBO 开关主体

1—电磁传动机构；2—操作机构；3—主电路接触器

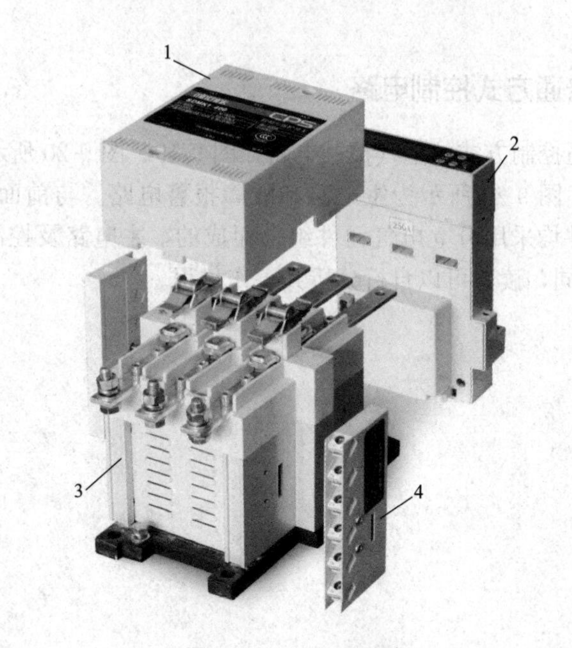

图 9-17　SDMK1 组成

1—灭弧系统；2—智能控制单元；

3—触头及电磁系统；4—辅助触头模块

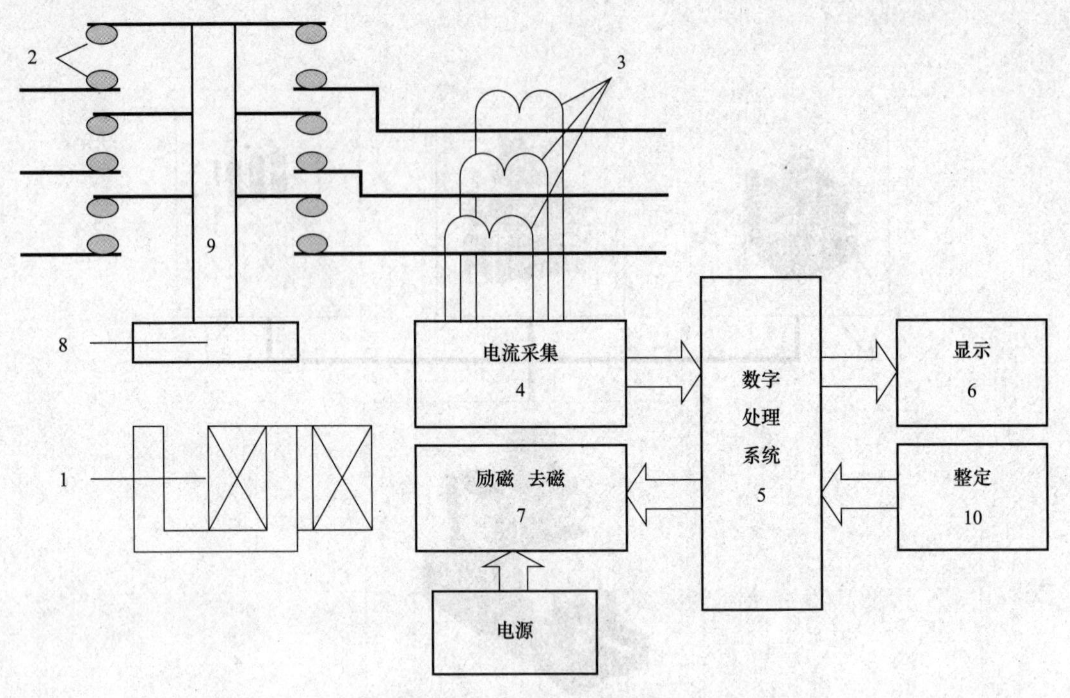

图 9-18 SDMK1 结构原理

1—电磁铁；2—触头；3—电流互感器；4—电流采集芯片；5—数字处理芯片；
6—显示装置；7—励磁去磁芯片；8—衔铁；9—触桥

三、消防风机普通方式控制电路

消防风机采用普通控制方式的电气控制电路如图 9-19、图 9-20 所示。其中，图 9-19 所示为辅助控制电路图；图 9-20 所示为主电路和故障报警电路。与前面 KBO 控制电路相比所不同的是图中各元件均采用分立电气元件组合而成的，主电路及控制电路的工作过程完全与图 9-1、图 9-2 相同，读者可以自行分析其工作过程。

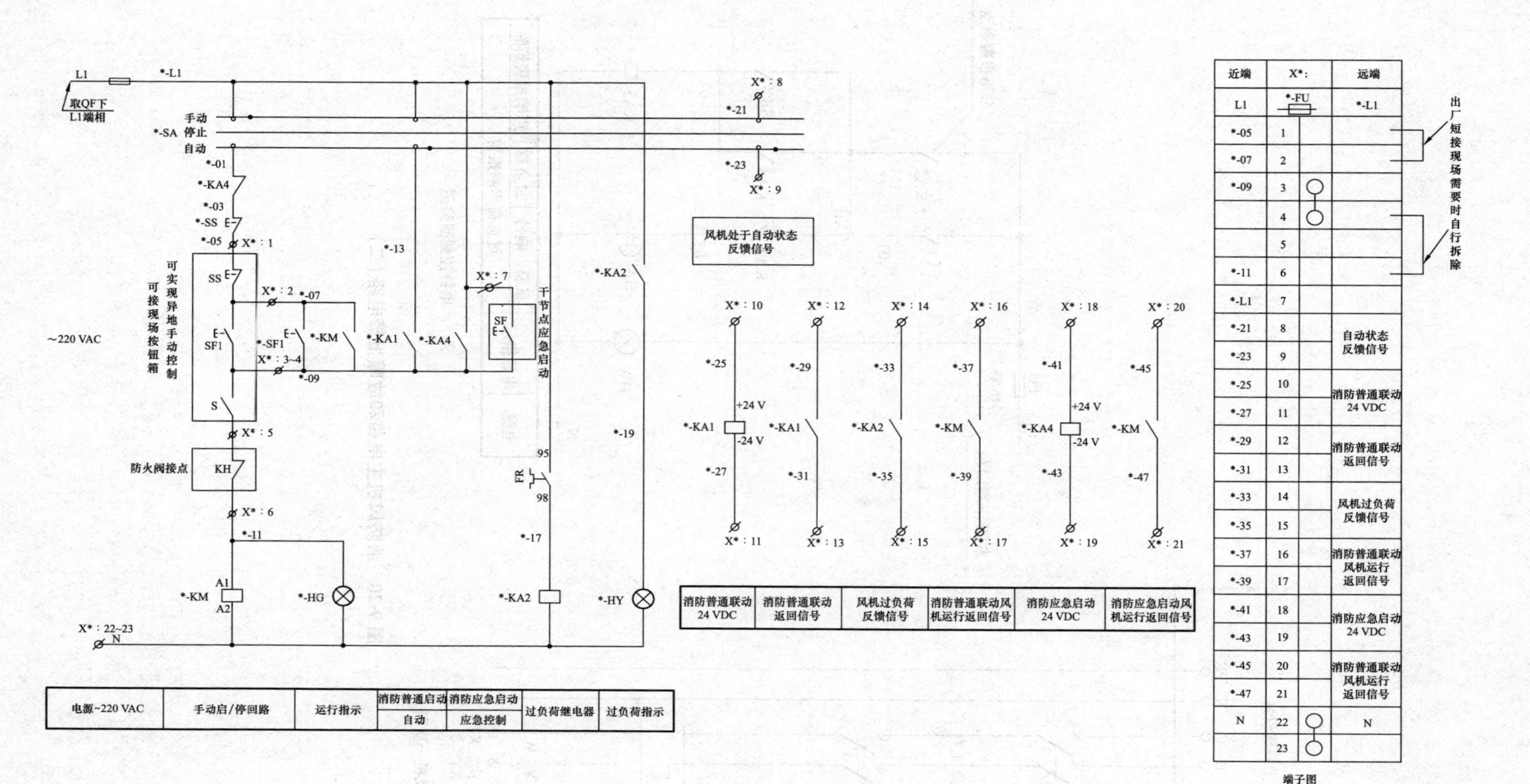

图 9-19　消防风机辅助控制方式电路（一）

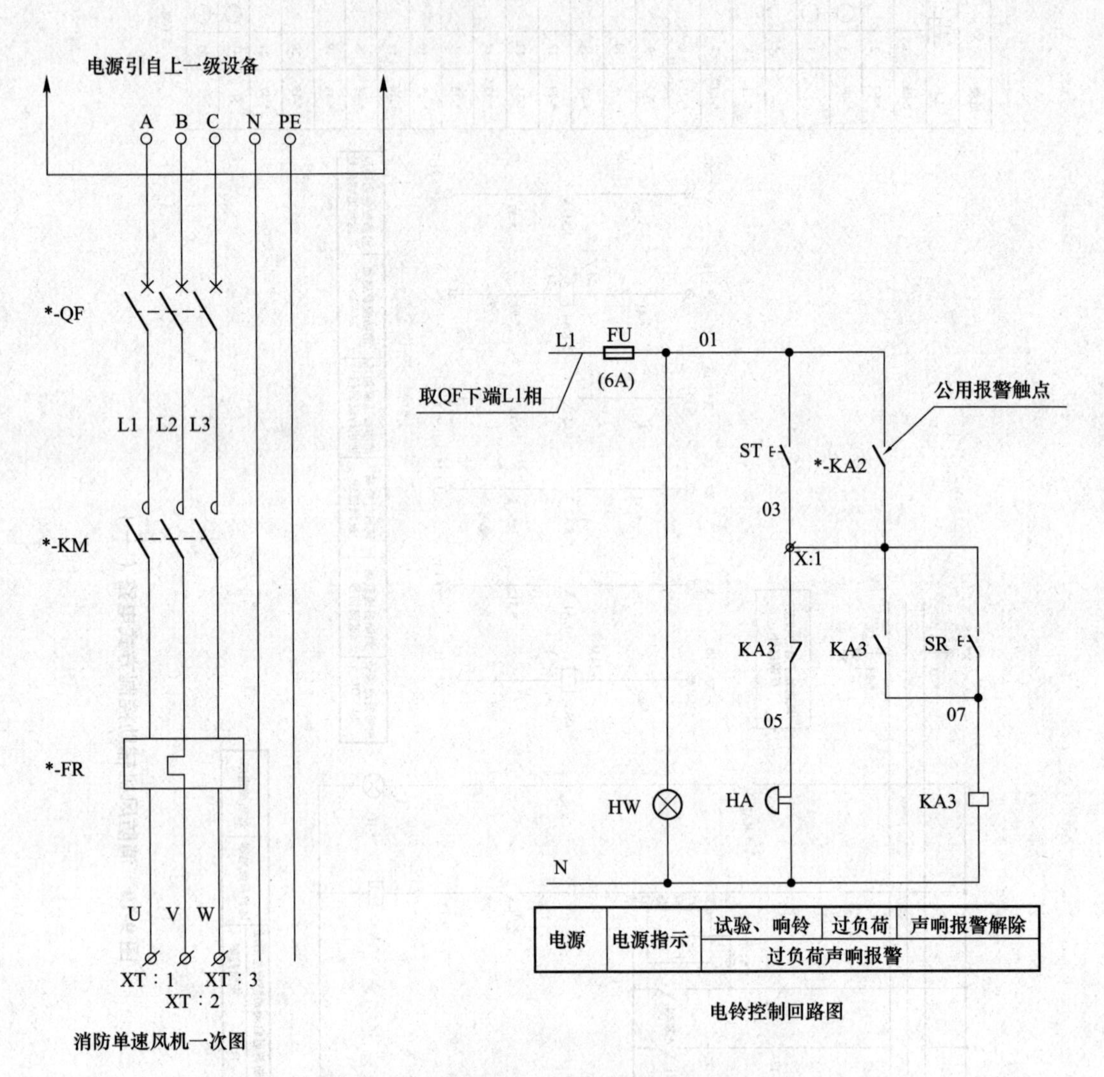

图 9-20　消防风机主电路和故障报警电路（二）

实训八　电动机CPS控制与保护开关电路安装与调试

一、实训目的

(1)掌握CPS控制与保护开关的结构和工作原理；

(2)熟悉CPS控制与保护开关的型号规格与主要技术参数；

(3)能安装CPS控制与保护开关及其控制电路；

(4)会调试CPS控制与保护开关并进行参数设置。

二、识图与器件选择

1. 识读电路图

在CPS智能开关控制电路图中，CPS控制与保护开关的型号为CPS-63。图(a)为主电路，图(b)为控制电路。其中，SB2/SB1为启停按钮，常开触点13/14为自锁触点，常开触点23/24连接运行指示灯，常闭触点31/32连接停止指示灯，常开触点05/08连接短路报警指示灯，常开触点95/98连接过载报警指示灯。

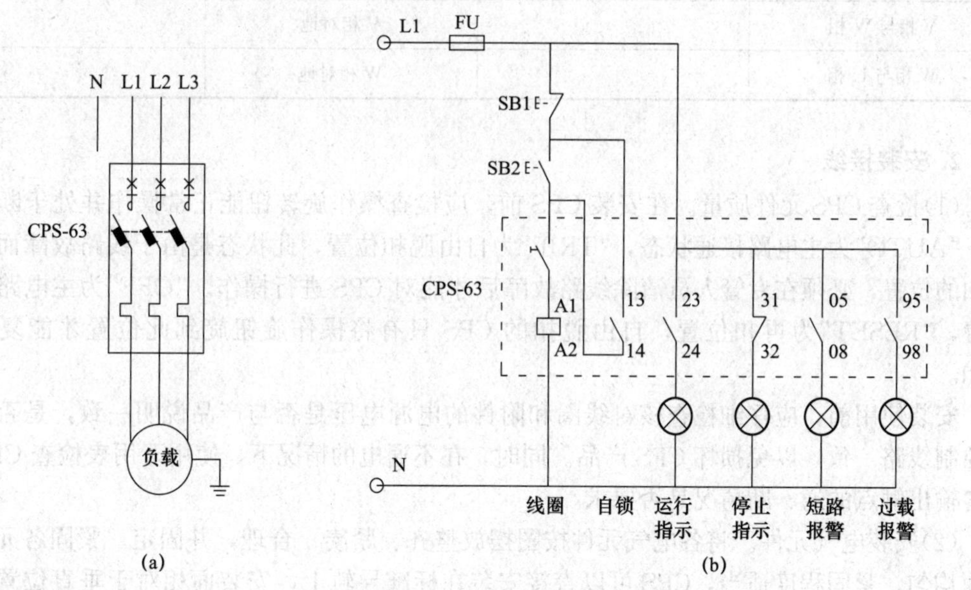

CPS智能开关控制电路图

2. 选择电气元件

器件名称	数量	型号	器件名称	数量	型号

3. 工具与仪器仪表

(1)工具：试电笔、十字螺钉旋具、一字螺钉旋具、尖嘴钳、剥线钳等。

(2)仪器仪表：数字万用表、兆欧表等。

三、操作步骤

1. 准备工作

(1)熟悉电气元件结构及工作原理。在连接线路前，应熟悉 CPS 控制与保护开关、按钮、指示灯等元件的结构原理及接线方式。

(2)记录电路设备参数。将所使用的主要电器型号、规格及技术参数记录下来，并理解和体会各参数的实际意义。

(3)电动机的外观检查。电路接线前应先检查电动机的外观有无异常。如条件许可，可用手盘动电动机的转子，观察转子转动是否灵活，与定子的间隙是否有摩擦现象等。

(4)电动机的绝缘检查。使用兆欧表依次测量电动机绕组与外壳之间及各绕组之间的绝缘电阻值，并将测量数据记录于表中，同时应检查绝缘电阻值是否符合要求。

相间绝缘	绝缘电阻/MΩ	各相对地绝缘	绝缘电阻/MΩ
U 相与 V 相		U 相对地	
V 相与 W 相		V 相对地	
W 相与 U 相		W 相对地	

2. 安装接线

(1)检查 CPS 元件质量。在安装 CPS 前，应检查操作旋转钮能正常操作并处于断开位置，“AUTO”为主电路接通状态，“TRIP”为自由脱扣位置，此状态是由于线路故障而自由脱扣的位置，必须在专管人员清除线路故障后才能对 CPS 进行操作。“OFF”为主电路断开位置，“RESET”为再扣位置，自由脱扣的 CPS 只有将操作旋钮旋到此位置才能复位并再扣。

安装使用前，应仔细检查核对线圈和附件的电源电压是否与产品说明一致，是否与实际控制线路一致，以免损坏 CPS 产品。同时，在不通电的情况下，使用万用表检查 CPS 开关各输出触点的通、断情况是否要求。

(2)安装电气元件。将各电气元件按图摆放整齐、紧凑、合理，并固定。紧固各元件时用力均匀，紧固程度适当，CPS 可以直接安装在标准导轨上，安装面相对于垂直位置允许前后段斜 30°，相对于轴心左右旋转。

(3)电路配线。为保证 CPS 产品运行的动作准确性，与产品连接的外部导线截面面积必须满足应用要求，所用的安装连接导线截面见下表。

序号	工作电流范围/A	连接导线截面/mm^2
1	$0<I\leqslant 8$	1.0
2	$8<I\leqslant 12$	1.5

续表

序号	工作电流范围/A	连接导线截面/mm²
3	12<I≤20	2.5
4	20<I≤25	4.0
5	25<I≤32	6.0
6	32<I≤50	10.0
7	50<I≤65	16.0
8	65<I≤85	25.0
9	85<I≤115	35.0
10	115<I≤130	50.0

(4)按图检验配线正确性。电路线路连接好后，学生应先自行进行认真仔细的检查，特别是控制回路接线，一般可采用万用表进行校线，以确认线路连接正确无误。

(5)连接三相电源、电动机等外部线路。

3. 电路试运行

经教师检查后，可以通电试运行。

(1)接通三相电源，对 CPS 开关的线圈通以(85%～115%)Us 时，当操作旋钮至"AUTO"位置，电磁铁可靠吸合，当操作旋钮至"OFF"位置，电磁铁可靠释放。

(2)运行操作及参数设置参考附件"CPS 控制与保护开关运行操作及参数设置要点"。

(3)启动：把 CPS 的操作旋钮拧至"AUTO"位置，按下启动按钮 SB2，观察各电器、线路和电动机运行有无异常现象。

(4)停止：按下停止按钮 SB1，电动机应停止运行。

4. 电路结束

(1)电路工作结束后，应切断电动机的三相交流电源。

(2)拆除控制线路、主电路和有关电路电器。

(3)将各电器、设备、工具、器材等按规定位置归位并摆放整齐。

四、实训报告

(1)绘制实训电路原理图。

(2)记录仪器和设备的名称、规格和数量，记录测量参数。

(3)根据电路操作，简要写出操作步骤。

(4)记录实训结果。

(5)总结本次实训的心得体会。

五、注意事项

(1)电动机和按钮的金属外壳必须可靠接地。接至电动机的导线必须穿在导线通道内加以保护，或采用坚韧的四芯橡皮线或塑料护套线进行临时通电校验。

(2)电动机必须安放平稳，以防运转时产生滚动而引起事故。

(3)CPS 的进出端的外部导线的裸露部分应包扎绝缘物。

(4)用户在使用安装时除操作旋转手柄，拔码开关根据需要设置外，不得擅自拆除调整。

(5)CPS 处在自由脱扣工作状态即旋钮箭头在“TRIP”位置，故障排除后应将旋钮旋至再扣位置，即“RESET”位置，再扣后的旋钮应自动回到断开至“OFF”位置，接着将旋钮旋至“AUTO”位置，CPS 才能接通主电路并能实现远距离自动控制。

(6)CPS 在运输和储存过程中应避免受雨雪侵装，使用前须放置在日平均温度在＋25 ℃，相对湿度不大于 90％，周围温度不高于＋40 ℃且不低于－5 ℃的仓库中。

附件　CPS 控制与保护开关运行操作及参数设置要点

一、面板显示及按键说明

CPS 在通电合闸前应先根据控制与保护的线路负载电流把长延时及短延时的整定电流设定在所需值。通电后数码管点亮，显示辅助电流电压值和循环显示监测到的 A、B、C 三相电路运行电流值。

例如，CPS－63 控制与保护开关四个按键功能如下：

(1)设置键：负载无运行时，按此键进入参数设定状态。

(2)移位键：设定状态下选择设定的字位，被选择的字位处于闪烁状态。

(3)数据键：对闪烁的字位进行修改，级差为 1(1～9 循环)。

(4)复位键：参数设置完成后，按此键保存参数并投入正常监测远行状态。

二、运行操作

(1)CPS 接入工作电源后，LED 显示电压值，可兼作电压表，后三位显示电压值。

(2)CPS 在运行时可兼作电流表功能循环显示三相电流运行情况。

按“移位键”可定向显示 A 相、B 相、C 相、L(漏电)电流运行情况；按复位键恢复循环显示三相电流运行情况。

(3)故障查询。空载运行 CPS 按“数据键”，与面板故障类型符号对照，可查看前 3 次故障类型；显示到电压值时表示 CPS 退出了故障查询，投入正常监测运行状态，或重新启动 CPS 退出故障查询。

三、保护参数设置

(1)在电动机启动和运行时，按设置键无效；

(2)空载运行 CPS，按“设置键”选择设置类型，依次按“移位键"，选择数据移位，按“数据键”进行数据修改；

(3)某参数设定完毕，再按“设置键”进入下一项设置状态，直至结束；

(4)不需的选项应放弃设置，所有参数设置完毕后，按复位键，退出设置状态，显示电压值。

四、参数设置操作顺序

操作顺序	显示内容	代号定义	设置范围	显示内容
第1次按设置键	⊐000	额定电流	根据负载电流设定	客户要求
第2次按设置键	ㅋ	0基本1消防	0～1	根据实际要求
第3次按设置键	H3	启动报警延时	0～9	3 s
第4次按设置键	F2	过流反时限保护动作序号	在序号1～4内选择	F2
第5次按设置键	P60	三相不平衡百分比	在20%～75%内选择	60%
第6次按设置键	∪	过电压	0～299	120%
第7次按设置键	∩	欠电压	0～199	75%
第8次按设置键	L	漏电电流值代号	在序号0～9内选择	客户要求
第9次按设置键	O	欠流值	0～999，动作时间≤30 s	60%I

注：设置完毕，再按复位键退出设置状态，保存设置值。

举例说明：

(1)型号：CPS－63/20 A。

(2)消火栓泵控制电机功率5.5 kW、额定电流I＝12 A(电机功率因数不同，电流将有变化)。

(3)参数设置操作与要求(按设置键)：

第一次按键：◆额定电流I_{r1}＝12 A

第二次按键：◆消防1

第三次按键：◆启动报警延时H＝3 s

第四次按键：◆过流反时限保护动作序号(选3)

第五次按键：◆三相电流不平衡百分比值＝60

第六次按键：◆过压值＝268 V

第七次按键：◆欠压值＝187 V

第八次按键：◆漏电电流值＝100 mA(对应序号3)

第九次按键：◆欠流值＝10%

模块三　PLC 基础知识

任务十　认识 PLC 控制系统

学习目标

1. 认识 PLC 的基本结构；
2. 了解 PLC 的分类、工作原理、特点及应用；
3. 掌握 PLC 的外部接线端子的功能作用及接线方法。

任务要求

通过教师演示 PLC 编程的基本操作方法，让学生对 PLC 有初步认识。鼓励学生主动利用网络、图书等资源，通过信息检索、整理资料、演讲汇报等方式，学习 PLC 的基本概念、特点、应用场合、基本结构、工作原理等内容，提升对 PLC 的理性认识，并制作 PPT 汇报、展示学习成果。通过完成本次任务，能够较为全面地掌握 PLC 的基础知识。

任务实施

一、认识西门子 S7-200PLC 实训模块

西门子 S7-200PLC 实训模块接线端子图如图 10-1 所示。其中，M 和 L+为 PLC 模块自带的 24 直流电源，L+为电源正极，M 为电源负极。Q0.0～Q1.7 为输出端，1L、2L、3L 分别是 Q0.0～Q0.3、Q0.4～Q1.0 及 Q1.1～Q1.7 的公共端。I0.0～I2.7 为输入端，1M 和 2M 分别是 I0.0～I1.4，I1.5～I2.7 的公共端。

指示灯模块的公共端为+24 V，在接线时，该端子应接 L+，L1～L16 为指示灯的接线端，由于灯属于负载，因此要接在输出模块 Q0.0～Q1.7，根据实际需求选择输出点。1L(2L、3L)应该与 M 相连。按钮模块的公共端为 COM 端，该端子可以接电源正极，也可以接电源负极。K1～K16 为按钮的接线端，应该对应接在输入端口 I1.0～I1.7 上，1M 和 2M 要根据 COM 端接线的情况选择接 M 端还是 L+端。

二、现场演示

通过教师演示怎样使用 PLC 来完成对三相异步电动机的正反转控制，达到让学生对西门子 S7-200PLC 实训模块建立初步认识的目的。演示步骤如下：

(1)分析任务，用 PLC 控制完成三相异步电动机的正反转控制。

(2)编写 I/O 地址分配表，见表 10-1。

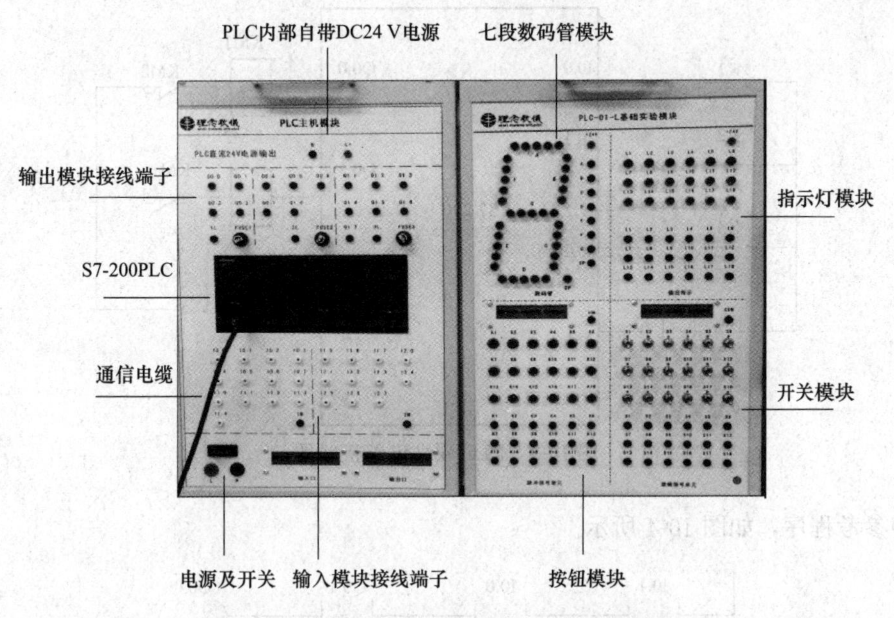

图 10-1　西门子 S7-200PLC 实训模块实物图

表 10-1　I/O 地址分配表

项目	硬件名称	元件符号	I/O 地址	控制功能
输入	按钮 1	K1	I0.0	停止
	按钮 2	K2	I0.1	正转控制
	按钮	K3	I0.2	反转控制
输出	交流接触器	KM1	Q0.0	驱动电动机正转
	交流接触器	KM2	Q0.0	驱动电动机反转

(3)根据电路原理图(图 10-2)设计 PLC 外部接线原理图(图 10-3)并完成接线。

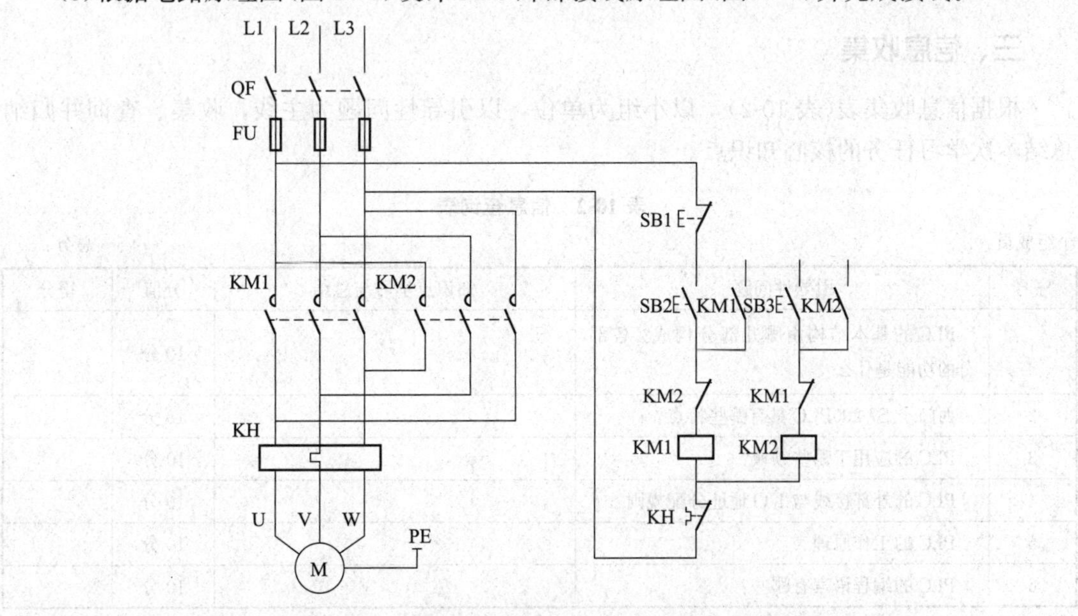

图 10-2　三相异步电动机正、反转运行控制电路

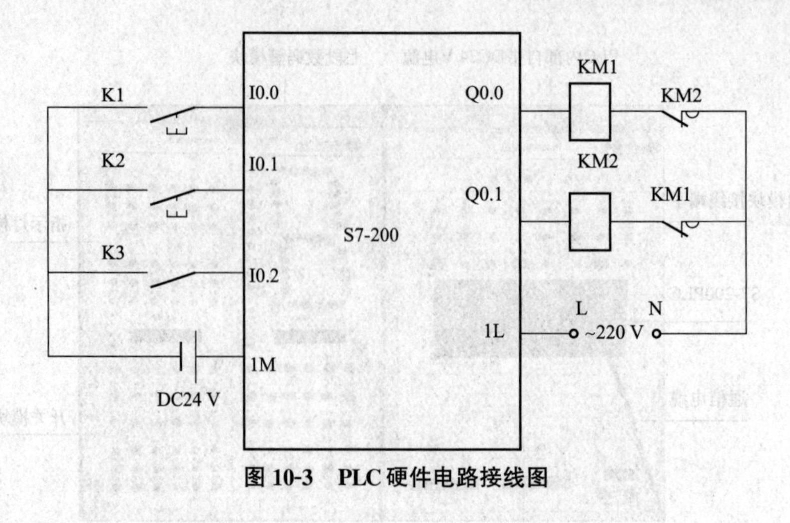

图 10-3　PLC 硬件电路接线图

(4)参考程序，如图 10-4 所示。

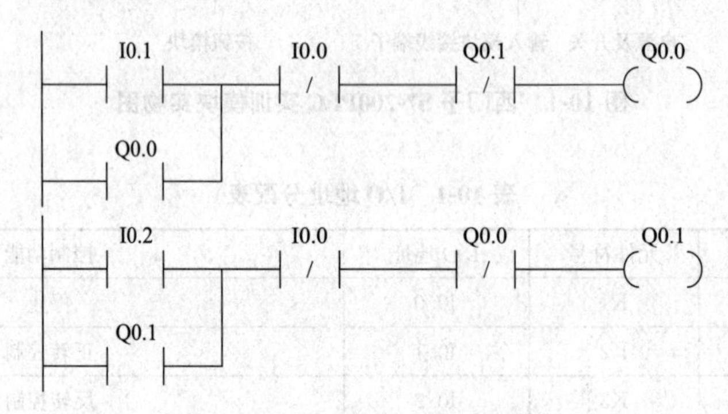

图 10-4　电动机正反转控制程序

(5)程序调试与运行。按下 K2，电动机顺时针方向转动(正转)；按下 K1，电动机停止转动；按下 K3，电动机逆时针方向转动(反转)；按下 K1，电动机停止转动。

三、信息收集

根据信息收集表(表 10-2)，以小组为单位，以引导性问题为主线，收集、查询并归纳总结本次学习任务的核心知识点。

表 10-2　信息查询表

小组成员：　　　　　　　　　　　　　　　　　　　　　　　　　　　　　总分：

序号	引导性问题	知识点学习与总结	分值	得分
1	PLC 的基本结构由哪几部分构成？各部分的功能是什么？		10 分	
2	西门子 S7-200PLC 具有哪些特点？		10 分	
3	PLC 的应用于哪些领域？		10 分	
4	PLC 的外部接线与 I/O 地址分配规则		10 分	
5	PLC 的工作原理		10 分	
6	PLC 的编程语言有哪些？		10 分	

四、学习成果展示

每个小组根据本组任务完成情况制作 PPT，对学习成果进行展示和汇报。PPT 汇报评分表见表 10-3。

表 10-3　PPT 汇报评分表

小组成员：　　　　　　　　　　　　　　　　　　　　　　　　　　　　　　　　　总分：

序号	能力考察	具体要求	分值	得分
1	专业能力	对专业知识的掌握情况	20 分	
2	非专业能力	小组分工是否明确，每名担任者的工作任务是否顺利完成	5 分	
		PPT 制作内容是否完整，展现形式能否吸引观众	5 分	
		汇报人语言表达能力、形态仪表、声音语速、语调，与观众的互动能力	5 分	
		任务实施过程和汇报内容是否有创新点	5 分	

任务评价

根据信息收集表和 PPT 汇报评分表的内容完成情况对学生进行评价，总评分为以上两项内容的总和。

知识链接

一、PLC 的诞生

20 世纪 60 年代末，诞生了一种新型的控制设备——可编程控制器(Programmable Logic Controller，PLC)。在可编程控制器出现之前，工业生产中广泛使用的电气控制系统是继电-接触器控制系统，由于其设备体积大，触点寿命短，可靠性低，接线复杂，更改、维护和排故困难等缺点，不能适应现代制造工业的飞速发展。PLC 的出现，在设备控制领域掀起一场革命，世界上许多知名的公司纷纷推出 PLC 产品，如三菱、欧姆龙、西门子、施耐德等，其性能不断提高、功能也不断完善和强大，价格不断下降，应用领域不断扩大，如自动化生产线、数控机床、电梯等。现在，PLC 与 CAD/CAM、机器人技术已成为现代制造业三大支柱。

20 世纪 60 年代末期，美国的汽车制造工业竞争异常激烈。为了适应生产工艺不断更新的需要、降低成本、缩短新产品的开发周期，美国通用汽车公司(GM 公司)在 1969 年公开招标，要求采用新的控制装置取代继电器控制装置，并提出了十项招标指标，即编程方便，现场可修改程序；维修方便采用模块化结构；可靠性高于继电器控制装置；体积小于继电器控制装置；数据可直接送入管理计算机；成本可与继电器控制装置竞争；输入可以是交流 115 V(美国市电电压标准)；输出为交流 115 V 2 A 以上能直接驱动电磁阀接触器等；在扩展时原系统只要很小变更；用户程序存储器容量至少能扩展到 4 KB。

1969年，美国数字设备公司(DEC)根据十项招标指标的要求，研制出世界上第一台可编程控制器。用它代替传统的继电-接触器控制系统，在美国通用汽车公司的自动装配线上试用获得了成功。此后，这项新技术迅速发展起来，日本和西欧国家通过引进技术，也分别于1971年和1973年研制出自己的可编程控制器。我国对此项技术的研究始于1974年，3年后进入工业应用阶段。随着PLC价格的不断降低和用户需求的不断扩大，越来越多的中小设备开始采用PLC进行控制，PLC在我国的应用增长十分迅速。

国际电工委员会(IEC)在其颁布的可编程逻辑控制器标准草案中做了如下定义："可编程控制器(PLC)是一种数字运算操作的电子系统，专为工业环境下的应用而设计。它采用可编程的存储器，用来在其内部存储执行逻辑运算、顺序控制、定时、计数和算术运算等操作的命令，并通过数字式、模拟式的输入和输出，控制各种机械或生产过程。可编程控制器及其有关设备，都按易于与工业控制系统形成一个整体，易于扩展其功能的原则设计。"

二、PLC的特点

由PLC的产生和发展过程可知，PLC的设计是站在用户立场，以用户需要为出发点，以直接应用于各种工业环境为目标，但又不断采用先进技术求发展，可编程控制器经过几十年的发展，已日臻完善。其主要特点如下。

1. 可靠性高、抗干扰能力强

PLC采用了抗干扰能力强的微处理器作为CPU，电源采用多级滤波并采用集成稳压块稳压，以适应电网电压的波动，输入、输出采用光电隔离技术及较多的屏蔽措施。另外，PLC带有硬件故障自我检测功能，出现故障时可及时发出警报信息。由于采取了以上措施，使得PLC具有很强的抗干扰能力，从而提高了整个系统的可靠性。

2. 编程简单易学

PLC的最大特点之一，就是采用易学易懂的梯形图语言。这种编程方式既继承了传统的继电-接触器控制电路的清晰直观感，又考虑到了大多数技术人员的读图习惯，即使没有计算机基础的人也很容易学会，故很容易在厂矿企业中推广使用。

3. 使用维护方便

(1)硬件配置方便。PLC的硬件都是由专门的生产厂家按一定标准和规格生产的。硬件按实际需要配置，在市场上可方便地购买。PLC的硬件配置采用模块化组合结构，使系统构成十分灵活，可根据需要任意组合。

(2)安装方便。内部不需要接线和焊接，只要编程就可以使用。

(3)使用方便。PLC内各种继电器的辅助触点在编程时没有次数限制，它采用的是PLC内部的一种数据逻辑状态，而继电-接触器控制系统中的辅助触点是一种实实在在的硬件结构，触点的数量有限。因此，PLC的输入/输出继电器与硬件有关系，具有固定的数量，应用时需考虑输入/输出点数。

(4)维护方便。PLC配有很多监控提示信号，能检查出系统自身的故障，并随时显示给操作人员且能动态地监视控制程序的执行情况，为现场的调试和维护提供了方便，而且接线少，维修时只需更换插入式模块，维护方便。

4. 体积小、质量轻、功耗低

由于PLC是专门为工业控制而设计的，其结构紧凑、坚固，体积小巧，易于装入机械设备内部，是实现机电一体化的理想控制设备。

5. 设计施工周期短

PLC 用存储逻辑代替接线逻辑，减少了控制设备外部的接线，使控制系统设计及建造的周期大为缩短，同时也易于维护。更重要的是，使同一设备经过修改程序改变生产过程成为可能，从而使其适用于多品种、小批量的生产场合。

三、PLC 的应用场合

目前，PLC 在国内外已广泛应用于钢铁、石油、化工、电力、建材、机械制造、汽车、轻纺、交通运输、环保及文化娱乐等各个行业，使用情况大致可归纳为以下几类。

1. 逻辑开关和顺序控制

逻辑开关和顺序控制是 PLC 最基本、最广泛的应用领域，它取代传统的继电-接触器电路，实现逻辑控制、顺序控制，既可用于单台设备的控制，也可用于多机群控及自动化流水线；取代传统继电-接触器控制，如机床电气、电动机控制等；也可取代顺序控制，如高炉上料、电梯控制等。

2. 运动控制

机械位移控制是指 PLC 使用专用的位移控制模块来控制驱动步进电机或伺服电机，实现对机械构件的运动控制。世界上各主要 PLC 厂家的产品几乎都有运动控制功能，广泛用于各种机械手、数控机床、机器人、电梯等场合。

3. 数据处理

现代 PLC 具有数学运算(含矩阵运算、函数运算、逻辑运算)、数据传送、数据转换、排序、查表、位操作等功能，可以完成数据的采集、分析及处理。这些数据可以与存储在存储器中的参考值比较，完成一定的控制操作，也可以利用通信功能传送到别的智能装置，或将它们打印制表。数据处理一般用于大型控制系统，如无人控制的柔性制造系统、机器人控制系统。

4. 过程控制

过程控制是指对温度、压力、流量、物位等连续变化的模拟量的闭环控制。PLC 具有 D/A、A/D 转换及算术运算功能，可实现模拟精确控制。大型的 PLC 都配有 PID(比例、积分、微分)子程序或 PID 模块，可实现单电路、多电路的调节控制。过程控制系统被广泛应用于石油、电力、化工、建材、造纸、冶金等行业的一些大型控制系统。

5. 通信联网

PLC 通信含 PLC 之间的通信及 PLC 与其他智能设备之间的通信。随着计算机控制的发展，工业自动化网络发展得很快，各 PLC 厂商都十分重视 PLC 的通信功能，纷纷推出各自的网络系统。新近生产的 PLC 都具有通信接口，通信非常方便，可以实现对整个生产过程的信息控制和管理。

四、PLC 的分类

1. 按结构形式分类

由于可编程控制器是专门为工业环境应用而设计的，为了便于现场安装和接线，其结构形式与一般计算机有很大的区别。市场上常见的 PLC 产品如图 10-5 所示。其主要有整体式和模块式两种结构形式。

(1)整体式 PLC：又称单元式或箱体式。整体式 PLC 是将电源、CPU、I/O 部件都集中装在一个机箱内。一般小型 PLC 采用这种结构。其特点是结构紧凑、体积小、质量轻、价格低。

(2)模块式 PLC：将各部分以单独的模块分开，形成独立单元，使用时可将这些单元模块分别插入机架底板的插座上。其特点是组装灵活，便于扩展，维修方便，可根据要求配置不同模块以构成不同的控制系统。一般大、中型 PLC 采用模块式结构，有的小型 PLC 也采用这种结构。

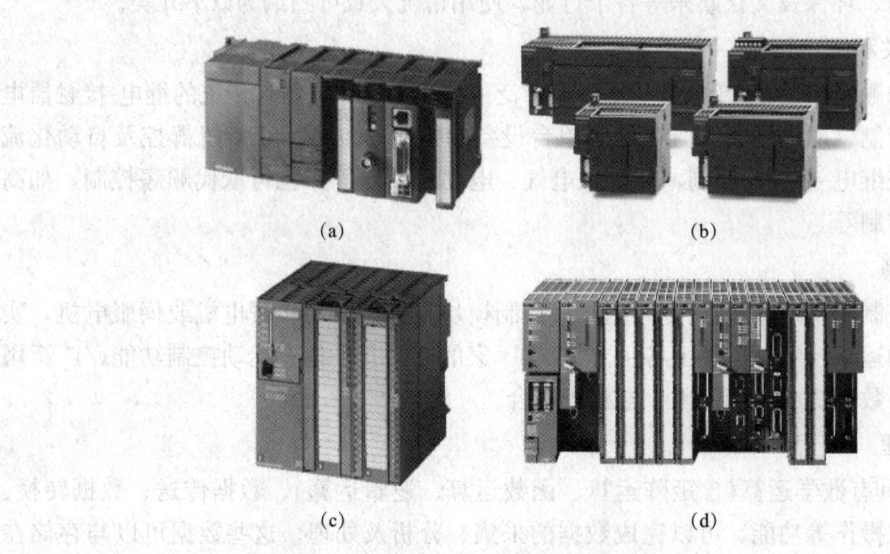

图 10-5　部分 PLC 产品外形

(a)三菱 Q 系列 PLC；(b)西门子 S7-200 系列 PLC；
(c)西门子 S7-300 系列 PLC；(d)西门子 S7-400 系列 PLC

2. 按输入/输出点数和内存容量分类

为适应不同工业生产过程的应用要求，可编程控制器能够处理的输入/输出点数是不同的。按输入/输出点数的多少和内存容量的大小，可分为微型机、小型机、中型机、大型机、超大型机等类型。

(1)I/O 点数小于 32 为微型 PLC。

(2)I/O 点数在 32～128 为微小型 PLC。

(3)I/O 点数在 128～256 为小型 PLC。

(4)I/O 点数在 256～1 024 为中型 PLC。

(5)I/O 点数大于 1 024 为大型 PLC。

(6)I/O 点数在 4 000 以上为超大型 PLC。

以上划分不包括模拟量 I/O 点数，且划分界限不是固定不变的。不同的厂家也有自己的分类方法。

五、PLC 的基本结构

PLC 主要由 CPU 模块、输入模块、输出模块和编程软件组成。其基本结构如图 10-6 所示。

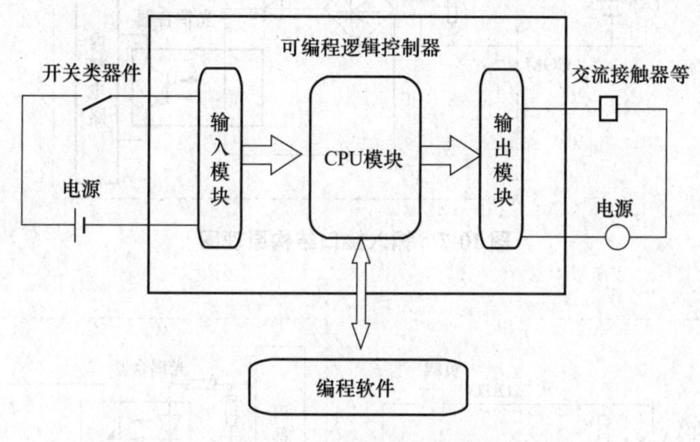

图 10-6　PLC 基本结构

1. 中央处理器(CPU)

中央处理器是可编程控制器的核心，它在系统程序的控制下，完成逻辑运算、数学运算、协调系统内部各部分工作等任务。可编程控制器中采用的 CPU 主要有通用微处理器、单片机芯片、位处理器。可编程控制器的档次越高，CPU 的位数也越多，运算速度也越快，指令功能也越强。

2. 存储器

存储器是可编程控制器存放系统程序、用户程序及运算数据的单元。与一般计算机一样，可编程控制器的存储器有只读存储器(ROM)和随机读写存储器(RAM)两大类。存储器区域按用途不同可分为程序区和数据区。程序区为用来存放用户程序的区域，一般有数千个字节。用来存放用户数据的区域一般要小一些。在数据区中，各类数据存放的位置都有严格的划分。可编程控制器的数据单元均称为继电器，如输入继电器、定时器、计数器等。不同用途的继电器在存储区中占有不同的区域。每个存储单元都有不同的地址编号。

3. 输入/输出接口

输入/输出接口(I/O)是可编程控制器和工业控制现场各类信号连接的部分。输入接口用来接收生产过程的各种参数。输出接口用来送出可编程控制器运算后得出的控制信息，并通过机外的执行机构完成工业现场的各类控制。可编程控制器接口主要有以下几种：

(1)开关量输入接口。开关量输入接口一般由光电耦合电路和微电脑输入接口电路组成。其作用是把现场的开关量信号变成可编程控制器内部处理的标准信号。按可接纳的外信号电源的类型不同可分为直流输入单元，交、直流输入单元及交流输入单元几种。参考电路如图 10-7 所示。从图中可以看出，输入接口中都有滤波电路及隔离耦合电路。

(2)开关量输出接口。开关量输出接口一般由 CPU 输出电路和功率放大电路组成。其作用是把可编程内部的标准信号转换成现场执行机构所需的开关量信号。按可编程机内使用的器件可分为继电器型、晶体管型及晶闸管型。内部参考电路如图 10-8 所示。从图中可以看出，各类输出接口中也都具有隔离耦合电路。

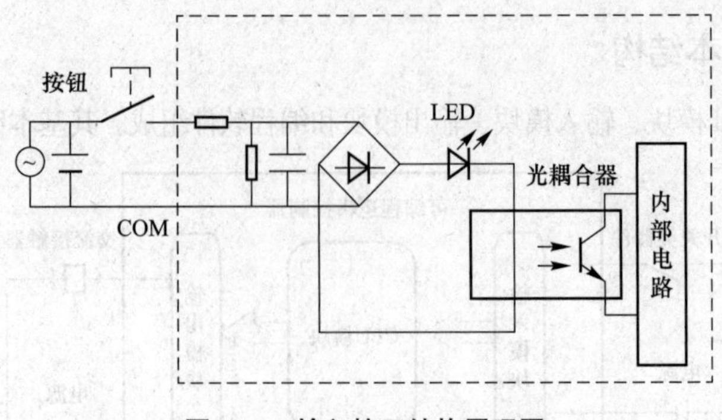

图 10-7 输入接口结构原理图

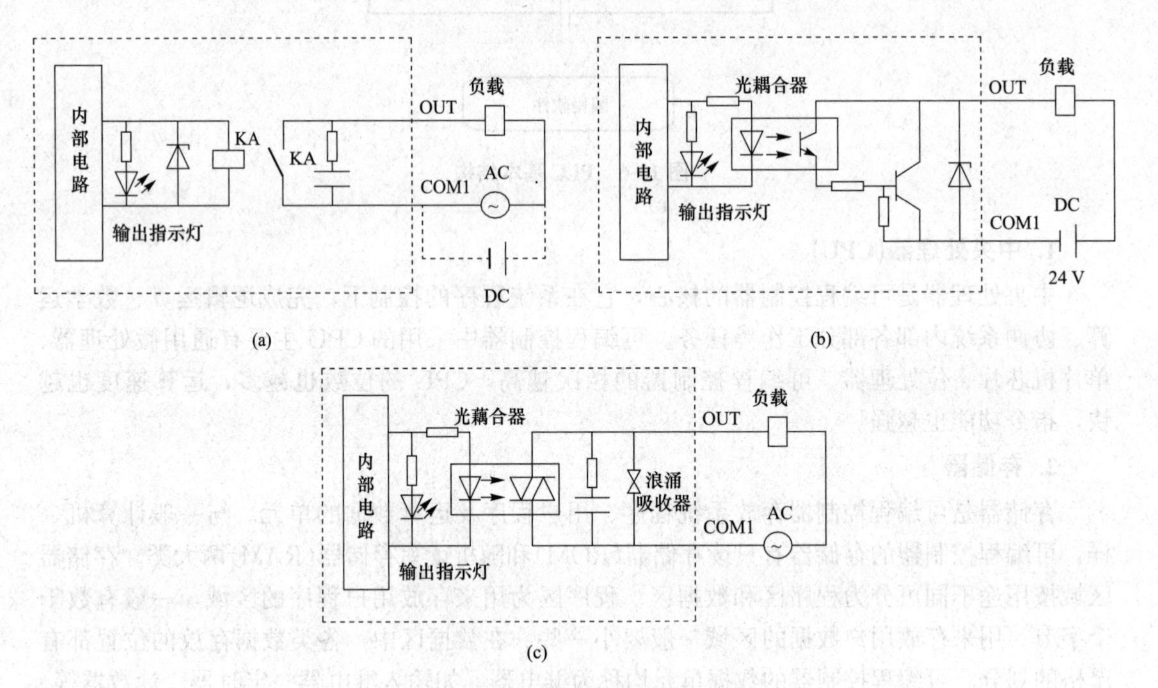

图 10-8 PLC 输出接口的输出方式

(a)继电器输出；(b)晶体管输出；(c)晶闸管输出

(3)模拟量输入接口。模拟量输入接口将现场连续变化的模拟量标准信号转换成适合可编程控制器内部处理的、由若干位二进制数字表示的信号。模拟量输入接口接收标准模拟信号，可以是电压信号或是电流信号。

(4)模拟量输出接口。模拟量输出接口将可编程控制器运算处理后的数字量信号转换为模拟量输出，以满足生产过程现场连续控制信号的需求。模拟量输出接口一般由光电隔离、D/A 转换和信号驱动等环节组成。

(5)智能输入/输出接口。为了适应较复杂的控制工作的需要，可编程控制器还有一些智能控制单元，称为功能模块，如 PID 工作单元、高速计数器工作单元、温度控制单元等。这类单元大多是独立的工作单元。它们与普通输入接口、输出接口的区别在于具有单独的 CPU，有专门的处理能力。

4. 电源

可编程控制器的电源包括为可编程控制器各工作单元供电的开关电源及为掉电保护电路供电的后备电源。后者一般为电池。

六、PLC的工作过程

当PLC投入运行后，其工作过程一般可分为五个阶段，即初始化处理、通信处理、输入采样、程序执行和输出处理，如图10-9所示。

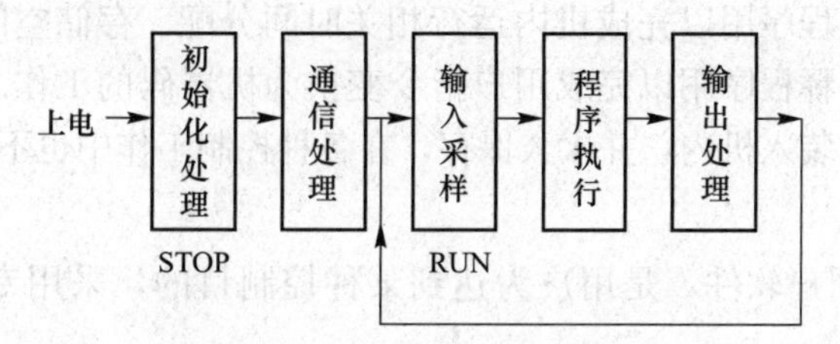

图10-9 PLC循环扫描工作过程

1. 初始化处理

初始化处理主要是PLC自检。其内容包括I/O部分、存储器、CPU等，若自诊断正常，继续向下扫描。

2. 通信处理

PLC自检结束后，检查是否有与编程器、计算机等的通信要求，若有，则进行相应处理。当上述两项结束后，通过CPU设置定时器来监视每次扫描是否超过规定的时间，发现异常停机，显示出错。

3. 输入采样

PLC在输入处理阶段，首先以扫描方式按顺序从输入锁存器中读入所有输入端子的状态或数据，并将其存入内存中的输入状态映像寄存区中，这一过程称为输入取样或输入刷新。随后关闭输入端口，进入程序执行阶段。在程序执行阶段，即使输入端状态有变化，输入状态映像寄存器区中的内容也不会改变。变化了的输入信号的状态只能在下一个扫描周期的输入刷新阶段被读入。

4. 程序执行

PLC在程序执行阶段，按用户程序顺序扫描执行每条指令，从输入状态映像寄存区中读取输入信号的状态，经过相应的运算处理后，将结果写入输出状态映像锁存区。程序执行时，CPU并不直接处理外部输入/输出接口中的信号。

5. 输出处理

同输入状态映像区一样，PLC内存中也有一块专门的区域称为输出态映像区。当程序所有指令执行完毕时，输出状态映像区中所有输出继电器的状态在CPU的控制下被一次集中送至输出锁存器中，并通过一定的输出方式输出，推动外部相应执行元件工作，这就是PLC的输出刷新阶段。

在整个运行期间，PLC的CPU以一定的扫描速度重复执行上述过程。即完成了一次工作循环。PLC的一次循环扫描(I/O刷新、程序执行和监视服务)所需时间称为扫描周期。

扫描周期的长短主要取决于三个因素：一是CPU执行指令的速度；二是每条指令占用的时间；三是执行指令条数的多少，即用户程序的长短。扫描周期越长，系统的响应速度越慢。

七、PLC的软件及编程语言

PLC的软件包含系统软件及应用软件两大部分。

1. 系统软件

系统软件是指系统的管理程序、用户指令的解释程序，还包括一些供系统调用的专用标准程序块等。系统管理程序用以完成机内运行相关时间分配、存储空间分配管理、系统自检等工作。用户指令的解释程序用以完成用户指令变换为机器码的工作。系统软件在用户使用可编程控制器之前就已装入机内，并永久保存，在各种控制工作中也不需要做更改。

2. 应用软件

应用软件也叫作用户软件，是用户为达到某种控制目的，采用专用编程语言自主编制的程序。

(1)梯形图(Ladder Diagram)。梯形图语言是一种以图形符号及图形符号在图中的相互关系表示控制关系的编程语言，是从继电器电路图演变过来的。梯形图中所绘制的图形符号和继电器电路图中的符号十分相似，而且与继电-接触器电路图的结构也十分相似。

1)梯形图中的某些编程元件沿用了继电器这一名称，如输入继电器、输出继电器、辅助继电器等，但是它们不是真实的物理继电器(即硬件继电器)，而是在软件中使用的编程元件。每一编程元件与PLC存储器中元件映像寄存器的一个存储单元相对应。

2)根据梯形图中各触点的状态和逻辑关系，求出与图中各线圈对应的编程元件的ON/OFF状态，称为梯形图的逻辑解算。逻辑解算是按梯形图中从上到下、从左至右的顺序进行的。

3)梯形图中各编程元件的常开触点和常闭触点均可以无限多次地使用。

4)输入继电器的状态唯一地取决于对应的外部输入电路的通断状态，因此，在梯形图中不能出现输入继电器的线圈。

(2)指令表(Instruction List)。指令表也叫作语句表。其与计算机程序中的汇编语言类似，由语句指令依一定的顺序排列而成。一条指令一般可分为两部分，即助记符和操作数。也只有助记符的，称为无操作数指令。指令表语言和梯形图有严格的对应关系。对指令表运用不熟悉的人可先绘制梯形图，再转换为语句表。

(3)顺序功能图(Sequential Function Chart)。顺序功能图常用来编制顺序控制类程序。其包含步、动作、转换三个要素。顺序功能编程法将一个复杂的顺序控制过程分解为一些小的工作状态，对这些小状态的功能分别处理后再将它们依顺序连接组合成整体的控制程序。顺序功能图体现了一种编程思想，在程序的编制中具有很重要的意义。

(4)功能块图。功能块图是一种类似于数字逻辑电路的编程语言，有数字电路基础的人很容易掌握。功能块图用类似于与门或门的方框来表示逻辑运算关系，方框的左侧为逻辑运算的输入变量，右侧为输出变量，输入、输出端的小圆圈表示“非”运算，方框被“导线”连接在一起，信号从左向右流动。

八、PLC外部接线

西门子S7-200PLC外部接线原理图与梯形图关系如图10-10所示。在图10-10中，外接开关的工作电压是直流 24 V，开关的一端与输入点相连接，另一端接 PLC 自带内部电源的正极。由 PLC 输入电路的结构可知，开关两端所加的电源极性不会影响输入电路工作，因此，当 1M 和电源负极相连接时，开关则应接在电源的正极上；反之则接电源负极，即要保证输入回路有电压源。在接输出回路时，要注意输出器件(即负载)的工作电压。如果负载的工作电压直流型电压，则应在输出回路接直流型电压；如果负载的工作电压为交流型工作电压；则应该接交流电压；如果负载为小功率器件，可以直接使用 PLC 模块上自带的 24 V 直流电压。

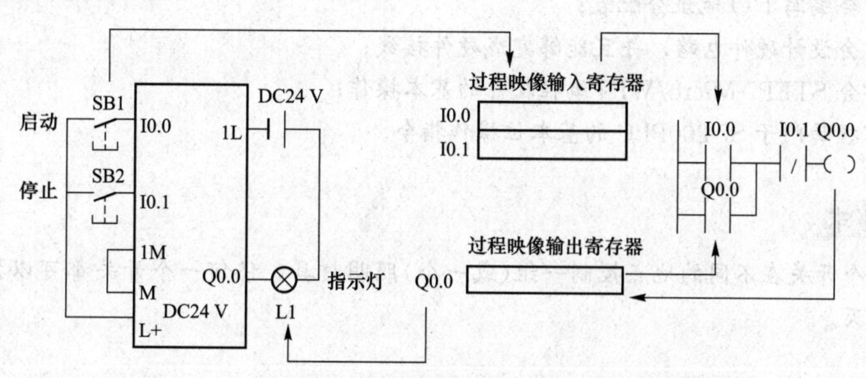

图 10-10　西门子 S7-200PLC 外部接线原理图与梯形图

任务十一　两地控制照明电路设计

学习目标

1. 学会编写 I/O 地址分配表；
2. 学会设计硬件电路，并且能够完成硬件接线；
3. 学会 STEP7-Micro/WIN 编程软件的基本操作；
4. 掌握西门子 S7-200PLC 的基本位操作指令。

任务要求

用两个开关在不同的地点控制一组(或一个)照明灯具，任何一个开关都可以控制照明灯的亮与灭。

任务实施

一、编写 I /O 地址分配表

根据任务要求，可以确定输入端要用到两个开关，输出端接一个灯，编写的 I/O 地址分配表见表 11-1。

表 11-1　照明灯两地控制系统 I/O 地址分配表

项目	硬件名称	元件符号	I/O 地址	控制功能
输入	开关 1	S1	I0. 0	控制灯
	开关 2	S2	I0. 1	控制灯
输出	灯	L1	Q0. 0	照明

二、设计硬件电路与接线

根据图 11-1 硬件接线原理图在如图11-2 所示的西门子 S7-200PLC 硬件接线端子图上完成 PLC 控制线路的连接工作。

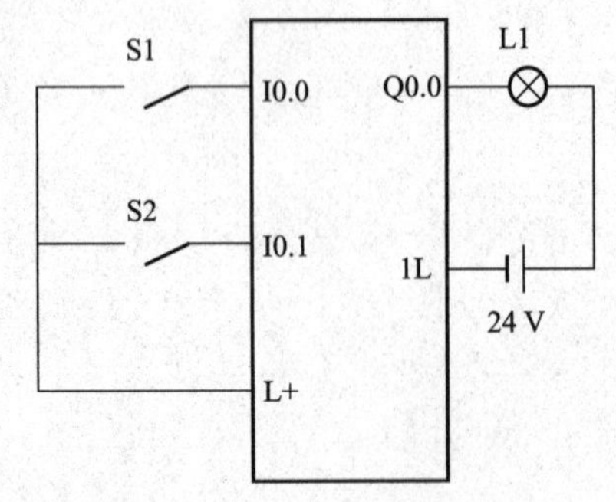

图 11-1　PLC 硬件接线原理图

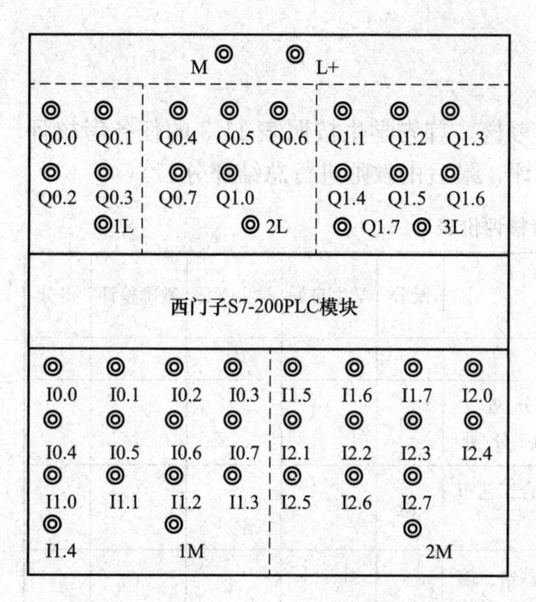

图 11-2　西门子 S7-200PLC 硬件接线端子图

三、参考程序

两地控制照明电路 PLC 控制程序如图 11-3 所示。

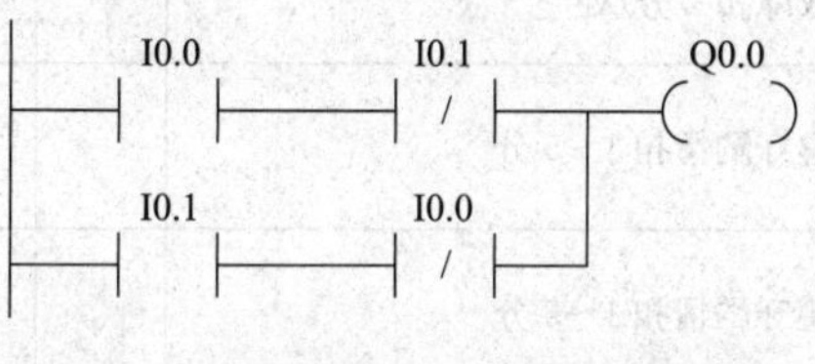

图 11-3　两地控制照明电路 PLC 控制程序

四、系统调试与排故

(1)确认接线正确后通电，将程序下载到 PLC 模块。

(2)根据任务要求进行调试，并将调试结果记录在表 11-2 中。

(3)如果调试现象与任务要求不符，再次检查电路，如电路无误，对程序进行修改，直至达到任务要求为止。

表 11-2　调试结果记录表

调试步骤	调试现象	问题与对策
按下 S1		
按下 S2		

任务评价

按时间、质量、安全、文明、环保要求进行考核。首先学生按照表 11-3 的任务考核评分，先自评，在自评的基础上，由本组的学生互评，最后由教师进行总结评分。

表 11-3　任务考核评价表

序号	考核项目	考核内容及要求	评分标准	配分	学生自评	学生互评	教师检评	得分
1	时间要求		不按时完成不得分	10				
2	质量要求	I/O 分配绘制电路	1. I/O 配置合理，错、漏扣 2 分/处 2. 绘制正确、齐全，错、漏扣 2 分/处	20				
		布线工艺	错、漏线，每处扣 2 分；不符合工艺布线标准，每处扣 2 分	10				
		程序编写	1. 符合规则、正确使用指令，错、漏扣 2 分/处 2. 软件操作正确，错扣 2 分/次	20				
		运行调试	程序调试方法正确，会排除故障，能实现控制要求。功能缺项扣 5 分/项，有创新加 5 分/项，运行错误扣 2 分/处，未排除故障扣 2 分/处	40				
3	安全要求	遵守安全操作规程	不遵守酌情扣 1～5 分					
	文明要求	遵守文明生产规则	不遵守酌情扣 1～5 分					
	环保要求	遵守环保生产规则	不遵守酌情扣 1～5 分					
注：如出现重大安全、文明、环保事故，本项目考核记为零分。								

任务总结

(1)小组讨论，将自己组员在任务完成过程中出现的问题进行总结归纳并记录。

(2)各组代表进行汇报，具体汇报内容如下：

1)小组成员分工；

2)任务实施路径与方法；

3)任务实施过程中遇到的问题及解决办法；

4)任务实施过程中的创新点；

5)通过本次任务学会了什么，自身还存在哪些不足。

(3)教师总结与评价。

拓展与巩固

1. 任务要求

用三个开关在三个不同的地点控制一盏灯，任何一个开关都可以控制灯的亮与灭。

2. 实施要求

(1)确定硬件的种类与数量，绘制 PLC 外部硬件接线图；

(2)根据接线图编写 I/O 地址分配表；

(3)编写程序；

(4)完成硬件接线，检查无误后通电调试；

(5)编写实训报告。

知识链接

一、PLC 控制设计的基本步骤

(1)认真分析任务要求，弄清楚整个控制过程中各个环节的逻辑关系。确定采用何种控制方式，根据任务功能确定输入、输出信号和输入、输出元件；了解机械运动的驱动方式，是液压、气动还是电动，运动部件与各电气执行元件之间的联系；了解系统的控制方式是全自动还是半自动，是随机的还是顺序的，控制过程是连续运动还是单周期运动，是否需要手动调节和修改参数等。另外，还要注意程序运行是否需要监控、报警、显示及故障诊断和应该采取的保护措施。

(2)确定控制系统设计方案的确定。在了解了任务功能要求以后，要确定系统设计方案。主要确定输入输出变量、设备类型、程序设计方法等。

(3)编写 I/O 地址分配表。根据 PLC 输入/输出变量选择恰当的输入/输出控制元件，计算所需的输入/输出点数，确定 PLC 的机型。编写 I/O 地址分配表，方便程序编写与调试。

(4)根据任务要求设计硬件电路接线原理图。根据所选的 PLC 的机型和 I/O 地址分配表，绘制 PLC 输入/输出接线原理图。输入/输出元件的布置应该尽量考虑布线、接线的方便，同一类电气元件应尽量排在一起，这样有利于梯形图的编程。

(5)编写程序。PLC 的编程语言主要有梯形图、指令表、顺序功能图、功能块图等，用户可根据自己的编程习惯选择采用何种方式进行编程，但是在选择控制方式的时候，要依据任务的具体要求。例如，机械手控制系统就宜采用顺序功能图法。

(6)安装硬件电路，调试程序。将程序下载到 PLC 模块中，根据设计的电路进行电气控制元件的安装与接线，在电气控制设备上进行调试。

二、PLC 控制设计的基本原则

PLC 在电气控制系统中是控制系统的核心部件。因此，PLC 的控制性能是关系到整个控制系统是否能正常、安全、可靠、高效运行的关键所在。在设计 PLC 控制系统时，应遵循以下基本原则：

(1)最大限度地满足被控对象的控制要求；

(2)力求控制系统简单、经济、实用、维修方便；

(3)保证控制系统的安全、可靠性；

(4)操作简单、方便，并考虑有防止误操作的安全措施；

(5)满足 PLC 的各项技术指标和环境要求。

三、西门子 STEP7-Micro/WIN 编程软件基本操作

1. 编程软件的操作界面

(1)指令树与浏览条。如图 11-4 所示是 STEP7-Micro/WIN 的界面。指令树是包含所有项目对象和所有指令的树型视图。用鼠标左键双击指令树中的某个对象，将会打开对应的窗口。

单击指令树中文件夹左边带加、减号的小方框，可以打开或关闭该文件夹。也可以双击某个文件夹打开或关闭它。右键单击指令树中的某个文件夹，可以用快捷菜单中的命令作打开、插入等操作，允许的操作与具体的文件夹有关。右键单击文件中的某个对象，可以进行打开、剪切、复制、粘贴、插入、删除、重命名、设置属性等操作，允许的操作与具体的对象有关。

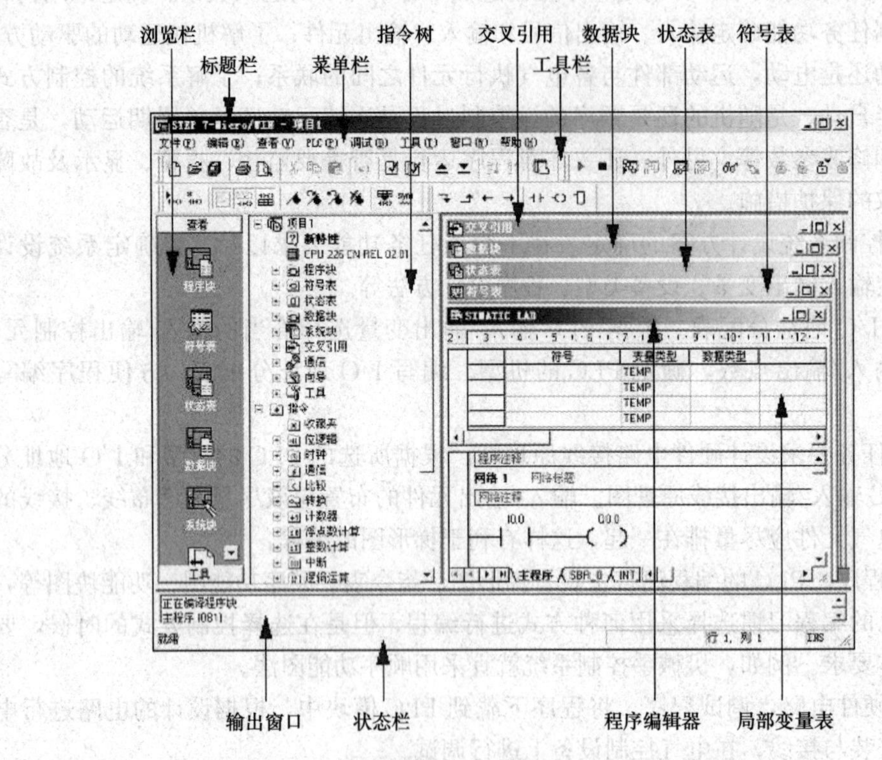

图 11-4　西门子 STEP7-Micro/WIN 编程软件界面

(2)程序编辑器。程序编辑器窗口包含局部变量表和程序视图。局部变量表用来对局部变量赋值，局部变量仅限于在它所在的程序中使用。

将光标放到局部变量表和程序视图之间的分裂条上，光标变为垂直方向的双向箭头，按住鼠标左键上下移动鼠标，可以改变分裂条的位置。单击程序编辑窗口底部的选项卡，

可以选择显示哪一个程序。

(3)输出窗口。在编译程序或指令库后，输出窗口提供编译的信息。用鼠标左键双击输出窗口中某条程序编译后的错误信息，将会在程序编辑器窗口中显示错误所在的程序块和网络。

(4)状态栏。状态栏位于主窗口底部，提供软件中执行的操作的状态信息。如光标所在的网络号、网络中的行号和列号，当前是插入模式还是覆盖模式。

(5)项目的组成。项目包括下列基本组件：

1)程序块。程序块由可执行的代码和注释组成。可执行的代码由主程序(OBI)、可选子程序和中断程序组成。

2)数据块。数据块用来对V存储器(变量存储器)赋初值。

3)系统块。系统块用来设置系统的参数，系统块下载到PLC后才起作用。

4)符号表。符号表允许程序员使用符号代替存储器的地址，符号地址便于记忆，使程序更容易理解。符号表中定义的符号为全局变量，可以用于所有的程序。程序编译后下载到PLC时，所有的符号地址被转换为绝对地址，符号信息不会下载到PLC。

5)状态表。状态表用表格或趋势图来监视、修改和强制程序执行时指定的变量的状态，状态表并不下载到PLC。

6)交叉应用表。交叉引用表用于检查程序中地址的赋值情况，可以防止无意间的重复赋值。

2. 生成用户程序

(1)创建项目或打开已有的项目。在为控制系统编程之前，首先应创建一个项目。执行菜单命令“文件”→“新建”，或者单击工具栏最左边的“新建项目”按钮，生成一个新的项目。执行菜单命令“文件”→“另存为”，可以修改项目的名称和项目文件所在的文件夹。执行菜单命令“文件”→“打开”，可以打开已有的项目。项目存放在扩展名为mwp的文件中。

(2)编写用户程序。生成新项目以后，自动打开主程序(OB1)，网络1最左边的箭头处有一个矩形光标，这时用户就可以根据任务要求编写程序了。选择工具栏或指令树中指令，放置到网络中相应的位置，并且对指令进行地址赋值、设置参数等操作。

(3)程序编译与下载。程序编写完成后，单击工具栏上的“编译”按钮，即可对程序进行编译。如果程序有语法错误，编译后在编辑器下面出现的输出窗口将会显示错误和警告个数，各条错误的原因和它们在程序中的位置。必须将错误改正后才能下载到PLC。

程序编译无错误后，单击工具栏上的“下载”按钮，程序会下载到PLC。如果需要将已经下载到PLC的程序显示出来，则单击工具栏的“上载”按钮进行相应的操作。值得注意的是，无论上载程序还是下载程序，都必须在PLC与电脑通信连接成功的状态下进行。

(4)用编程软件监控与调试程序。在调试程序的过程中，可以单击工具栏上的“程序状态监控”按钮来启动程序状态监控功能。这样可以方便观察程序运行状态和排查程序故障。

四、数据类型

数据类型定义数据的长度(位数)和表示方法。西门子S7-200PLC的指令对操作数的数据类型有严格要求，因此，在使用功能指令时要注意操作数的类别一定要与指令的类别相匹配。

1. 位(bit)

位数据的类型为布尔型，布尔变量的值为二进制的 1 和 0。布尔变量的地址由字节地址和位地址组成。例如，I1.2 中 I 是存储区域标识符，表示过程映像输入寄存器；1 是字节地址；2 是位地址，如图 11-5 所示。

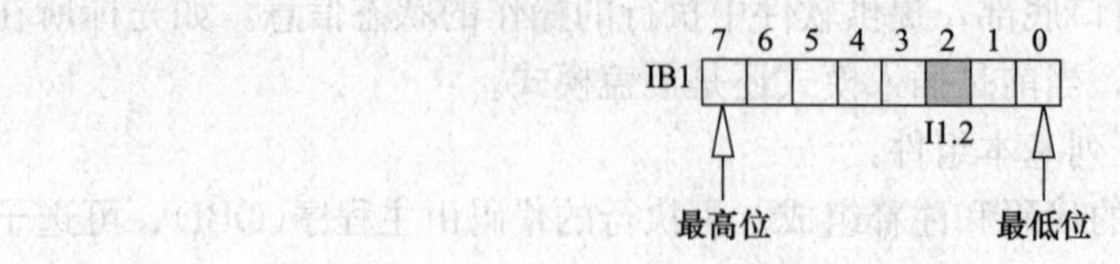

图 11-5 位数据与字节

2. 字节(Byte，缩写 B)

一个字节由 8 个位数据组成，IB1 由 I1.0～I1.7 这 8 位组成。I1.0 是 IB1 这个字节的最低位；I1.7 为它的最高位。PLC 在存储数据的时候，从最低位依次往最高位存储。

3. 字(W)和双字(DW)

一个字由相邻的两个字节组成，占 16 位存储空间。例如，QW0 由 QB0 和 QB1 这两个相邻的字节组成。QB0 是高有效字节；QB1 是低有效字节；Q 表示区域标识符，W 代表数据类型为字形，0 是高有效字节的地址。

4. 整数(I)和双整数(DI)

整数和双整数都是有符号数，整数占 16 位的存储空间，双整数占 32 位存储空间。

5. 实数

实数又称为浮点数，占 32 位的存储空间。例如，20 和 20.0 从数值大小上来比较是一样大的，但是 20 是整数类型，占 16 位，而 20.0 是实数类型，占 31 位。

五、CPU 的存储区

1. 过程映像输入寄存器(I)

在每个扫描周期的开始，CPU 对物理输入点进行采样，用过程印象输入寄存器来保存采样值。过程映像输入寄存器是 PLC 接收外部输入的数字量信号的窗口。外部输入电路接通时对应的过程映像输入寄存器为 ON(1 状态)；反之为 OFF(0 状态)。输入端可以外接常开触点或常闭触点，也可以接多个触点组成的串并联电路。在梯形图中，可以多次使用输入位的常开触点和常闭触点。

2. 过程映像输出寄存器(Q)

在扫描周期的末尾，CPU 将过程映像输出寄存器的数据传送给输出模块，再由后者驱动外部电路。如果梯形图中 Q0.0 的线圈“通电”，继电器型输出模块中对应的硬件继电器的常开触点闭合，使接在 Q0.0 对应端子的外部负载通电；反之，则该外部负载断电。输出模块中的每一个硬件继电器仅有一对常开触点，但是在梯形图中，每一个输出位的常开触点和常闭触点都可以多次使用。

3. 变量存储区(V)

变量存储区用来在程序执行过程中存放中间结果，或者用来保存于过程或任务有关的其他数据。

4. 位存储区(M)

位存储区类似于继电器控制系统中的中间继电器，用来存储中间状态或其他控制信息。西门子 S7-200PLC 的 M 存储区只有 32 B，如果不够用可以用 V 存储区来代替 M 存储区。

5. 定时器存储区(T)

定时器相当于继电器系统中的时间继电器。西门子 S7-200 有三种时间基准(1 ms、10 ms、100 ms)的定时器。定时器的当前值为 16 位有符号整数，用于存储定时器累计的时间基准增量值(1～32 767)。用定时器地址来访问计数器的当前值和计数器位。带位操作数的指令来访问定时器位，带字操作数的指令访问当前值。

6. 计数器存储区(C)

计数器用来累计其计数输入脉冲电平由低到高(上升沿)的次数，西门子 S7-200 有加计数器、减计数器和加减计数器。计数器的当前值为 16 位有符号整数，用来存放累计的脉冲数(1～32 767)。用计数器地址来访问计数器的当前值和计数器位。带位操作数的指令来访问计数器位，带字操作数的指令访问当前值。

7. 累加器(AC)

累加器是可以像存储器那样使用的存储单元，CPU 提供了 4 个 32 位的累加器(AC0～AC3)，可以按字节、字和双字来访问累加器中的数据。按字节、字只能访问累加器的低 8 位或低 16 位，按双字访问全部的 32 位，访问的数据长度由字节决定。累加器主要用来临时保存中间运算结果。

8. 特殊存储器(SM)

特殊存储器用于 CPU 与用户之间交换信息，例如，SM0.0 一直为 ON，SM0.1 仅在执行用户程序的第一个扫描周期为 ON。SM0.4 和 SM0.5 分别提供周期为 1 min 和 1 s 的时钟脉冲。SM1.0 和 SM1.1 分别是零标志和溢出标志。

9. 局部存储器区域(L)

局部变量存储器简称为 L 存储器，仅在它被创建的 POU 中有效，各 POU 不能访问别的 POU 的局部存储器。局部存储器作为暂时存储器，或用于子程序的输入、输出参数。变量存储区(V)是全局存储器，可以被所有的 POU 访问。

10. 顺序控制继电器(S)

顺序控制继电器(SCR)位用于组织设备的顺序操作，与顺序控制继电器指令配合使用。

11. CPU 存储器的范围

存储器的范围有 I0.0～I15.7；Q0.0～Q15.7；M0.0～M31.7；S0.0～S31.7；T0～T255；C0～C255；L0.0～L63.7；AC0～AC3。

六、西门子 S7-200PLC 基本位操作指令

1. 位逻辑控制指令

位逻辑控制指令属于基本逻辑控制指令，是专门针对位逻辑量进行逻辑运算的指令，其与电气控制中的继电器的逻辑控制十分相似，详见表 11-4。

表 11-4　部分位逻辑指令功能说明

指令名称	梯形图符号	指令表格式	指令功能
装载	I0.0 ─┤ ├─	LD bit	与左母线相连，开始一个网络块中的位逻辑运算，它的通断状态与对应地址的硬件状态相同
非装载	I0.0 ─┤ / ├─	LDN bit	与左母线相连，开始一个网络块中的位逻辑运算，它的通断状态与对应地址的硬件状态相反
线圈驱动	Q0.0 ─( )	＝bit	线圈得电后驱动负载工作，工作原理和交流接触器相同，即线圈通电后它的常开触点闭合，常闭触点断开，断电后恢复原态
置位指令	bit ─(S) N	S bit，N	bit 表示操作数的起始地址，表示对从起始地址开始的 N 个连续地址进行强制置 1
复位指令	bit ─(R) N	R bit，N	bit 表示操作数的起始地址，表示对从起始地址开始的 N 个连续地址进行强制置 0

西门子 S7-200PLC 指令使用说明如下：

(1)内部输入触点(I)的闭合与断开仅与输入映像寄存器相应位的状态有关，而与外部输入按钮、接触器、继电器的常开/常闭接法无关。如果过程映像输入寄存器相应位为 1，则内部常开触点闭合，常闭断开；当过程映像输入寄存器相应位为 0，则内部常开触点断开，常开触点闭合。

(2)线圈驱动指令可以驱动多个线圈，如图 11-6 所示。

(3)在程序中不允许线圈重复，即同一编号的线圈在程序中多次使用。因为 PLC 在运算时仅将输出结果置于过程映像输出寄存器中，在所有程序运算均结束后才一同输出，所以在线圈重复输出时，后面的运算结果会覆盖前面的运算结果，这样输出就会有误动作现象，因此，要避免线圈重复。如图 11-7 所示，这种情况就称为线圈重复。

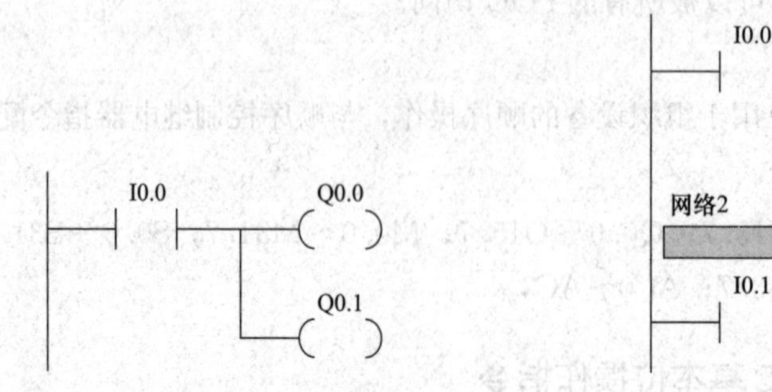

图 11-6　单个触点驱动多个线圈　　　　图 11-7　程序中的线圈

(4)实际应用中的交流接触器等器件的触点数有限，但是软件中线圈的触点可以多次使用，线圈虽然不能重复，但是线圈的触点可以重复使用。

(5)编写程序时，从左母线开始，右母线省略。线圈和指令盒不能直接接在左母线上，如果确实需要无条件执行线圈或者指令盒，可以用特殊标志位存储器 SM0.0 来作为驱动条件。

2. 置位指令与复位指令

(1)指定触点一旦被置位，则保持接通状态，直到对其进行复位操作；而指定触点一旦被复位，则变为断开状态，直到对其进行置位操作。

(2)如果对定时器和计数器进行复位操作，则被指定的 T 或 C 被复位，同时，其当前值被清零。

(3)S、R 指令可多次使用相同编号的各类触点，使用次数不限，如图 11-8 所示。

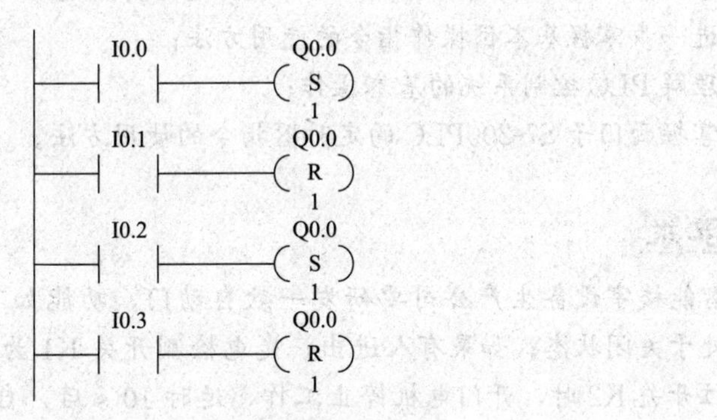

图 11-8　S、R 指令对同一线圈的多次设置

任务十二　自动门控制系统设计

学习目标

1. 学会编写I/O地址分配表，设计硬件电路并且能够正确接线；
2. 进一步掌握基本位操作指令的使用方法；
3. 理解PLC控制系统的基本操作；
4. 掌握西门子S7-200PLC的定时器指令的使用方法。

任务要求

某智能楼宇设备生产公司要研发一款自动门，功能如下：在没有人进出门的状态下，自动门处于关闭状态；如果有人进出，光电检测开关K1为ON，此时开门电机开始工作，碰到限位开关K2时，开门电机停止工作，延时10 s后，自动门的关门电机开始工作，关门时碰到限位开关K3，关门电机停止工作。

任务实施

一、编写I/O地址分配表

根据任务要求，可以确定输入端要用到两个开关，输出端接一个灯，编写的I/O地址分配表见表12-1。

表12-1　I/O地址分配表

项目	硬件名称	元件符号	I/O地址	控制功能
输入	光电开关	K1	I0.0	检测是否有人经过
	开门限位开关	K2	I0.1	开门控制及极限保护
	开门限位开关	K3	I0.2	关门控制及极限保护
输出	开门电机	M1	Q0.0	开门
	关门电机	M2	Q0.1	关门

二、设计硬件电路与接线

自动门控制系统PLC控制图，如图12-1所示。根据图12-1硬件接线原理图在如图12-2所示的接线端子图上完成PLC控制线路的连接工作。

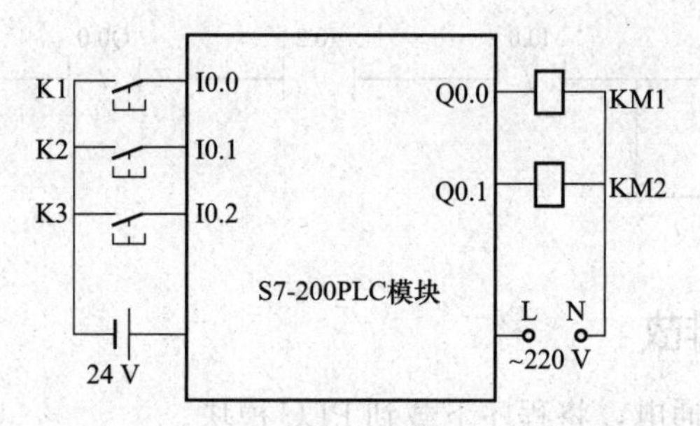

图 12-1　自动门控制系统硬件接线图

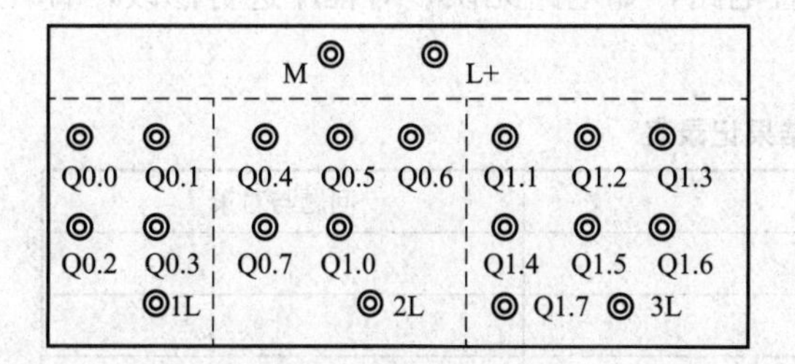

+24 V
L1 L2 L3 L4 L5 L6 L7 L8
L9 L10 L11 L12 L13 L14 L15 L16

西门子S7-200PLC模块

I0.0 I0.1 I0.2 I0.3 I1.5 I1.6 I1.7 I2.0
I0.4 I0.5 I0.6 I0.7 I2.1 I2.2 I2.3 I2.4
I1.0 I1.1 I1.2 I1.3 I2.5 I2.6 I2.7
I1.4 1M 2M

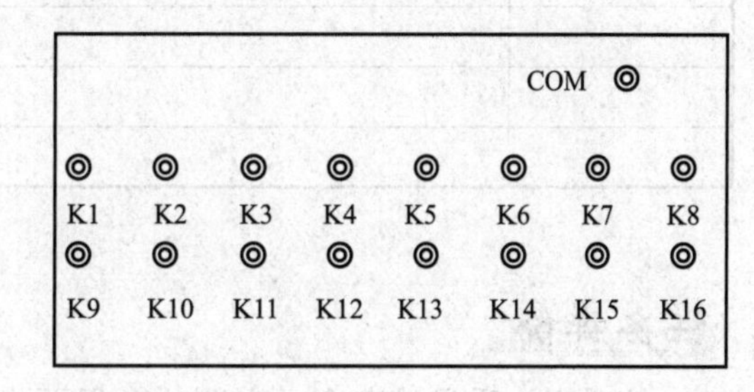

图 12-2　西门子 S7-200PLC 接线端子图

三、参考程序

自动门控制系统参考程序，如图 12-3 所示。

程序 1：当有人进出时，自动开门。

I0.0　I0.1　Q0.0
Q0.0

程序 2：开门延时时间。

I0.1　T37
IN　TON
100-PT　100 ms

程序 3：延时时间到，自动关门，在关门的过程中检测到有人就停止关门。

T37 I0.0 I0.2 Q0.0 Q0.1

Q0.1

四、系统调试与排故

(1)确认接线正确后通电，将程序下载到 PLC 模块。

(2)根据任务要求进行调试，并将调试结果记录在表 12-2 中。

(3)如果调试现象与任务要求不符，再次检查电路，如电路无误，对程序进行修改，直至达到任务要求为止。

表 12-2　调试结果记录表

调试步骤	调试现象	问题与对策
按下 S1		
按下 K1		
按下 K2		

任务评价

按时间、质量、安全、文明、环保要求进行考核。首先学生按照表 11-3 任务考核评分，先自评，在自评的基础上，由本组的学生互评，最后由教师进行总结评分。

任务总结

(1)小组讨论，将自己组员在任务完成过程中出现的问题进行总结归纳并记录。

(2)各组代表进行汇报，具体汇报内容如下：

1)小组成员分工；

2)任务实施路径与方法；

3)任务实施过程中遇到的问题及解决办法；

4)任务实施过程中的创新点；

5)通过本次任务学到的知识，以及自身存在的不足。

(3)教师总结与评价。

拓展与巩固

1. 任务要求

利用定时器和基本功能指令编写运料车自动装、卸物料的控制程序。其控制要求如下：

(1)某运料车可在 A、B 两地往复运动。运料车在启动后，自动返回 A 地停止，同时控制料斗门的电磁阀 Y1 打开，开始下料。1 min 后，电磁 Y1 断开，关闭料斗门，运料车自动向 B 地运行，到达 B 地后停止，小车底门由电磁阀 Y2 控制打开，开始卸料。50 s 后，运料车底门关闭，开始返回 A 地。之后重复运行。

(2)运料车在运行过程中，可用手动开关使其停车。再次启动后，可重复上述工作过程。

2. 实施要求

(1)确定硬件的种类与数量，绘制 PLC 外部硬件接线图；

(2)根据接线图编写 I/O 地址分配表；

(3)编写程序；

(4)完成硬件接线，检查无误后通电调试；

(5)编写实训报告。

3. 课后思考

小车在运料动作的控制要求有无缺陷？应该怎样改进？

知识链接

一、定时器指令

定时器由集成电路构成，是 PLC 中的重要硬件编程元件。编程时，需要向定时器提前输入时间预设值，在满足输入条件时定时器开始计时，当前是从 0 开始按一定的时间单位增加，当定时器的当前值达到预设值时，它对应的常开触点闭合，常闭触点断开。利用定时器可以得到控制所需的延时时间。

西门子 S7-200PLC 提供了 3 种定时器指令，即：通电延时定时器：TON；有记忆通电延时定时器：TONR；断电延时定时器：TOF。定时器的分辨率也有 1 ms、10 ms、100 ms 3 个等级。西门子 S7-200PLC 共有 256 个定时器，编号为 T0～T255，不同的定时器编号代表不同的定时器类型和不同的分辨率。TON 和 TOF 的定时器编号相同，但是在同一程序中，定时器号不能相同，否则程序调试会出错，详见表 12-3、表 12-4。

表 12-3 定时器的分类

类型	分辨率	定时范围	定时器号
TONR	1 ms	32.767 s	T0 和 T64
	10 ms	327.67 s	T1～T4 和 T65～T68
	100 ms	3 276.7 s	T5～T31 和 T69～T95
TONTOF	1 ms	32.767 s	T32 和 T96
	10 ms	327.67 s	T33～T36 和 T97～T100
	100 ms	3 276.7 s	T37～T63 和 T101～T255

表 12-4 定时器的梯形图、指令表格式

定时器类别	梯形图符号(举例)	指令表格式	指令功能
TON	T37 IN TON 10-PT 100 ms	TON Tn，PT	当 IN 端接通时，该定时器开始定时，当前值大于预设值 PT 时，TON 的触点动作，常开触点闭合，常闭触点断开。当 IN 端断开时，定时器的当前值归零，触点恢复原态
TONR	T3 IN TONR 50-PT 10 ms	TONR Tn，PT	当 IN 端接通时，该定时器开始定时，当前值大于预设值 PT 时，TONR 的触点动作。当 IN 端断开时，定时器的当前值不会归零，触点恢复原态。要使 TONP 的当前值归零，必须使用复位指令对该定时进行复位
TOF	T96 IN TOF 200-PT 1 ms	TOF Tn，PT	当 IN 端接通时，定时器的常开触点闭合，常闭触点断开，当前值被归零。当 IN 端再次断开时，定时器开始定时，当前值从 0 开始增大，大于等于预设值时，定时器的触点开始动作

定时时间计算：

$T=PT\times S$（T 为实际定时时间，PT 为预设值，S 为定时器的分辨率）

例如，TON 指令用定时器 T39，预设值为 200，则实际定时时间为

$$T=200\times 100\ \text{ms}=20(\text{s})$$

定时器的操作数有 3 个，定时器编号(T×××)、预设值(PT)和使能输入(IN)。预设值 PT 数据类型为 INT 型，操作数可以是 VW、IW、QW、MW、SW、SMW、LW、AIW、T、C、AC、* VD、* AC、 * LD 和常数。使能输入 IN(只对 LAD 和 FBD)：BOOL 型，可以是 I、Q、M、SM、T、C、V、S、L 和能流。可以用复位指令来对 3 种定时器复位，复位指令的执行结果是：使定时器位变为 OFF，定时器当前值变为 0。

定时器号由定时器名称和常数表示，即 Tn，如 T37。定时器号包括定时器的类型和分辨率两个信息。定时器存储器用于存放定时器的当前值，当前值是定时器当前所累积的时间，它是一个 16 位的存储器，存储 16 位带有符号的整数，最大值为 32 767。

对于 TONR 和 TON，当定时器的当前值等于或大于预设值时，该定时器位(即触点)被置 1，对应的定时器的常开触点闭合，常闭触点断开。对于 TOF，当输入 IN 端接通时，定时器位被置 1，当输入信号由高变低负跳变时，启动定时器，达到预设值 PT 时，定时器位断开。

二、使用定时器指令注意事项

(1)定时器精度高(1 ms)时，定时时间范围小(0～32.767 s)；而定时范围大时(0～3 276.7 s)，精度低(100 ms)，应恰当地使用不同精度等级的定时器，以便适用于不同现场要求。

(2)对于断开延时定时器(TOF)，必须在 IN 端有一个负跳变，也是就从高电平变到低电平的过程，定时器才能启动计时。

(3)在程序中，既可以访问定时器位，又可以访问定时器的当前值，但都是通过定时器

编号 Tn 实现。使用位逻辑指令则访问定时位，使用功能指令则访问定时器的当前值。

(4)由于不同精度的定时器的刷新方式有区别，所以在定时器复位方式选择上不能简单地使用定时器本身的常闭触点。如图 12-3 所示，同样的程序内容，使用不同精度的定时器，有些是正确的，有些是错误的。

例如，在图 12-3 中，若为 1 ms 定时器，则图 12-3(a)是错误的。只有在定时器当前值与预设值相等的那次刷新发生在定时器的常闭触点执行后到常开触点执行前的区间时，Q0.0 才能产生宽度为一个扫描周期的脉冲，而这种可能性极小。图 12-3(b)是正确的。

若为 10 ms 定时器，图 12-3(a)也是错误的。因为该种定时器每次扫描开始时刷新当前值，所以，Q0.0 永远不可能为 ON，因此也不会产生脉冲。若要产生脉冲则要使用图 12-3(b)的程序。

若为 100 ms 定时器，则图 12-3(a)是正确的。在执行程序中的定时器指令时，当前值才被刷新，若该次刷新使当前值等于预设值，则定时器的常开触点闭合，Q0.0 接通。下一次扫描时，定时器又被触点复位，常开触点断开，Q0.0 断开，由此产生宽度为一个扫描周期脉冲。而使用图 12-3(b)的程序也是正确的。

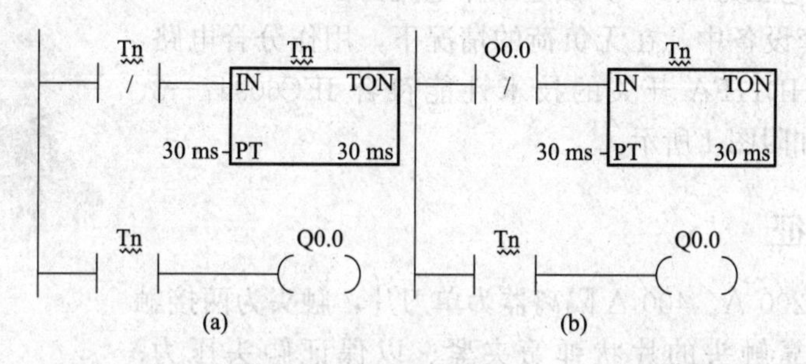

图 12-3　使用定时器指令定时生成宽度为一个扫描周期的脉冲

(a)错误；(b)正确

附　　录

附录一　HD11FA 刀开关(防误型隔离器)

一、开关简介

HD11FA 刀开关(防误型隔离器)适用于额定绝缘电压为 660 V，额定工作电压为 400 V，额定工作电流为 200～1 600 A，主要用于低压成套设备中，在无负荷的情况下，用作分合电路，隔离电源之用。HD11FA 开关的技术性能符合 IEC60947—3、HD11FA 刀开关如附图 1 所示。

附图 1

二、结构特征

HD11F 中的 200 A、400 A 隔离器为单刀片，触头为两接触片铆合，合闸时靠触头的片状弹簧夹紧、以保证触头压力；600A、1 000 A、1 600 A 为双刀片，外侧有片状弹簧压紧保证可靠的接触压力，刀片转动部分由弹性球面垫圈压紧。本系列隔离器操作手柄，采用盖板式结构，刀片直接固定在绝缘盖板上，能够防止操作人员在操作过程中触及隔离器的带电部分。在隔离器安装板上装有 LXI9B 行程开关，由盖板断开，闭合位置控制行程开关触头状态，在结构上保证行程开关常闭触头先于触头而断开，后于主触头而闭合。

本系列隔离器还具有锁扣机构，可通过锁扣机构进行锁定，使隔离器不能断开操作，并能承受短时冲击电流可产生的误动作。若进行断开操作时，需通过解锁机构进行解锁，解锁后方可进行断开操作。

三、型号及含义

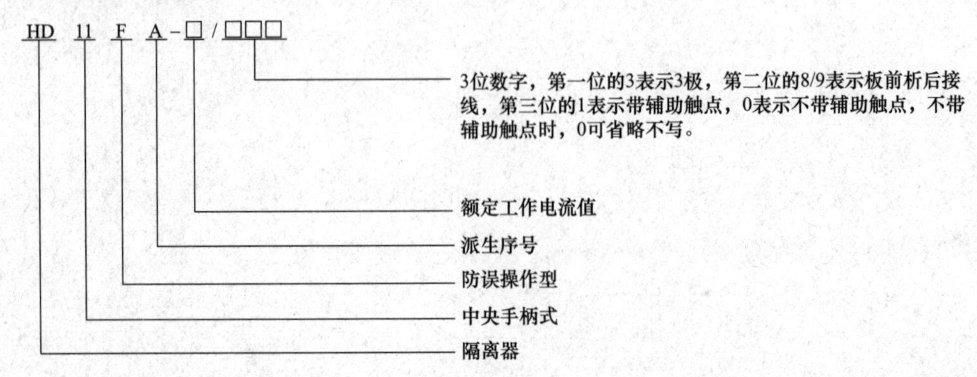

HD11FA 刀开关的常见型号：HD11FA-200/38、HD11DA-400/38、HD11FA-630/38、HD11FA－1000/38、HD11FA-1600/38。

四、主要技术参数

主要技术参数见附表 1。

附表 1

额定工作电压/V	约定发热电流/A	额定短时耐受电流有效值/kA	功率因数 cosϕ	峰值与有效值之比	通电时间/s
AC400	200	10	0.3	1.7	1
	400	20	0.3	2.0	
	630(600)	20	0.3	2.0	
	1 000	25	0.25	2.1	
	1 600(1 500)	32	0.25	—	

五、外形与安装尺寸

(1)HD11FA－200～HD11FA－1600 A 板前接线外形与安装尺寸(附图 2、附表 2)。

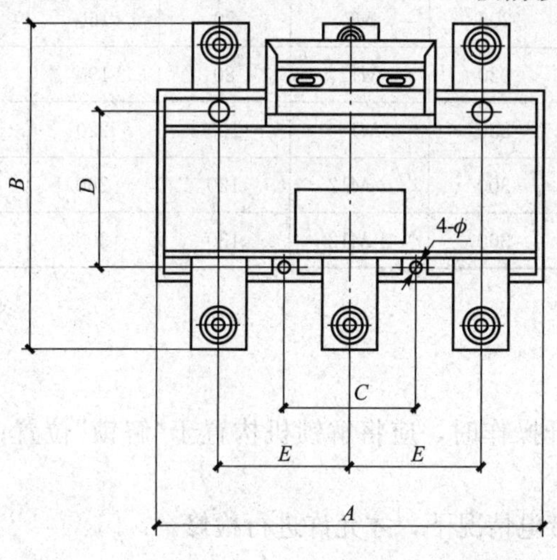

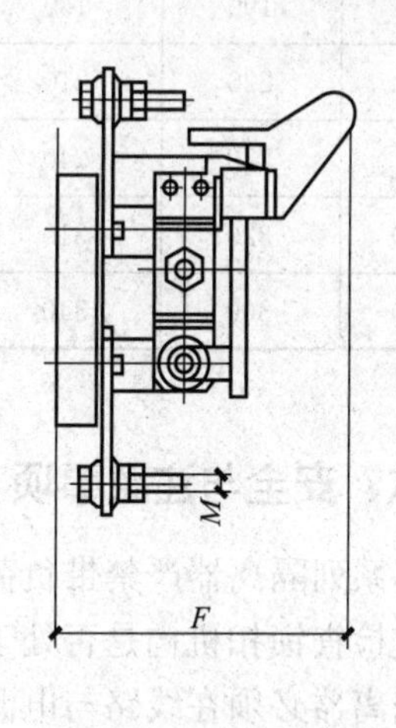

附图 2

附表 2

额定工作电流/A	外形尺寸/mm					安装尺寸		
	A	B	E	F	M	C	D	ϕ
200	190	204	70	152	M8	70	140	ϕ7
400	210	248	80	163	M12	80	190	ϕ7
630	260	282	100	168	M16	100	140	ϕ9
1 000	310	304	120	192	2-M12	120	140	ϕ9
1 600	350	335	130	210	4-M12	130	150	ϕ11

(2)HD11FA200～1600139 板前接线外形与安装尺寸(附图 3、附表 3)。

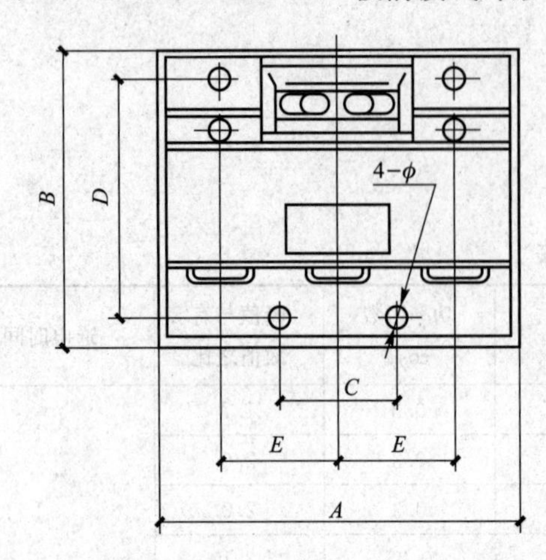

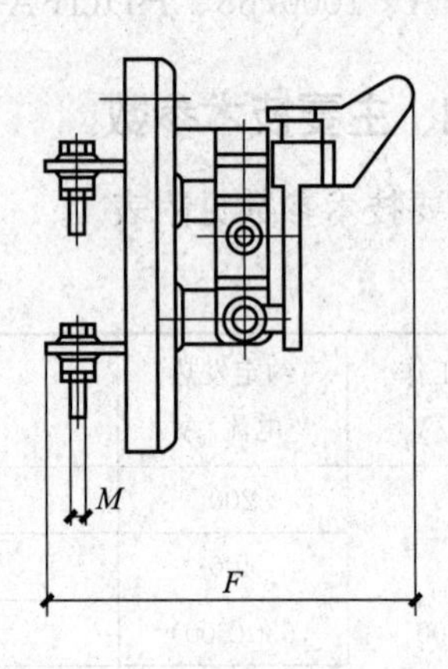

附图 3

附表 3

额定工作电流/A	外形尺寸/mm					安装尺寸		
	A	*B*	*E*	*F*	*M*	*C*	*D*	ϕ
200	190	180	70	205	*M*8	70	160	ϕ7
400	220	210	80	220	*M*12	80	190	ϕ7
630	270	240	100	220	*M*16	100	220	ϕ9
1 000	320	310	120	300	2-*M*12	120	260	ϕ9
1 600	360	340	130	300	4-*M*12	130	300	ϕ11

六、安全与注意事项

本系列隔离器严禁带负荷操作。断开操作时，应将解锁机构置于“解锁”位置；闭合操作后应检查锁扣机构是否处于“锁定”位置。

隔离器必须在线路与电源隔离即不带电情况下，才允许进行检修。

隔离器投入使用后，应定期进行检修。

附录二　HR3 熔断器式刀开关

一、开关简介

附图 4

HR3 系列熔断器式刀开关适用于交流 50 Hz、400 V，额定电流至 1 000 A 的配电系列中作为短路保护和电缆、导线的过载保护之用。在正常情况下，可供不频繁的手动接通和分断，正常负载电流与过载电流。在短路情况下，由熔体熔断来切断电流。HR3 熔断器式开关如附图 4 所示。

HR3 系列熔断器式刀开关符合 IEC60947—3、《低压开关设备和控制设备第 3 部分：开关、隔离器、隔离开关及熔断器组合电器》(GB 14048. 3—2017)标准。

二、型号及含义

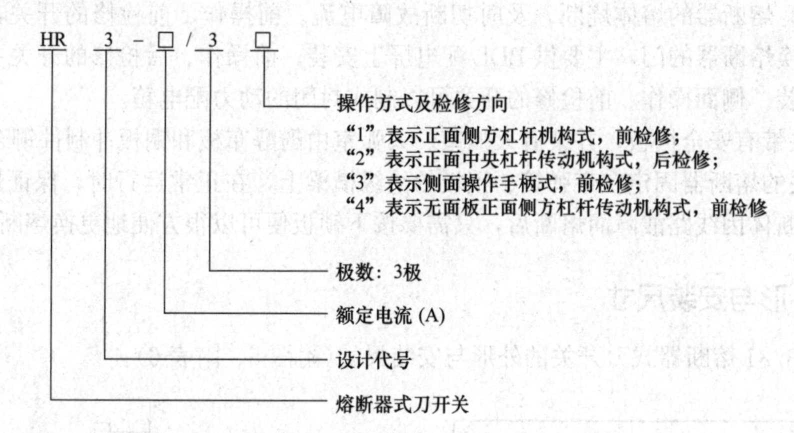

HR3 熔断器式刀开关的型号及含义见附表 4。

附表 4

约定发热电流/A	交流 400 V			
	HR3 正面侧方杠杆传动机构式	HR3 正面中央杠杆传动机构式	HR3 侧面操作手柄式	HR3 无面板正面侧方杠杆传动机构式
100	HR3-100/31	HR3-100/32	HR3-100/33	HR3-100/34
200	HR3-200/31	HR3-200/32	HR3-200/33	HR3-200/34
400	HR3-400/31	HR3-400/32	HR3-400/33	HR3-400/34
600	HR3-600/31	HR3-600/32	HR3-600/33	HR3-600/34
1000	HR3-1000/31	HR3-1000/32	HR3-1000/33	HR3-1000/34

三、主要技术参数

HR3 熔断器式刀开关的主要技术参数见附表 5。

附表 5

型号	额定工作电压 U_e/V	额定绝缘电压 U_i/V	额定工作电流 I_e/A	约定发热电流 I_{th}/A	配用熔断体
HR3-100	400	600	100	100	RT0-100
HR3-200			200	200	RT0-200
HR3-400			400	400	RT0-400
HR3-600			600	600	RT0-600
HR3-1000			1 000	1 000	RT0-1000

四、结构特征

(1)HR3 熔断器式刀开关是熔断器和刀开关的组合电器，具有熔断器和刀开关的基本性能，在电路正常供电的情况下，接通和切断电源由刀开关来担任。当线路或用电设备过载或短路时，熔断器的熔体烧断，及时切断故障电流。前操作、前检修的开关，中央均有供检修和更换熔断器的门，主要供 BDL 配电屏上安装；前操作、后检修的开关主要供 BSL 配电屏上安装。侧面操作、前检修的开关可以制成封闭的动力配电箱。

(2)开关带有安全挡板，并装有灭弧室。灭弧室由酚醛布板和铜板冲制件铆合而成。

(3)开关的熔断器固定在带弹簧、锁板的绝缘横梁上，在正常运行时，保证熔断器不脱扣，而当熔断体因线路故障而熔断后，只需要按下锁板便可以很方便地更换熔断器。

五、外形与安装尺寸

(1)HR3/31 熔断器式刀开关的外形与安装尺寸(附图 5、附表 6)。

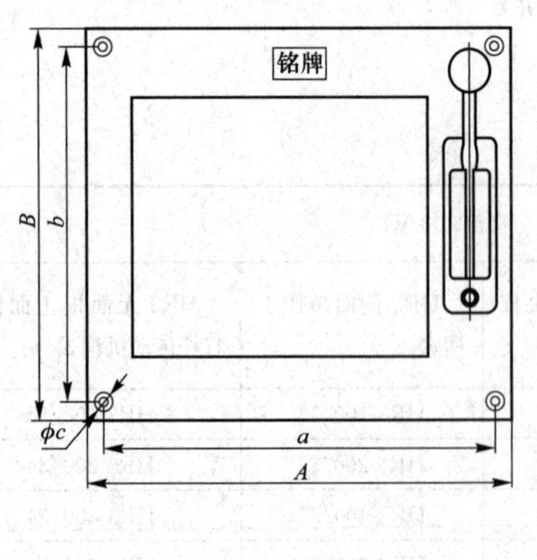

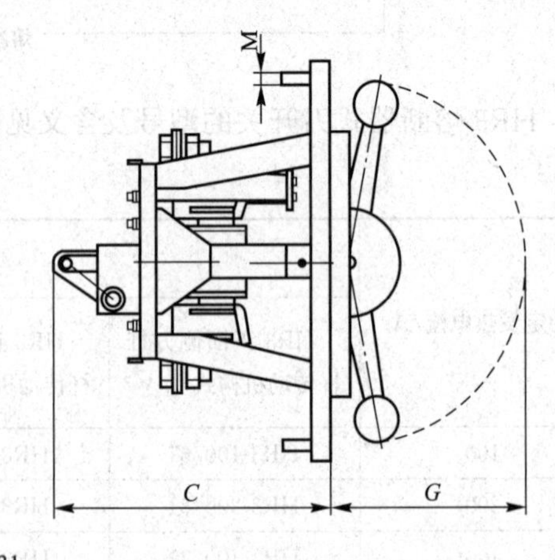

HR3/31

附图 5

附表 6

型号	外形尺寸				安装尺寸			
	A	B	C^*	G	a	b	ϕc	M
HRB-100/31	400	400	275	266	360	360	12	10
HR3-200/31	400	400	275	266	360	360	12	10
HR3-400/31	400	400	275	266	360	360	12	10
HR3-600/31	450	400	325	266	410	360	12	10
HR3-1000/31	500	400	360	266	450	360	12	10
注：C^* 尺寸为开关接通后连杆处于最大位置时的尺寸。								

(2)HR3/32 熔断器式刀开关的外形与安装尺寸(附图 6、附表 7)。

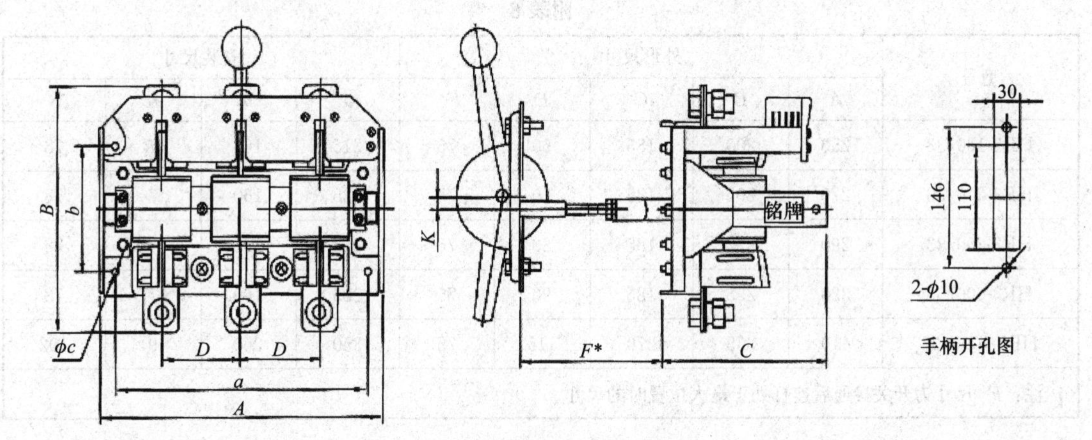

HR3/32

附图 6

附表 7

型号	外形尺寸					安装尺寸			
	A	B	C	D	F^*	a	b	ϕc	K
HR3-100/32	250	192	185	60	250	215	130	7	12
HR3-200/32	270	205	185	70	250	235	130	7	12
HR3-400/32	290	222	185	80	250	285	130	7	12
HR3-600/32	320	255	185	90	250	285	130	7	12
HR3-1000/32	410	365	270	115	350	350	250	7	12
注：F^* 尺寸为开关接通后连杆处于最大位置时的尺寸。									

(3)HR3/33 熔断式刀开关的外形与安装尺寸(附图 7、附表 8)。

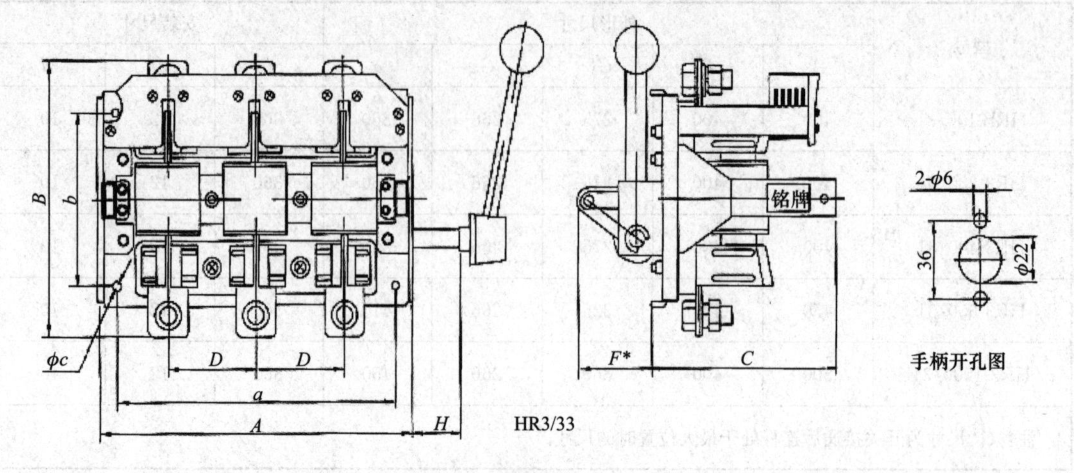

附图 7

附表 8

型号	外形尺寸					安装尺寸			
	A	*B*	*C*	*D*	*F**	*a*	*b*	*φc*	*K*
HR3-100/33	250	200	185	60	75	215	160	7	78
HR3-200/33	270	205	185	70	75	235	160	7	78
HR3-400/33	290	222	185	80	75	255	160	7	78
HR3-600/33	320	255	185	90	75	285	160	7	78
HR3-1000/33	410	365	270	115	75	350	250	9	102

注：F^* 尺寸为开关接通后连杆处于最大位置时的尺寸。

(4)HR3/34 熔断式刀开关的外形与安装尺寸(附图 8、附表 9)。

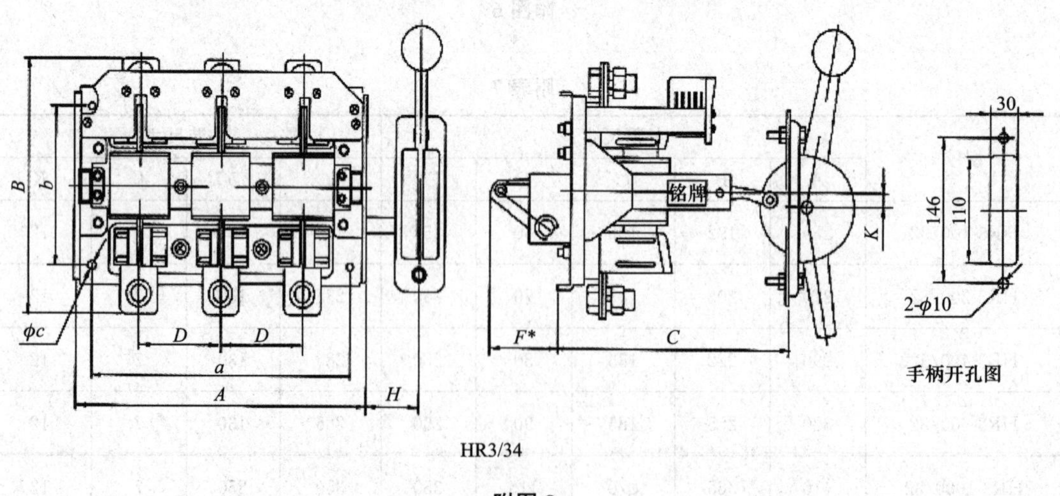

附图 8

附表 9

型号	外形尺寸					安装尺寸				
	A	*B*	*C*	*D*	F^*	*a*	*b*	ϕc	*H*	*K*
HR3-100/34	250	200	250	60	75	215	160	7	78	12
HR3-200/34	270	205	250	70	75	235	160	7	78	12
HR3-400/34	290	222	250	90	75	255	160	7	78	12
HR3-600/34	320	255	250	90	75	285	160	7	78	12
HR3-1000/34	410	365	350	115	75	350	250	9	102	12
注：F^* 尺寸为开关接通后连杆处于最大位置时的尺寸。										

附录三　DZ20 塑壳断路器(空气开关)

一、适用范围

附图 9

DZ20 系列塑壳断路器的额定绝缘电压为 660 V，交流 50 Hz 或 60 Hz、额定工作电压至 380 V，其额定电流至 1 250 A。一般作为配电用，额定电流 225 A 及以下和 400Y 型的断路器也可作为保护电动机用。在正常情况下，断路器可分别作为线路不频繁转换及电动机的不频繁启动之用。DZ20 塑壳断路器如附图 9 所示。

本产品应符合《低压开关设备和控制设备 第 2 部分：断路器》(GB 14048.2—2020)标准。

附表 10

附件代号 / 过电流脱扣器方式 / 附件名称	顺时脱扣器	复式脱扣器
无	200	300
报警触头	208	308
分励脱扣器	210	310
辅助接头	220	320
欠电压脱扣器	230	330
分励脱扣器、辅助触头	240	340
分励脱扣器、欠电压脱扣器	250	350

附件代号 \ 过电流脱扣器方式 / 附件名称	顺时脱扣器	复式脱扣器
二组辅助触头	260	360
辅助触头、报警触头	270	370
分励脱扣器、报警触头	218	318
辅助触头、报警触头	228	328
欠电压脱扣器、报警触头	238	338
分励脱扣器、辅助触头、报警警头	248	348
分励脱扣器、欠电压脱扣器、报警触头	258	358
二组辅助触头、报警触头	268	368
欠电压脱扣器、辅助触头、报警触头	278	378

注：1. 表中所列规格用户根据需要选取，但在一台断路器中不应超过表中每格中所规定的项目。
2. 辅助触头 400 A 及以上为二常开二常闭，225 A 以下为一常开一常闭。
3. 断路器有欠电压脱扣器和分励脱扣器。其电压规格交流有 220 V、380 V，直流有 110 V、220 V 共 4 种。欠压脱扣器电压仅有交流规格。
4. 报警触头均为一常开、一常闭触头。
5. 壳架等级 100 A、225 A 中无 248、258、278、348、358、378 的规格。
* 复式脱扣器——带瞬时脱扣器和热脱扣器的脱扣器。

二、型号及含义

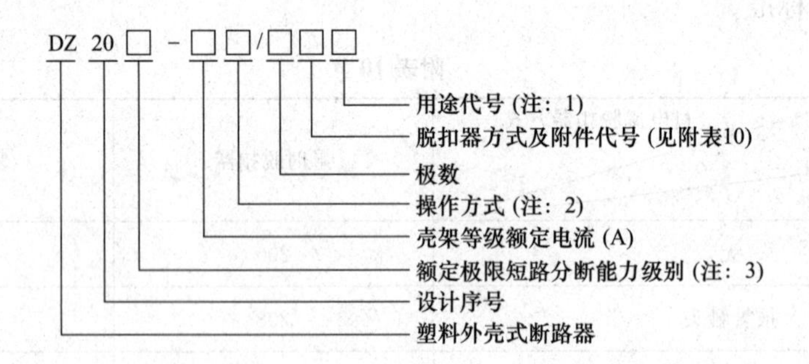

DZ20 断路器的常见型号如下：

DZ20-100、DZ20-160、DZ20-225、DZ20-400、DZ20-630、DZ20-1250。

DZ20、Y-100/3300、DZ20、Y-100/3200、DZ20、Y-100/3308、DZ20、Y-100/3318。

DZ20、Y-225/3300、DZ20、Y-225/3200、DZ20、Y-225/3308、DZ20、Y-225/3318。

DZ20、Y-400/3300、DZ20、Y-400/3200、DZ20、Y-400/3308、DZ20、Y-400/3318。

DZ20、Y-630/3300、DZ20、Y-630/3200、DZ20、Y-630/3308、DZ20、Y-630/3318。

除一般的 Y 型外，常用的还有 C、G 等型号，同时，还有透明壳系列提供选择。

三、结构特征

DZ20 塑壳断路器是以 Y 型为基本产品，由绝缘外壳、操作机构、触头系统和脱扣器四个部分组成。断路器的操作机构具有使触头快速合闸和分断的功能，其“合”“分”“再扣”和“自由脱扣”位置以手柄位置来区分。

C 型、J 型和 G 型断路器是在 Y 型基本产品基础上派生设计而成(除 C 型 160 A 外)。J 型断路器是将 Y 型断路器的触头进行结构改进，使之在短路情况下，在机构动作之前，动触头能迅速拆开，达到提高通断能力的目的。

G 型断路器是在 Y 型断路器的底板后串联的一个平行导体组成的斥力限流触头系统，该系统比J 型的斥力触头长，断开距离也大，因此，能更迅速地限流。

四级断路器中性极(N)不装脱扣元件，位于最右侧位置。在分合过程中，中性极规定为闭合时相较其他三级先接触，分闸时相较其他三级后断开。

C 型断路器是为满足 630 kV · A 及以下变压器电网中的配电保护需要，通过用经济型材料的简化结构及改进工艺等办法，能够达到较好的经济效果。

四、特性

1. DZ20 系列断路器主要技术性能

DZ20 系列断路器主要技术性能见附表 11。

附表 11

额定绝缘电压 U_i/V			660	660	660	660	660
额定工作电压 U_e/V			AC380(400)	AC380(400)	AC380(400)	AC380(400)	AC380(400)
壳架等级额定电流 I_nm/A			100/160C	225/2506	400	630	1 250
约定发热电流 I_{th}/A			100	225	400	630	1 250
额定极限短路分断能力 $I_{cu}/\cos\phi$/kA	AC380 V	Y	18/0.3	25/0.25	30/0.25	30/0.25	50/0.25
		J	35/0.25	42/0.25	42/0.25	50/0.25	65/0.2
		G	100/0.2	100/0.2	100/0.2		
		C	12/0.3	15/0.3			
额定运行短路分断能力 $I_{cs}/\cos\phi$/kA	AC380 V	Y	14/0.3	19/0.3	23/0.25	23/0.25	38/0.25
		J	18/0.3	25/0.25	25/0.25	25/0.25	32.5/0.25
		G	50/0.25	50/0.25	50/0.25		
脱扣器额定电流/A			16、20、32、40、50、63、80、100	100、125、160 180、200、225	200(Y)、250 315、350、400	400、500、630	630、700、800 1 000、1 250
寿命	操作频率/(次 · h^{-1})		120	120	60	60	20
	电寿命/次		4 000	2 000	1 000	1 000	500
	机械寿命/次		10 000	8 000	5 000	5 000	3 000
连接铜导线(铜母线)最大截面面积/mm^2			35	120	240	40×5 二根	80×5 二根

(1)各部件主要技术参数瞬时脱扣器整定电流 I_r(附表12)。

附表 12

I_{nm}/A	配电保护用(注)	电动机保护用
100	$10I_n$	$12I_n$
225	$5I_n$、$10I_n$	$12I_n$
400(Y)	$10I_n$	$12I_n$
400(J)400(G)630	$5I_n$、$10I_n$	$12I_n$
1 250	$4I_n$、$7I_n$	
注：C型瞬时脱扣器整定电流 $I_r=10I_n$。		

(2)配电用反时限特性见附表13，电动机保护用反时限见附表14。

附表 13

试验电流名称	I/I_n	约定时间			起始状态
		$I_n\leqslant 63$	$63<I_n\leqslant 250$	$250<I_n$	
约定不脱扣电源	1.05	≥1 h	≥2 h		冷态
约定脱扣电流	1.3	<1 h	<2 h		热态
返回特性电流	3.0	可返回时间			状态
		5 s	8 s	12 s	

附表 14

试验电流名称	I/I_n	约定时间	起始状态
		$100<I_n\leqslant 400$	
约定不脱扣电流	1.0	≥2 h	冷态
约定脱扣电流	1.20	<2 h	热态
返回特性电流	1.5	<4 min	热态
	7.2	4 s<Tp≤10 s	冷态

(3)分励脱扣器：短时工作制。额定控制电源电压：AC220、380 V，DC110、220 V。

(4)欠电压脱扣器：额定工作电压：AC220 380 V。在电源电压等于或大于85%U_e时能保证断路器可靠闭合，当电源电压低于35%U_e时能防止断路器闭合，当电源电压为(35%～70%)U_e时，断路器能可靠断开。

(5)报警触头：额定工作电压：AC220 V，约定发热电流：1 A。

(6)辅助触头：在不装欠电压脱扣器和分励脱扣器时，可装辅助触头。辅助触头的额定值见附表15；接通和分断能力见附表16；电寿命试验参数见附表17；寿命次数为印50次。

附表 15

壳架等级额定电流	约定发热电源/A	固定工作电流/A	额定工作电流/A
		AC380 V	DC220 V
400 A及以上	6	3	0.2
255 A及以下	3	0.4	0.15

附表 16

使用类别	接通	接通	接通	接通	分断	分断	分断	分断	循环次数	操作频率	通电时间
	I/I_e	U/U_e	$\cos\phi$	T0.95/ms	I/I_e	U/U_e	$\cos\phi$	T0.95/ms		/(次·h^{-1})	/s
AC-15	10	1.1	0.3		10	1.1	0.3			120	≥0.05
DC-13	1.1	1.1		$6\times P_e$	1.1	1.1		. $6\times P_e$			
注：表中 225 A 及以下 P_e=30 W，400 A 及以上 P_e=45 W。$P=U_e\cdot I_e$ 为稳定状态功率损耗(下同)。											

附表 17

使用类别	接通	接通	接通	接通	分断	分断	分断	分断	操+作频率	通电时间
	I/I_e	U/U_e	$\cos\phi$	T0.95/ms	I/I_e	U/U_e	$\cos\phi$	T0.95/ms	/(次·h^{-1})	/s
AC-15	10	1	0.7		1	1	0.4		120	≥0.05
DC-15	1	1		$6\times P_e$	1	1		$6\times P_e$		
注：表中 225 A 及以下 P_e=30 W，400 A 及以上 P_e=45 W。										

附录四　DZ20 塑壳断路器(空气开关)的外部附件

(1)电动操作机构有关参数及断路器安装电动操作机构后的总高度 H 见附表 18。

附表 18

型号	DZ20Y、J-100	DZ20G-100	DZ20Y、J-225	DZ20G-225	DZ20Y-400	DZ20J-400 DZ20Y、J-630	DZ20G-400	DZ20Y、J-1250
高度 H	185	235	220	305	230	245	345	275
结构形式	电磁铁		电动机					
电压规格	AC50 Hz、220 V、380 V							
注：带电动操作机构的断路器脱扣跳闸后，电动操作机构必须使断路器再扣，然后才能合闸。								

(2)手动操作机构安装尺寸见附表 19。

附表 19

型号	DZ20Y、J、G-100	DZ20Y、J、G-225	DZ20Y-400	DZ20J、G-400 DZ20Y、J-630
安装尺寸 H	55	85	105	80
操作手柄相对于断路器中心 X 值	0	0	0	0

附录五　DZ20L 系列漏电断路器

一、用途及适用范围

1. 用途

DZ20L 系列漏电断路器适用于交流 380 V、频率 50 Hz、额定电源为 600 A 及以下的电路中，可作为人身触电保护，也可用来防止设备绝缘损坏，产生接地故障电流而引起的火灾危险。DZ20L 系列漏电断路器可作为线路的过载、短路和欠电压保护，也可作为线路的不频繁转换之用。DZ201 系列漏电断路器如附图 10 所示。

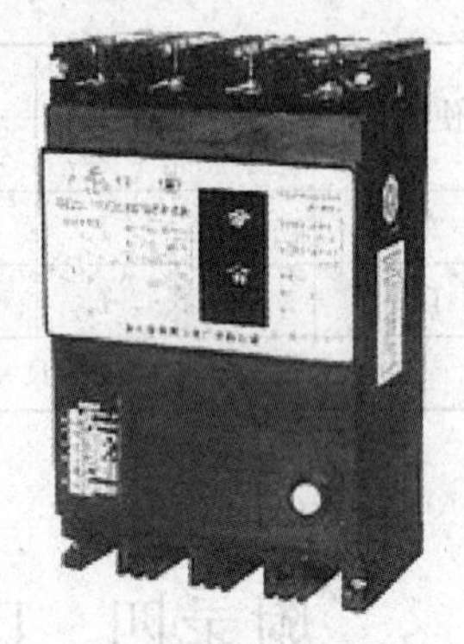

附图 10

目前，我国生产的漏电断路器可分为两种，即额定漏电动作电流在 10～30 mA 可以保护人身，额定漏电动作电流在 100～500 mA 可作为接地电流的绝缘保护。

2. 适用范围

(1)周围空气温度：上限值不超过＋40 ℃，下限值不低于－5 ℃，24 h 的平均值不超过＋35 ℃。

(2)安装地点的海拔不超过 2 000 m。

(3)安装地点、大气相对湿度在周围空气温度为＋40 ℃时不超过 50％，在较低温度下可以有较高的相对湿度，最温月的平均最大相对湿度为 90％。同时，该月的月平均最低温度为＋25 ℃，并考虑到因温度变化发生在产品表面上的凝露。

(4)污染等级 3。

(5)安装类别Ⅲ。

(6)漏电断路器一般应垂直安装。

(7)漏电断路器安装场所的外磁场，在任何方向都不应超过地磁场的 5 倍。

二、型号及其含义

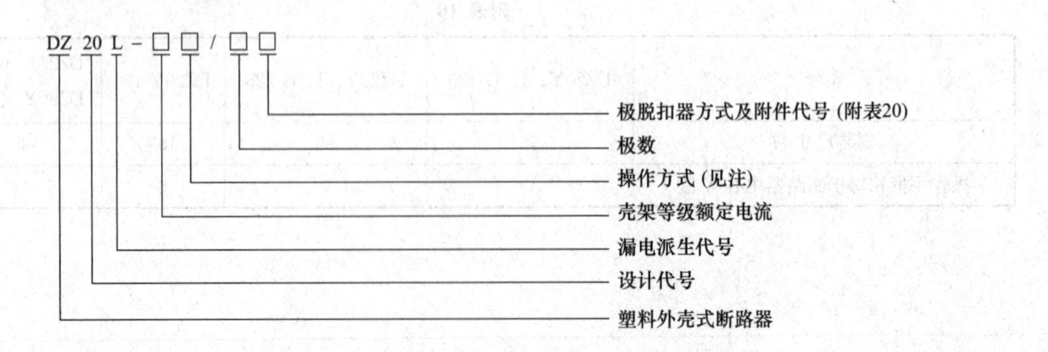

DZ20L 系列漏电断路器的常用型号如下：DZ20L-160/3300、DZ20L-160/4300、DZ20L-250/4300、DZ20L-250/4300、DZ20L-400/3300、DZ20L-400/4300、DZ20L-600/4300、DZ20L-600/4300。

注：手柄直接操作无代号；电动操作用D表示；转动操作用Z表示。

附表 20

规定延时时间	$I_{\triangle n}$分断时间	$5I_{\triangle n}$分断时间
0.2 s	<0.4 s	0.1～0.24 s
0.4 s	<0.6 s	0.2～0.44 s

三、结构与工作原理

本系列漏电断路器是电流动作型电子式漏电断路器，主要由零序电流互感器、电子组件板、漏电脱扣器及带有过载和短路保护的断路器组成。全部零件安装在一个塑料外壳中。当被保护线路中有漏电和人身触电时，只要额定漏电动作电流达到动作值，零序电流互感器的二次绕组就会输出一个信号，经电子线路板放大，通过漏电脱扣器动作切断电源，从而起到漏电和触电保护作用。

四、主要技术参数

(1)漏电断路器的基本规格及参数、一般漏电断路器的分段时间、延时断路器的分段时间见附表 21～附表 23。

(2)配电用反时限断开特性见附表 24。

(3)短路保护电流整定值为 10 in，具有±20%的准确度。

(4)操作循环数见附表 25。

(5)主电路中部导致误动作的过电流极限值为 6 in。

(6)在冲击电压 6 000 V 作用下，漏电断路器不产生误动作。

附表 21

型号	壳架等级额定电流/A	额定电压/V	额定频率/Hz	极数	额定电流/A	额定极限分段能力/kA	额定漏电动作电流/mA	额定漏电不动作电流/mA
DZ20L-160	160	380	50	三极、四极	16、20、32、40、50、63、80、100、125、160	12	50	25
							100	50
							300	150
DZ20L-250	250				125、160、180、200、225、250	15	50	25
							100	50
							300	150
DZ20L-400	400				200、250、315、350、400	20	50	25
							100	50
							300	150
DZ20L-600	600				400、500、600		50	25
							100	50
							300	150

附表 22

施加电源	$I_{\triangle n}$	$2I_{\triangle n}$	$5I_{\triangle n}$
分断时间/s	≤0.2	≤0.1	≤0.04

附表 23

规定延时时间	$I_{\triangle n}$分断时间	$5I_{\triangle n}$分断时间
0.2 s	<0.4 s	0.1～0.24 s
0.4 s	<0.6 s	0.2～0.44 s

附表 24

<table>
<tr><th rowspan="2">周围空气温度</th><th rowspan="2">试验电流名称</th><th rowspan="2">整定电流倍数</th><th colspan="3">约定时间/h</th><th rowspan="2">起始状态</th></tr>
<tr><th>I_n≤63 A</th><th>63 A<I_n≤225 A</th><th>225<I_n</th></tr>
<tr><td rowspan="2">±60 ℃</td><td>约定不脱扣电流</td><td>1.05</td><td>≥1</td><td>≥2</td><td colspan="2">冷态</td></tr>
<tr><td>约定脱扣电流</td><td>1.30</td><td><1</td><td><2</td><td colspan="2">热态</td></tr>
<tr><td rowspan="2">返回特性电流</td><td rowspan="2">3.0</td><td colspan="3">返回时间/s</td><td colspan="2" rowspan="2">冷态</td></tr>
<tr><td>5</td><td>8</td><td>10</td></tr>
</table>

附表 25

壳架等级额定电流/A	每小时操作循环次数	操作循环次数		
		通电	不通电	总次数
160	120	1 000	7 000	8 000
250	120	1 000	7 00	8 000
400、600	60	1 000	4 000	5 000

附录六 I-CH1-63系列断路器

■ 适用范围

I-CH1-63系列断路器具有结构先进合理、性能可靠、分断能力高、外形美观小巧等特点，其壳体等采用耐冲击、高阻量材料构成。CHI-63系列断路器适用于交流50 Hz或60 Hz。额定工作电压400 V以下，额定电流3～63 A以下的场所。其主要用于办公楼、住宅和类似的建筑物的照明。配电线路及设备的过载、短路保护，也可在正常情况下，作为线路不频繁的转换之用。

本产品符合标准：IEC60898和《电气附件 家用及类似场所用过电流保护断路器 第1部分：用于交流的断路器》(GB/T 10963.1—2020)、《电气附件 家用及类似场所用过电流保护断路器 第2部分：用于交流和直流的断路器》(GB/T 10963.2—2020)、《家用及类似场所用过电流保护断路器 第3部分：用于直流的断路器》(GB/T 10963.3—2016)。

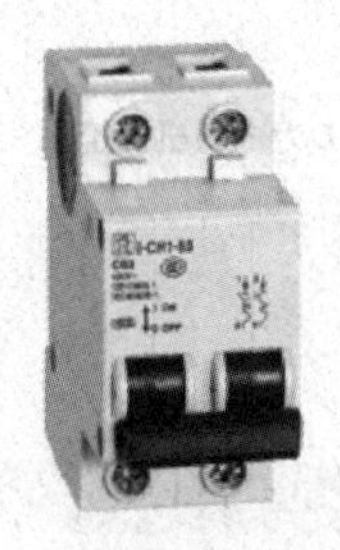

■ 型号及其含义

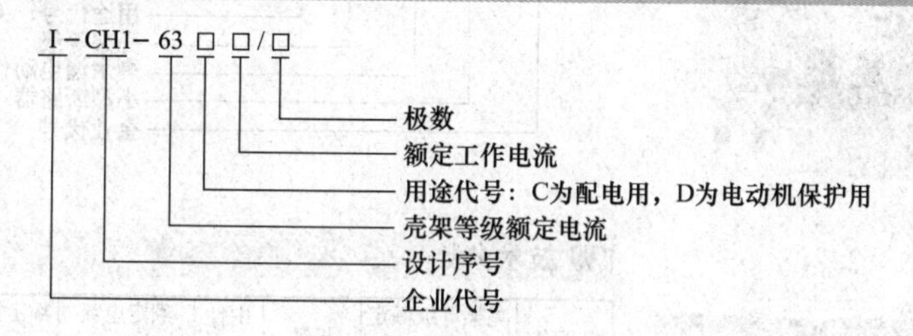

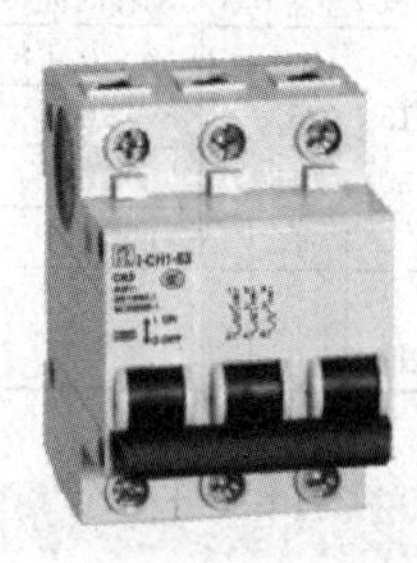

■ 技术参数

额定工作电压/V	极数	额定电流/A	顿定短路分断能力	
			试验线路预期电流/A	功事因数
230	1、2	3、6、10、16、20、25、32、40	6 000	0.65～0.70
230/400	1、2		6 000	0.65～0.70
400	2、3、4		6 000	0.65～0.70
230	1、2	50、63	4 500	0.75～0.80
230/400	1、2		4 500	0.75～0.80
400	2、3、4		4 500	0.75～0.80

注：1. 机械寿命：20 000次(断通)，抗湿热性：2类(温度为55 ℃，相对湿度为95%)。
2. 电气寿命：5 000次，接线采用带夹箍的接线端子，电缆截面可达25 mm^2。

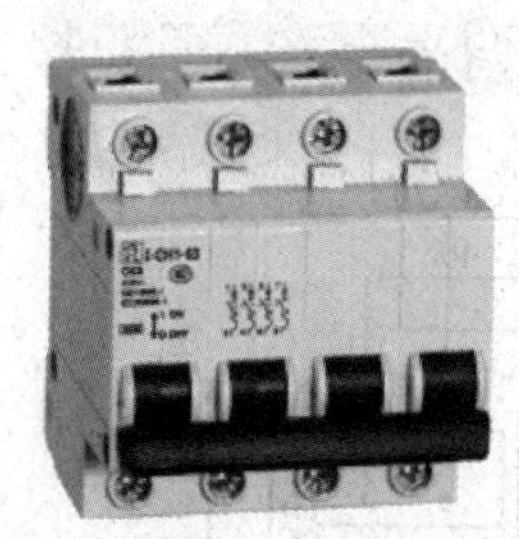

■ 过电流脱扣特性表

型式	试验电流/A	额定电流/I_n	规定时间	预期结果	起始状态	附注
C	1.13 I_n	所有值	$t \geqslant 1$ h	不脱扣	冷态	
	1.45 I_n	所有值	$t \geqslant 1$ h	脱扣	热态	电流在5 s内稳定地上升至规定值
D	2.55 I_n	$I_n \leqslant 32$ A	1 s$<t<$60 s	脱扣	冷态	
		$I_n \leqslant 32$ A	1 s$<t<$120 s	脱扣	冷态	
C	5 I_n	所有值	$t \geqslant 0.1$ s	不脱扣	冷态	闭合辅助开关接通电源
	10 I_n	所有值	$t<0.1$ s	脱扣	冷态	
D	10 I_n	所有值	$\geqslant 0.1$ s	不脱扣	冷态	
	14 I_n	所有值	$t \geqslant 0.1$ s	脱扣	冷态	

附录七　I-CH1L-50 系列漏电断路器

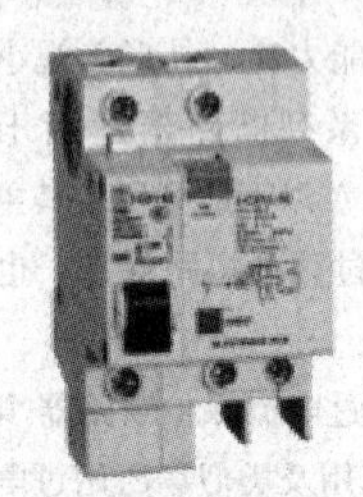

■ 适用范围

I-CH1L-50 系列漏电断路器适用于交流 50 Hz（或 60 Hz）额定电压 400 V 及单相 230 V，额定电流自 3 A 至 63 A 的线路中，具有漏电触电、过载、短路等保护功能，还可以根据用户需求，增加过压保护功能，保障人身安全和防止设备因发生漏电造成事故，并可用来保护线路的过载和短路，在正常情况下作为线路的不频繁分断和转换之用，额定剩余动作电流 30 mA 的漏电断路器可对人身触电提供直接保护。

本产品符合标准：GB 169171、IEC61009.1。

■ 型号及其含义

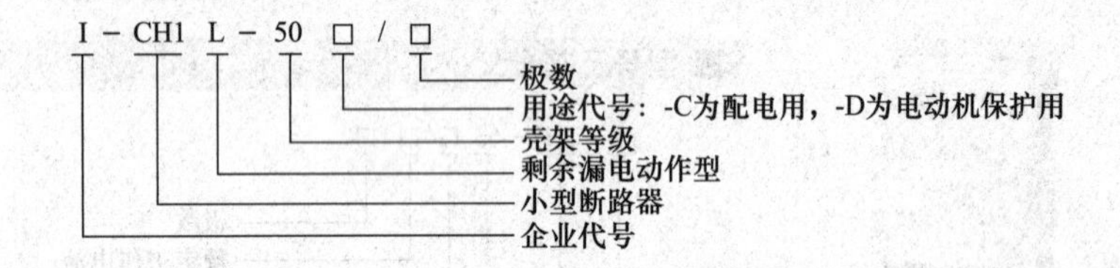

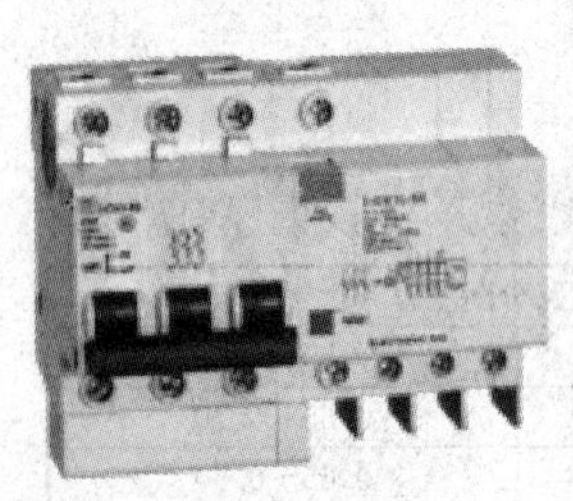

■ 技术参数

电压/V	亮架等级额定电流 I_{nm}/A	极数	中性线	额定电流 I_n/A	额定漏电动作电流 $I_{\triangle n}$/mA	额定漏电动不作电流 $I_{\triangle no}$/mA	额定漏电动作时间/s
230	63	1	+N	3、6、10、16 20、25、32 40、50、63	30、(50)、 (100)、(300)	15、(25)、 (50)、(150)	<0.1
230/400	63	2					<0.1
230/400	63	3					<0.1
230/400	63	4					<0.1

注：接线采用夹箍的接线端子，可连接 25 mm^2 及以下导线。

警告用户：额定漏电动作电流 30 mA 以下具有保护人身安全功能。

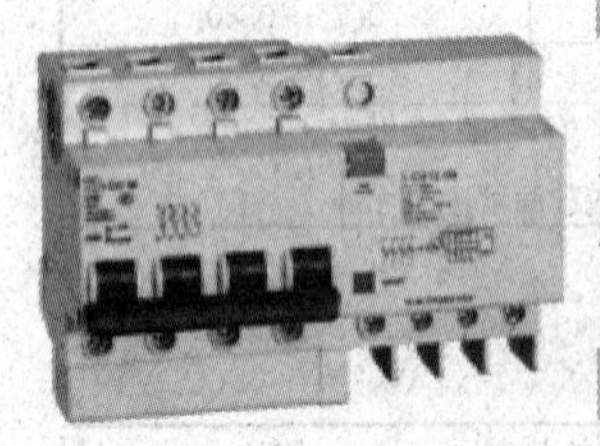

■ 结构特征

I-CH1L-50 漏电断路器由 I-CH1-63 小型断路器和漏电脱扣器拼装而成。漏电断路器是电流动作型电子式漏电断路器，主要由零序电流互感器、电子组件板、漏电脱扣断路器及带有过载和短路保护的断路器组成。

■ 外形及安装尺寸

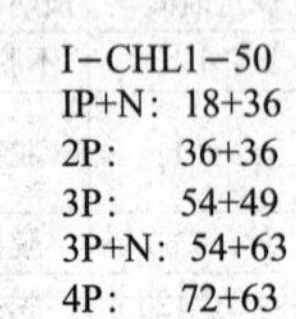

I－CHL1－50
IP+N：18+36
2P：　36+36
3P：　54+49
3P+N：54+63
4P：　72+63

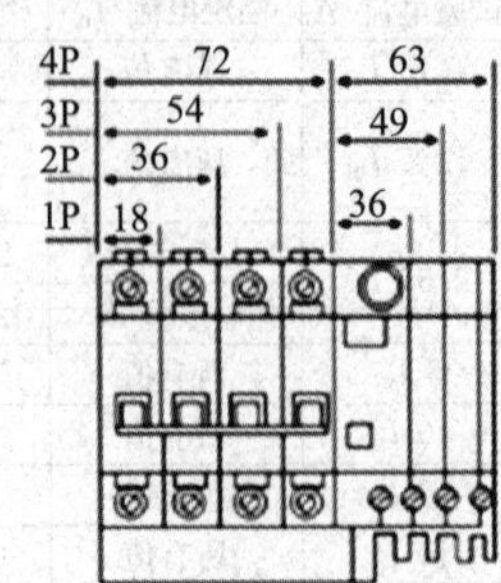

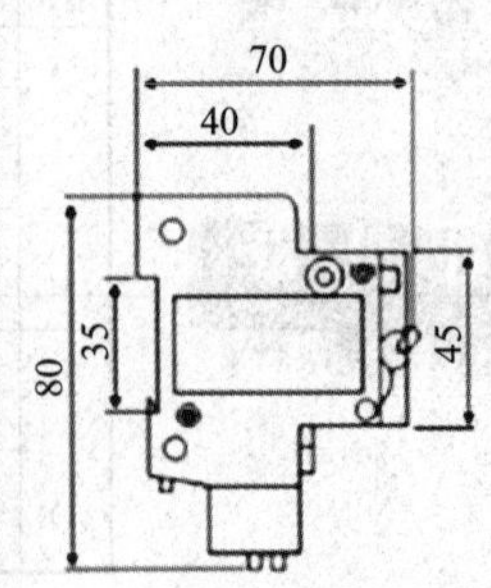

附录八　I-CW1 智能型万能式断路器

■ 概　述

I-CW1 系列智能型万能式断路器，吸收了国内外各种智能断路器的优点，具有结构紧凑、可靠性高、全分断时间短、零飞弧等特点，除具有多功能保护特性外，还具有电流表、电压表、功事因数表、触头磨损指示、机械寿命指示、故障检查，自诊 MCR 等多种辅助功能，同时具有通信接口，可实现远距离的四遥功能。产品通过 IEC60947—2(97)国际最新电磁兼容标准和各种形式试验的严格考核，主要技术指标达到 90 年代国内同类产品的先进水平。

I-CW1 系列智能型万能式断路器具有以下特点：

(1)I-CW1 系列智能型万能式新路器规格齐全，具有固定式、抽屉式和三极、四极品种。

额定电流 630、800、1 000、1 250、1 600、2 000、2 500、3 200、4 000、5 000、6 300 A 等规格，各种附件齐全。

(2)断路器上具有较高的额定短时耐受电流和分断能力。

采用 MCR 和模拟脱扣功能，提高了极限分断能力。

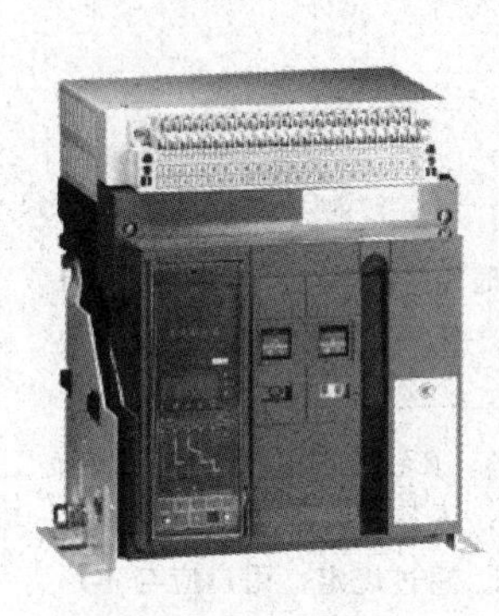

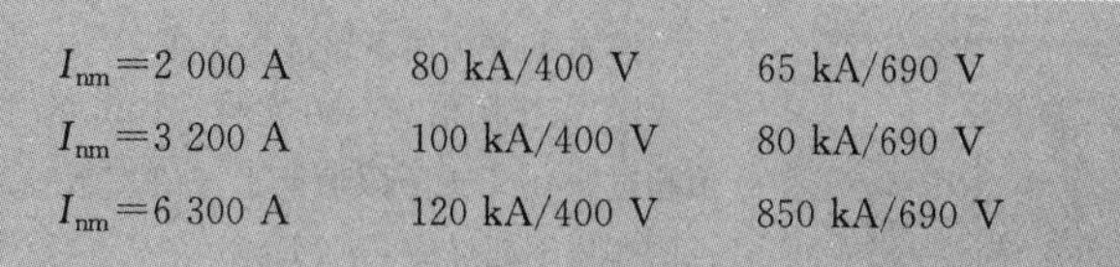

I_{nm}=2 000 A	80 kA/400 V	65 kA/690 V
I_{nm}=3 200 A	100 kA/400 V	80 kA/690 V
I_{nm}=6 300 A	120 kA/400 V	850 kA/690 V

(3)断路器的触头系统。触头系统为两挡触头(主触头和弧触头)、长期载流由主触头承担，电弧由弧触头承担，弧触头对主触头起保护作用，利于性能参数的提高，采用新型耐弧触头材料，动、静触头材料硬度差异保证动、静触头足够的接触面；触头系统采用 10 路并联，降低电动斥力、提高触头系统电动稳定性。

操作机构：断路器的操作机构安装在断路器中央，与主电路隔离。断路器由弹簧储能机构进行闭合操作，闭合速度快。断路器使用寿命长；接通/分断操作次数可达10 000 次。

无附加飞弧距离：断路部的上方装有灭弧罩，采用去离子栅片复式灭弧，灭弧效果好，断路器上方的飞弧距离为“零”。

可上下进线：断路器的主电路端子无需区别电源和负载侧，上、下进线均都适用，其分断能力指标相同。

■ 用途及分类

用途：

I-CW1 系列智能型万能式断路器(以下简称断路器)适用于交流 50 Hz，额定电压 400 V、690 V，额定电流为 630 A～6 300 A，主要在配电网络中用来分配电能和保护线路及保护电源设备免受过载、欠电压、短路、单相接地等的危害。该断路器具有多种智能保护功能，可做到选择性保护，且动作精确，避免不必要的停电，提高供电可靠性。同时带有开放式通信接口，可进行四摇，以满足集团中心和自动化系统的要求。该断路器海拔 2 000 M时脉冲耐压 8 000 V(不同海拔按标准修正，最多不超过 12 000 V)。该断路器不带智能控制器及传感器可作隔离器用，标示为“___/___”。

断路器符合《低压开关设备和控制设备第 2 部分：断路器》(GB 14048. 2—2020)等标准。

■ 型号及含义分类

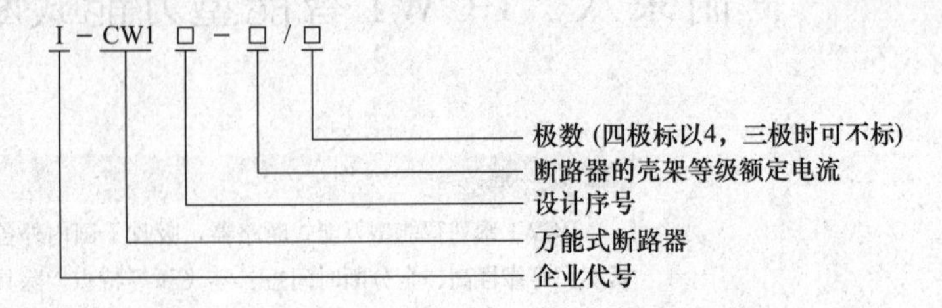

分类

A按使用类别分：	B按安装方式分：	C按极数分：三极、四极	D按操作方式分：
a. 非选择性	a. 固定式		a. 电动操作
b. 选择性	b. 抽屉式		b. 手动操作

■ 正常工作条件

周围空气温度

上限值不超过＋40 ℃；

下限值不低于－5 ℃；

24 h的平均值不超过＋35 ℃；

注：a下限值为－10 ℃或－25 ℃的工作条件，在订货时用户须与本厂申明；b上限值超过＋40 ℃或下限值低于－10 ℃或－25 ℃的工作条件，用户应与本厂协商。安装地点的海拔不超过2 000 M。

大气相对湿度在周围空气温度为＋40 ℃时不超过50％；在较低温度下可以有较高的相对湿度，最湿月的平均最大相对湿度为90％，同时，该月的月平均最低温度为＋25 ℃，并考虑到因温度变化发生在产品表面上的凝露。超过规定，用户应与本厂协商。

防护等级：IP30。

使用类别：B类或A类。

安装类别：额定工作电压690 V及以下的断路器用于安装类别Ⅳ；辅助电路的安装类别，除欠电压脱扣器线圈，电源变压器初级线圈与断路器主电路相同外，额定工作电压为400 V，辅助电路安装类别Ⅲ。

■ 结构概述

I-CW1系列断路器有抽屉式和固定式两种，固定式断路器主要由触头系统、智能控制器、手动操作机构、电动操作机构、安装板组成。抽屉式断路器主要由触头系统、智能控制器、手动操作机构、电动操作机构、抽屉座组成。断路器为立体布置形式，具有结构紧凑、体积小的结构特点。触头系统封闭在绝缘底板内，且每相触头也都由绝缘板隔开，形成一个个小室，而智能型控制器、手动操作机构、电动操作机构依次排在其前面形成各自独立的单元，如其中某一个单元坏了，可将其整个拆下换上新的。

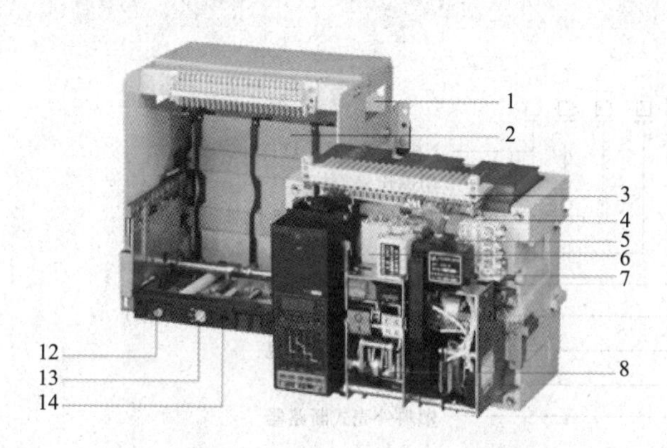

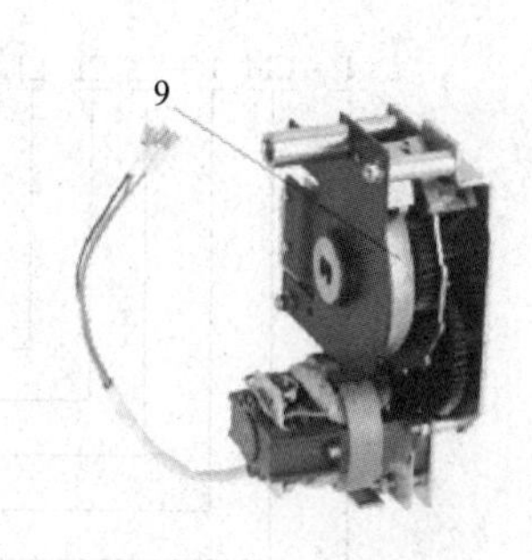

■ 抽屉式断路器

1. 抽屉座
2. 安全隔板
3. 二次回路接线端子(动)
4. 辅助触头
5. 分励脱扣器
6. 欠电压脱扣器
7. 合闸电磁铁
8. 操作机构
9. 电动贮能机构
10. 智能控制器
11. 面板
12. 摇手柄及其存放处
13. 位置指示
14. 进出装置

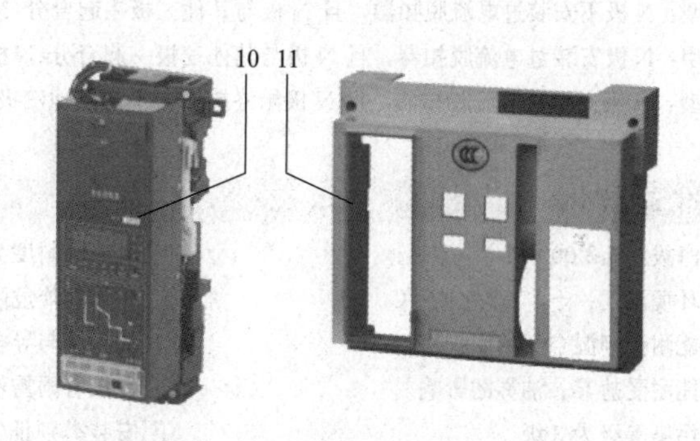

附录九　I-CM1 塑料外壳式断路器

■ 适用范围

I-CM1 系列塑料外壳式断路器(以下简称断路器)，适用于交流 50 Hz (或 60 Hz)，其额定绝缘电压为 800 V (I-CM1-63 型为 500 V)，额定工作电压 690 V (I-CM1-63 为 400 V)，额定工作电流至 1 250 A 的电路中作不频繁转换及电动机不频繁启动之用(Inm≤630 A 及以下)。断路器具有过载、短路和欠电压保护功能，能保护线路和电源设备不受损坏。断路器按照其额定极限短路分断能力，分为 L 型(标准型)、M 型(较高分断型)、H 型(高分断型)三种。该断路器具有体积小、分断能力高、飞弧短、抗振动等特点。

断路器可垂直安装(即竖装)，也可水平安装(即横装)。

断路器具有隔离功能，其相应符号为："⊔—╱ ⊁"。

断路器符合标准：IEC60947－2 及《低压开关设备和控制设备第 2 部分：断路器》(GB 14048. 2—2020)。

■ 型号及其含义

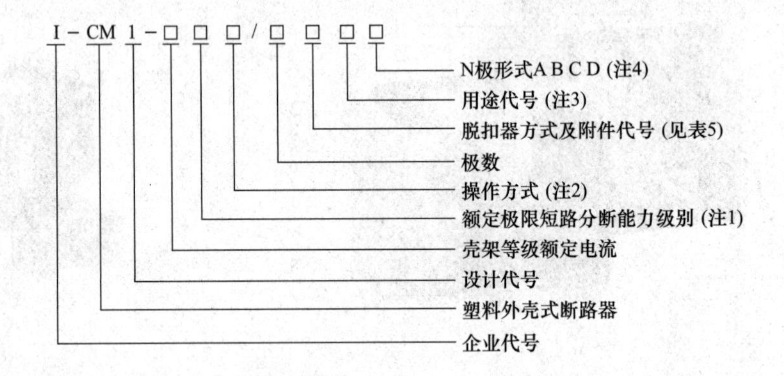

注：

1. 按额定极限短路分断能力的高低分为 L 型(标准型)、M 型(较高分断型)、H 型(高分断型)。
2. 手柄直接操作无代号；电动操作用 P 表示；转动手柄用 Z 表示。
3. 配电用断路器无代号；保护电动机用 2 表示。
4. 按产品极数分为三极、四极。四极产品中中性极(N 极)的形式分四种：

A 型：N 极不安装过电流脱扣器，且 N 极始终接通，不与其他三极一起合分。

B 型：N 极不安装过电流脱扣器，且 N 极与其他三极一起合分(N 极先合后分)。

C 型：N 极安装过电流脱扣器，且 N 极与其他三极一起合分(N 极先合后分)。

D 型：N 极安装过电流脱扣器，且 N 极始终接通，不与其他三极一起合分。

■ 正常工作环境

□海拔：≤2 000 M

□环境温度：－5 ℃～＋40 ℃

□能耐受潮湿空气的影响

□能耐受盐雾、油雾的影响

□污染等级为 3 级

□最大倾斜度为 22.5°

□在无爆炸危险的介质中，且介质无足以腐蚀金属和破坏绝缘的气体与导电尘埃的地方

□在没有雨雪侵袭的地方

□安装类别Ⅲ

■ 保护特性

配电用

脱扣器额定工作电流/A	热脱扣器(基准温度 40 ℃)		电磁脱扣器 动作电流/A	备注
	1.05 *ln*(冷态) 不动作时间/h	1.30 *ln*(热态) 动作时间/h		
10＜*ln*≤63	≥1	＜1	10 *ln*±20%	配电保护型注：1 250 A 为 7 *ln*±20%
63＜*ln*≤100	≥2	＜2	10 *ln*±20%	
100＜*ln*≤1 250	≥2	＜2	5 *ln*±20% 7 *ln*±20% 10 *ln*±20%	

保护电动机用

脱扣器额定 工作电流/A	热脱扣器(基准温度 40 ℃)				电磁脱扣器 动作电流/A
	1.0 *ln*(冷态) 不动作时间/h	1.2 *ln*(热态) 动作时间/h	1.50 *ln*(热态) 动作时间	7.20 *ln*(冷态) 动作时间	
10≤*ln*≤225	≥2	＜2	≤4 min	4 s＜T_p≤10 s	12 *ln*±20%
225＜*ln*≤630			≤8 min	6 s＜T_p≤20 s	

■ 功率损耗

型号	通电 电流/A	三极总功率损耗/W		
		板前、板后接线	插入式板前接线	插入式板后接线
I-CM1-63(L、M)直热型(10～25 A)	25	28	—	32
I-CM1-100(L、M、H)直热型(16～25 A)	25	40	42	45
I-CM1-63(L、M)间热型(32～63 A)	63	20	—	24
I-CM1-100(L、M、H)间热型(32～100 A)	100	35	37	40
I-CM1-225(L、M、H)	225	62	66	70
I-CM1-400(L、M、H)	400	115	120	125
I-CM1-630(L、M、H)	630	187	193	200
I-CM1-800(M、H)	800	262	—	300
I-CM1-1 250(M、H)	1 250	386	—	—

■ 降容系数

断路器环境温度变化的降容系数

型号	降容系数				
	+40 ℃	+45 ℃	+50 ℃	+55 ℃	+60 ℃
I-CM1-63	1	0.94	0.88	0.81	0.74
I-CM1-100	1	0.96	0.91	0.85	0.78
I-CM1-250	1	0.97	0.94	0.90	0.86
I-CM1-400	1	0.95	0.89	0.82	0.75
I-CM1-630	1	0.94	0.88	0.82	0.76
I-CM1-800	1	0.94	0.87	0.80	0.72
I-CM1-1 250	1	0.92	0.85	0.79	0.70

■ 断路器主要技术性能指标

外观												
型号		I-CM1-63			I-CM1-100				I-CM1-225			
壳架等级额定电流 I_{nm}/A		63			100				225			
额定电流 I_n/A		10、16、20、25、32、40、50、63			16、20、25、32、40、50、63、80、100				100、125、140、160、180、200、225、			
额定工作电压 U_e/V		AC400			AC400	AC690 AC400		AC400	AC400	AC690 AC400		AC400
额定绝缘电压 U_I/V		AC500			AC800							
极数		3	3	4	3	3	4	3	3	3	4	3
额定极限短路分断能力级别		L	M		L	M		H	L	M		H
额定极限短路分断能力 I_{cu}/kA	AC690 V											
	AC400 V	25	50		35	50	50	85	35	50	50	85
额定运行短路分断能力 I_{cs}/kA	AC690 V					10				10		
	AC400 V	15	35		22	35	35	50	22	35	35	50
操作性能/次	通电											
	不通电											
外形尺寸 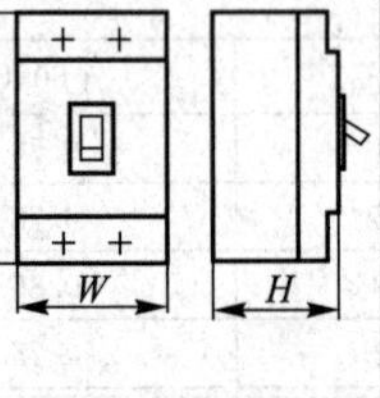	L	135			150				165			
	W	78	103		92	122		92	107	142		107
	H	73.5	81.5		68		86		86		103	
飞弧距离/mm		0、≤50			0、≤50				≤50			

外观									
型号		I-CM1-400				I-CM1-630			
壳架等级额定电流 I_{nm}/A		400				630			
额定电流 I_n/A		225、250 315、350、400				400、500、630			
额定工作电压 U_e/V		AC400	AC690 AC400	AC400		AC400	AC690 AC400	AC400	
额定绝缘电压 U_I/V		AC800							
极数		3	3	4	3	3	3	4	3
额定极限短路分断能力级别		L	M		H	L	M		H
额定极限短路分断能力 I_{cu}/kA	AC690 V		15				15		
	AC400 V	50	65	65	100	50	65	65	100
额定运行短路分断能力 I_{cs}/kA	AC690 V		15				15		
	AC400 V	35	42	42	65	35	42		65
操作性能/次	通电								
	不通电								
外形尺寸	L	257				257			
	W	150		198	150	182		240	182
	H	106.5				110			
飞弧距离/mm		≤50				≤100			

附录十　I-CM1L 带剩余电流保护塑料外壳式断路器

■ 适用范围

I-CM1L 系列带剩余电流保护塑料外壳式断路器(以下简称漏电断路器)，适用于交流 50 Hz (或 60 Hz)，其额定绝缘电压为 800 V，额定工作电压 400 V，额定工作电流至 630 A (800 A) 的电路中作不频繁转换及电动机不频繁启动之用。断路器具有过载、短路和欠电压保护功能，能保护线路和电源设备不受损坏；同时，可对人提供间接接触保护，还可以对过电流保护不能检测出的长期存在的接地故障可能引起的火灾危险提供保护。在其他保护装置失灵时，额定剩余动作电流为 30 mA 的 I-CM1L 漏电断路器可直接起附加保护作用。

漏电断路器按照其额定极限短路分断能力，分为 M 型(较高分断型)、H 型(高分断型四极无 H 型)两种。该漏电断路器具有体积小、分断能力高、飞弧短、抗振动等特点。

漏电断路器可垂直安装(即竖装)，也可水平安装(即横装)，

漏电断路器具有隔离功能，其相应符号为：“ ”。

漏电断路器符合标准：IEC－60947－2、《低压开关设备和控制设备　第 2 部分：断路器》(GB 14048.2)及附录 B 具有剩余电流保护的断路器。

漏电断路器不可倒进线，即只允许 1、3、5 接电源线，2、4、6 接负载线。

■ 型号及其含义

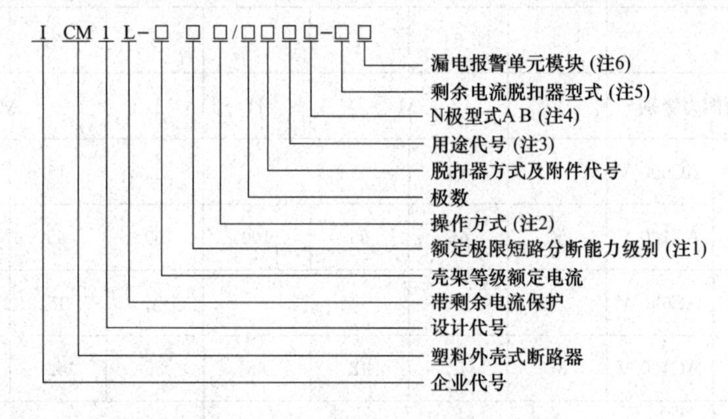

注：

1. 按额定极限短路分断能力的高低分为 M 型(较高分断型)、H 型(高分断型)。
2. 手柄直接操作无代号；电动操作用 P 表示；转动手柄用 Z 表示。
3. 配电用断路器无代号；保护电动机用 2 表示。
4. 按产品极数分为三极、四极。四极产品中中性极(N 极)的型式分两种。

A 型：N 极不安装过电流脱扣器，且 N 极始终接通，不与其他三极一起合分。

B 型：N 极不安装过电流脱扣器，且 N 极与其他三极一起合分(N 极先合后分)。

5. 剩余电流脱扣器型号分为Ⅰ型、Ⅱ型(详见主要性能指标)。Ⅰ型为标准型，Ⅱ型订货时应注明。
6. 不带报警单元模块无代号，带报警单元模块在订货时应注明。

■ 正常工作环境

□海拔：≤2 000 m

□环境温度：－5 ℃－＋40 ℃

□能耐受潮湿气的影响

□能耐受盐雾、油雾的影响

□最大倾斜度为 22.5°

□在无爆炸危险的介质中，且介质无足以腐蚀金属和破坏绝缘的气体与导电尘埃的地方

□在没有雨雪侵袭的地方

■ 主要特点

剩余电流三相保护：I-CM1L断路器实现接地故障保护，常规的带剩余电流保护断路器的漏电保护模块工作电源取样为二相。本系列断路器为三相，若缺任一相，断路器漏电保护模块仍能正常工作。

现场可调：额定剩余动作电流 $I_{\triangle n}$ 及剩余电流动作时间(非延时和延时)根据实际情况现场可调。

低电压保护：当相电压降低至50 V，漏电保护模块仍能正常工作。

具有漏电报警输出功能：当设备或线路的剩余电流，达到或超过设定值，带漏电报警单元模块的断路器输出一个无源接点信号，驱动相应的报警装置。

安装具有互换性：外形尺寸和安装尺寸与I-CM1系列断路器同规格相同(I-CM1L-630与I-CM1-800相同)，安装具有较好的互换性。

■ 结构简介

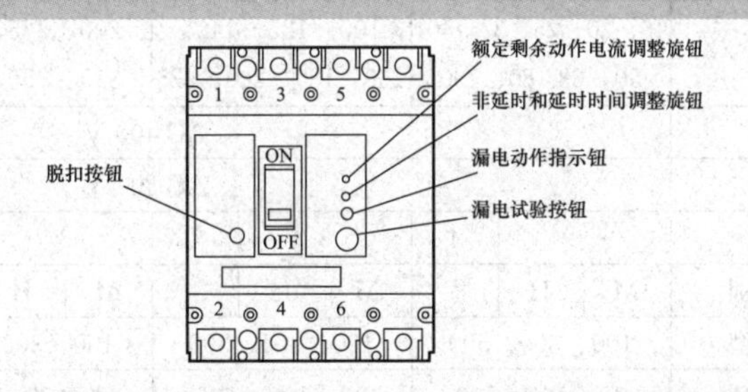

■ 主要技术指标 漏电动作特性

剩余电流		$I_{\triangle n}$	$2I_{\triangle n}$	$5I_{\triangle n}$	$10I_{\triangle n}$
非延时	最大断开时间/s	0.2	0.1	0.04	0.04
延时	最大断开时间/s	0.5/1.15/2.15	0.35/1/2	0.25/0.9/1.9	0.25/0.9/1.9
	极限不驱动时间 $\triangle t$/s	—	0.1/0.5/1	—	—

■ 保护特性 脱扣器动作性能

配电用

脱扣器额定工作电流	热脱扣器(基准温度+40 ℃)		电磁脱扣器动作电流/A	备注
	$1.05I_n$(冷态)不动作时间/h	$1.30I_n$(热态)动作时间/h		
$16\leqslant I_n\leqslant 63$	≥1	<1	$10I_n\pm 20\%$	配电保护型
$63\leqslant I_n\leqslant 100$	≥2	<2	$10I_n\pm 20\%$	
$100\leqslant I_n\leqslant 800$	≥2	<2	$10I_n\pm 20\%$	

保护电动机用

脱扣器额定工作电流/A	热脱扣器(基准温度+40 ℃)				电磁脱扣器动作电流/A
	1.01 I_n(冷态)不动作时间/h	$1.20I_n$(热态)动作时间/h	1.50 I_n(热态)动作时间/h	7.20 I_n(冷态)动作时间/h	
$100\leqslant I_n\leqslant 225$	≥2	<2	≤4 min	$4<T_p\leqslant 10$ s	$12I_n\pm 20\%$
$225\leqslant I_n\leqslant 630$			≤8 min	$6<T_p\leqslant 20$ s	

■ 功率耗损 断路器功率耗损参数表

型号	通电电流/A	三极总功率损耗/W		
		板前、板后接线	插入式板前接线	插入式板后接线
I-CM1L-100(M、H)直热型(16～25 A)	25	25	28	45
I-CM1L-100(M、H)间热型(32～100 A)	100	35	37	40
I-CM1L-225(M、H)	225	62	66	70
I-CM1L 400(M、II)	400	115	120	125
1-CM1L-630(M、H)	630	187	193	200

■ 通电断路器主要性能指标

外观													
型号		I-CM1L-100			I-CM1L-225			I-CM1L-400			I-CM1L-630		
壳架等级额定电流 I_{nm}/A		100			225			400			630		
额定电流 I_n/A		16、20、25、32、40、50、63. 80、100			100、125、140、160、180、200、225			200、225、250、315、350、400、			400、500、630		
额定工作电压 U_e/V		AC 400 V											
额定绝缘电压 U_i/V		AC 800 V											
极数		3		4	3		4	3		4	3		4
额定极限短路分断能力级别		M	H		M	H		M	H		M	H	
额定剩余动作电流 $I_{\triangle n}$/mA	Ⅰ型	100、300、500			100、300、500			100、300、500			100、300、500		
	Ⅱ型	30、100、300			30、100、300			300、500、1 000			300、500、1 000		
额定剩余不动作电流		$I_{\triangle n}\times 50\%$											
额定剩余知路接通(分断)能力 $I_{\triangle n}$		$I_{cu}\times 25\%$											
额定极限短路分断能力 I_{cu}/kA	AC400 V	50	85	50	50	85	50	65	100	65	65	100	65
额定运行短路分断能力 I_{cu}/kA	AC400 V	35	50	35	35	50	30	42	65	42	42	65	42
操作性能/次	通电	3 000			2 500			1 500			1 500		
	不通电	7 000			6 500			4 000			3 000		
外形尺寸	L	150			165			257			280		
	W	92		122	107		142	150		198	210		280
	H	92			90			106.5			115.5		
飞弧距离/mm		≤50			≤50			≤100			≤100		

■ 降容系数

型号	降容系数/I_n				
	+40 ℃	+45 ℃	+50 ℃	+55 ℃	+60 ℃
I-CM1L-100	$1I_n$	$0.95I_n$	$0.89I_n$	$0.84I_n$	$0.76I_n$
I-CM1L-225	$1I_n$	$0.96I_n$	$0.91I_n$	$0.87I_n$	$0.82I_n$
I-CM1L-400	$1I_n$	$0.94I_n$	$0.87I_n$	$0.81I_n$	$0.73I_n$
I-CM1L-600	$1I_n$	$0.93I_n$	$0.88I_n$	$0.83I_n$	$0.76I_n$

附录十一　I-QSA 负荷隔离开关系列

■ 适用范围

I-QSA 系列隔离开关熔断器组，QA 及 QP 系列隔离开关(以下简称开关)，开关主要适用于具有高短路电流的配电电路和电动机电路中，作为手动不频繁操作的主开关或总开关，尤其适合安装在较高级的抽屉式低压成套装置中。

符合标准：《低压开关设备和控制设备 第 3 部分：开关、隔离器、隔离开关及熔断器组合电器》(GB 14048.3—2017)、IEC 60947－3。

■ 型号及其含义

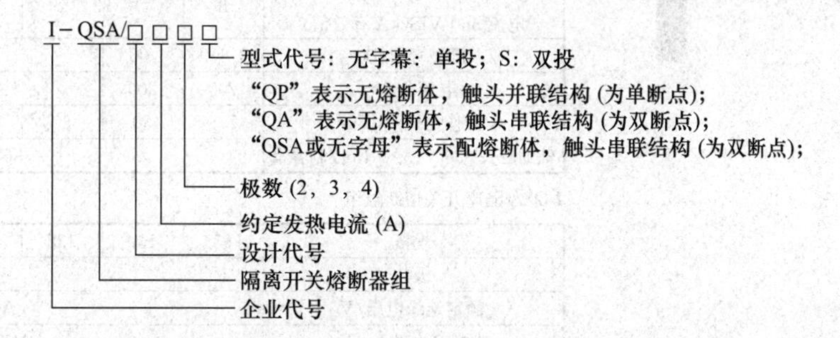

■ 正常工作条件和安装条件

(1)周围空气温度不高于＋40 ℃，不低于－5 ℃。

(2)安装地点的海拔不超过 2 000 m。

(3)湿度：最高温度为＋40 ℃时，空气的相对湿度不超过 50%，在较低的温度下可以允许有较高的相对湿度，如 20 ℃时达 90%。对由于温度变化偶尔产生的凝露应采取特殊的措施。

(4)周围环境的污染等级为 3 级。

(5)开关应安装在无显著摇动、冲击振动和没有雨雪侵袭的地方，同时，安装地点应无爆炸危险介质，且介质中无足以腐蚀金属和破坏绝缘的气体和尘埃。

■ 主要参数及技术性能

I-QSA 隔离开关

规格		125	160	200	400	630	1 000
极数		3					
额定绝缘电压/V		AC1 000					
额定工作电压/V		AC380、660					
约定发热电流/A		160	200	250	630	630	1 000
的定封闭发热电流/A		125	160	200	400	630	1 000
额定工作电流	330 V、AC-23B/A	125	160	200	400	630	1 000
	660 V、AC-23B/A	125	160	200	315	425	800
额定限制短路电流/kA 380 V		50(Y 型)、100(H 型)					
额定限制短路电流/kA 660 V		50					
额定短时耐受电流/kA660 VIS(kA 有效值)		4			15		50
最大熔体/A		200			400	630	1 000
机械寿命/次		1 000			1 000		300
电寿命/次		200			200		15
操作力矩/N・m		7.5			16		30
辅助触头 380 V、AC-15 控制容量		360 V・A					

I-QSA 隔离开关

规格		250	630	1 000	1 250	1 600	2 500	3 150
极数		3						
额定绝缘电压/V		AC1 000						
额定工作电压/V		AC380、660						
约定发热电流/A		315	630	1 000	1 250	1 600	2 500	3 150
约定封闭发热电流/A		250	630	1 000	1 250	1 600	2 500	3 150
额定限制短路电流/kA 380 V		50(Y 型)、100(H 型)						
额定限制短路电流/kA 660 V		50						
额定工作电流	380 V、AC-21/A	315	630	1 000	1 250	1 600	2 500	3 150
	380 V、AC-22/A	315	630	630	800	800		
	660 V、AC-21/A	315	630	1 000	1 250	1 470	2 500	3 150
最大熔体/A		250	630	1 000				
额定短时耐受电流 660 VIS(kA 有效值)		8	32		50		80	
机械寿命/次		1 600	1 000	300				
电寿命/次		200	200	15				
操作力矩/N·m		7.5	30	30	70			
辅助触头 380 V、AC-15 控制容量		360 V·A						

I-QSA 隔离开关熔断器组

规格		63	100	125	160	250	400	630
极数		3						
额定绝缘电压/V		AC1 000						
额定工作电压/V		AC380、660						
约定发热电流/A		63	100	160	160	250	400	800
约定封闭发热电流/A		63	80	125	160	250	400	630
额定工作电流	380 V、AC-23/A	63	100	125	160	250	400	630
	660 V、AC-23/A	63	80	100	160	250	315	425
额定限制短路电流/kA 380V		50(Y 型)、100(H 型)						
额定限制短路电流/kA 660V		50						
机械寿命/次		2 000		1 600			1 000	
电寿命/次		300		200			200	150
最大熔体/A		160				400		630
刀型触头熔管型号号码		0				1～2		3
螺栓连接型熔管型号		A3		B1、B2		B1、B2		C1～C4
操作力矩/N·m		7.5				16		30
辅助触头 380V、AC-15 控制容量		360 V·A						

■ 外形与安装尺寸

I-QSA 外形及安装尺寸图

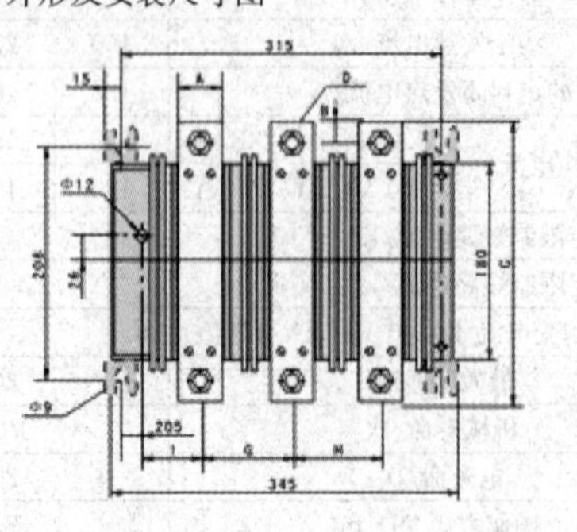

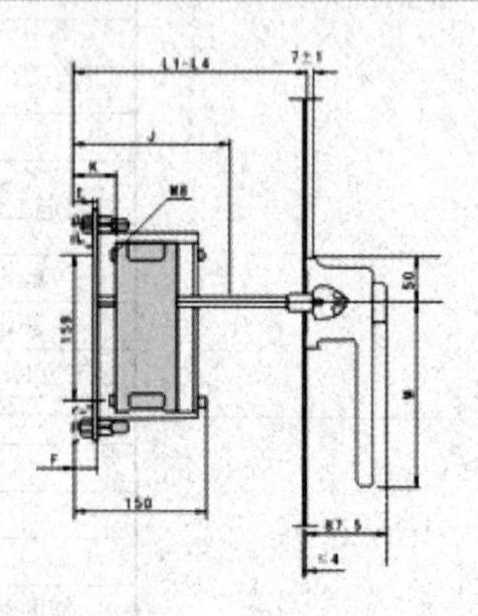

附录十二　LA19 系列按钮开关

一、适用范围

附图 11

LA19 系列按钮开关(附图 11)适用于交流 50 Hz 电压至 380 V 的磁力启动器、接触器、继电器及其他电器线路中，作遥远控制之用。

产品符合《低压开关设备和控制设备 第 5-1 部分：控制电路电器和开关元件 机电式控制电路电器》(GB/T 14048.5—2017)及《机床电器 按钮开关》(JB/T 3907—2008)标准。

二、型号及其含义

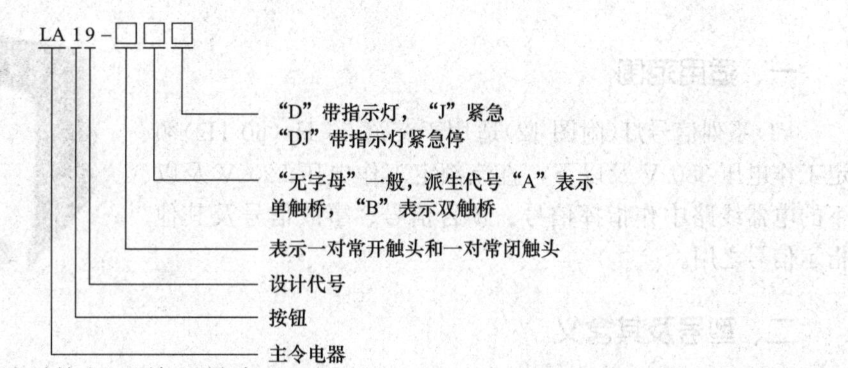

常见的 LA19 系列按钮开关型号有 LA19-11、LA19-11A、LA19-11D、LA19-11DJ、LA19-11A/D(需要说明的是按钮开关有很多不同颜色，如白色、黄色、绿色、红色等)。

三、使用条件

(1)海拔高度不超过 2 000 m；

(2)周围空气温度为＋40 ℃～－5 ℃，空气湿度＜90％；

(3)无显著摇动和冲击振动的地方；

(4)没有雨雪侵袭的地方；

(5)无爆炸危险的介质中，介质中无腐蚀金属和绝缘的气体。

四、技术参数

(1)主要技术参数：额定绝缘电压 U_i：380 V，约定发热电流 I_{th}：5 A，额定工作电压 U_e(V)：380 V、220 V、110 V。

额定工作电流 I_e(A)：AC-14、AC-152.54-DC-13-0.30.6

(2)主要技术要求：此系列按钮开关额定工作电压与额定工作电流见附表 26，寿命见附表 27。

附表 26

电源种类	额定电压/V	额定控制容量/W	约定发热电流/A
交流	380	300	5
直流	220	60	5

附表 27

按钮类别	机械寿命/万次	电寿命/万次 AC15、DC13		操作频率/(次·h^{-1})
		交流	直流	
按钮带指示灯	100	50	20	1 200

附录十三　YD11 系列信号灯

一、适用范围

YD 系列信号灯(附图 12)适用于交流 50 Hz(60 Hz)额定工作电压 380 V 及以下，直流额定工作电压 220 V 及以下的电器线路中作指挥信号、预告信号、事故信号及其他指示信号之用。

附图 12

二、型号及其含义

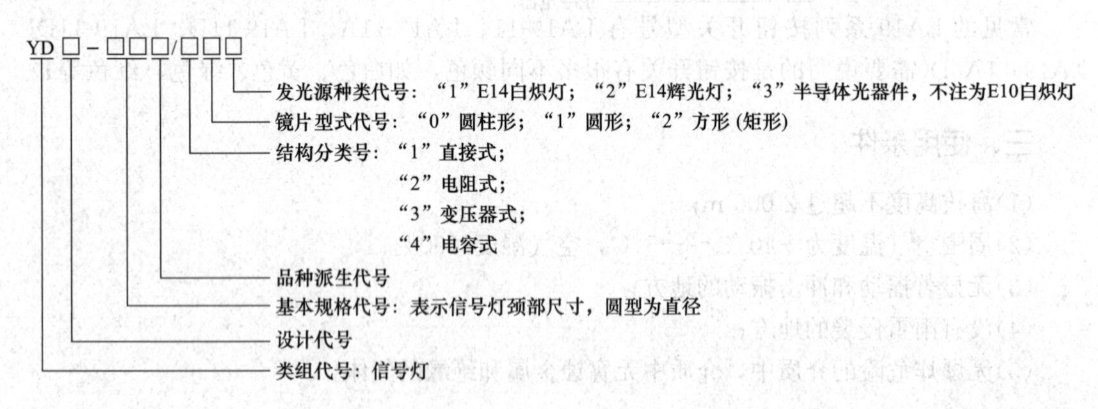

常见型号有：YD11-16/41、YD11-22/20、YD11-22/21、YD11-24/21、YD11-25/11、YD11-25/40、YD11-25/41、YD11-30/20、YD11-30/21、YD11-30/40、YD11-30/41、YD11-10/20、YD11-10/21。(不过需要说明的是这些信号灯具有各种不同的颜色提供选择，如白色、绿色、红色、黄色等)。

三、主要技术要求

(1)信号灯基本参数见附表 28。

附表 28

产品结构分类	直接式 白炽灯				
颈部直径 d/mm	10、16、22、25、30			30	
配用灯座型式	E10(BA9S)			E14(BA15S)	
电源种类	交直流				
额定工作电压 U_e/V	6.3	12	24、36、48	24、36、48、110	127、220
发光器件功率 P/W	1	1.2	1.5	3	5
信号颜色	红、黄、蓝、绿、白、无色透明				

<table>
<tr><td rowspan="2">产品结构分类</td><td colspan="2">变压器减压式</td><td colspan="3">电阻器减压式</td><td colspan="2">电容器减压式</td></tr>
<tr><td colspan="3">白炽灯</td><td>辉光灯</td><td colspan="3">半导体发光器件</td></tr>
<tr><td>颈部直径 d/mm</td><td colspan="3">22、25、30</td><td>10、12、16、22、25、30</td><td colspan="3">10、12、16、22、25、30</td></tr>
<tr><td>配用灯座型式</td><td colspan="3">E10(BA9S)</td><td>E14(BA15S)</td><td colspan="3">—</td></tr>
<tr><td>电源种类</td><td>交流</td><td colspan="3">交直流</td><td colspan="2">交、直流</td><td>交流</td></tr>
<tr><td>额定工作电压 U_e/V</td><td>110、220、380</td><td colspan="2">110、220</td><td>110、220、380</td><td colspan="2">6.3、12、24、38、110、220</td><td>220、380</td></tr>
<tr><td>发光器件功率 P/W</td><td>≤1.2</td><td colspan="2">≤1.5</td><td>≤1</td><td colspan="3">≤0.03～1.05</td></tr>
<tr><td>信号颜色</td><td colspan="3">红、黄、蓝、绿、白、无色透明</td><td colspan="4">红、黄、绿、白</td></tr>
</table>

(2)信号灯的电寿命应符合附表 29 的规定。

附表 29

信号灯种类	发光器件种类	寿命/h
可拆卸式信号灯	白炽灯	1 000
	氖灯	2 000
不可拆卸式信号灯	白炽灯	2 000
	发光二极管	30 000

(3)信号灯的灯座寿命(发光二极管除外)在承受接通与分断额定负载 100 次试验以后，不应出现妨碍正常使用的损伤与松动。

附录十四　CJ20 交流接触器

一、适用范围

CJ20 系列交流接触器(附图 13)主要用于交流 50 Hz、额定电压至 690 V(个别等级能至 1 140 V)、电流至 630 A 的电力线路中供远距离接通和分断电路，以及频繁启动和控制交流电动机，并适于与热继电器或电子保护装置组成电磁启动器，以保护电路或交流电动机可能发生的过负荷及断相。

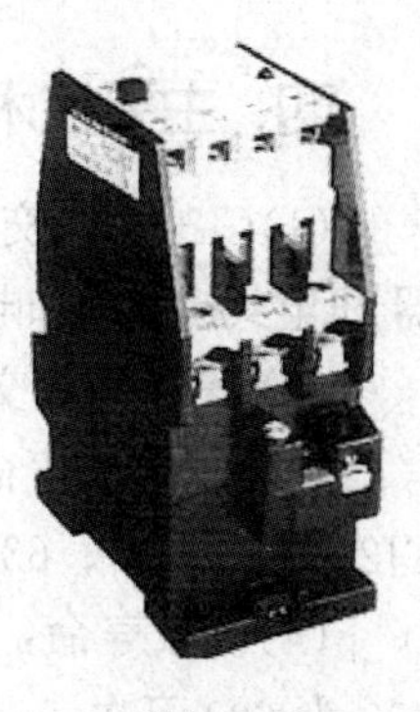

附图 12

二、型号及其含义

常见型号如下：CJ20-10、CJ20-16、CJ20-25、CJ20-40、CJ20-63、CJ20-100、CJ20-160、CJ20-250、CJ20-400、CJ20-630。

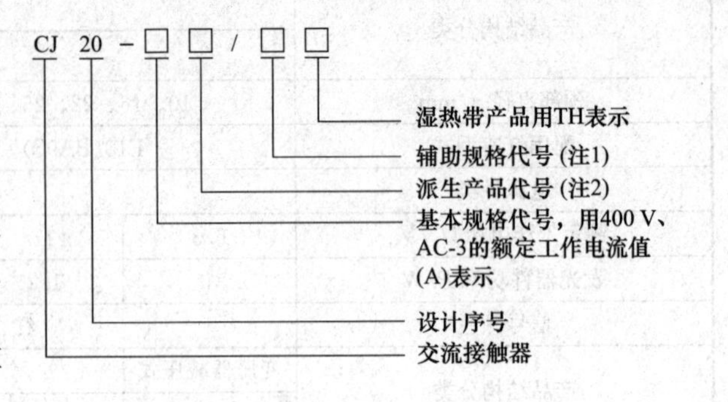

注1：以数字代表额定工作电压“03”代表400 V，一般可不写出；“06”代表690 V，如其产品结构无异于400 V的产品结构时，也可不写出；“11”代表1 140 V(如右图)。

注2：K表示矿用型接触器，J表示节能型交直流操作，S表示锁扣型。

三、结构特征

(1)CJ20系列交流接触器为直动式、双断点、立体布置，结构简单紧凑，外形安装尺寸相较CJ10、CJ8等系列接触器更为小巧。

(2)CJ20-10～CJ20-25接触器为不带灭弧罩的三层二段式结构，上段为热固性塑料躯壳固定着辅助触头、主触头及灭弧系统，下段热塑性塑料底座安装电磁系统及缓冲装置，底座上除有使用螺钉固定的安装孔外，下部还装有卡轨安装用的锁扣，可安装在IEC标准规定的35 mm宽帽形安装轨上，拆装方便。CJ20-40交流接触器及以上的接触器为两层布置正装式结构，主触头和灭弧室在上，电磁系统在下，两只独立的辅助触头组件布置在躯壳两侧。CJ20-40交流接触器用胶木躯壳，CJ20-63～CJ20－630交流接触器用铝底座。

(3)触头灭弧系统：全系列不同容量等级的接触器采用不同的灭弧结构。CJ20-10交流接触器和CJ20-16交流接触器为双断点简单开断灭弧室，CJ20-25交流接触器为U形铁片灭弧，CJ20-40～CJ20-160交流接触器在400 V、690 V时均为多纵缝陶土灭弧罩，CJ20-250交流接触器及以上产品在690 V时用栅片灭弧罩，在1 140 V时均采用栅片灭弧罩。

(4)全系列接触器采用银基合金触头。CJ20-10、CJ20-16交流接触器用AgNI触头，CJ20-40交流接触器及以上用银基氧化物触头。灭弧性能优良的触头灭弧系统配用抗熔焊耐磨损的触头材料，使产品具有长久的电寿命，并适合在AC-4类交流接触器特别繁重的条件下工作。

(5)电磁系统：CJ20-40及以下接触器用双E形铁心，迎击式缓冲；CJ20-63及以上用U形铁心，硅橡胶缓冲。

四、主要技术参数

(1)CJ20系列交流接触器符合《低压开关设备和控制设备 第4-1部分：接触器和电动机启动器 机电式接触器和电动机器(含电动机保护器)》(GB 14048.4—2020)、IEC 60947-4-1标准要求。

(2)CJ20系列交流接触器的主要特性见附表30。

(3)AC-3电寿命：CJ20-10、16、25、40为100万次，CJ20-63、100、160为120万次，CJ20-250、400、630为60万次。

(4)机械寿命：CJ20-10、16、25、40、63、100、160为1 000万次，CJ20-250、400、630为600万次。

(5)CJ20 系列交流接触器辅助触头技术参数及触头组合见附表 31。

(6)接触器额定控制电源电压(Us)的标准值为：交流(50 Hz)：36、127、230、400 V；(60 Hz)：42、150、260、450 V；直流 48、110、220 V。

(7)接触器的动作特性值见附表 32。

(8)接触器控制线圈消耗功率见附表 33。

(9)接触器与保护电器(SCPD)的协调配合在额定工作电压为 380 V 时，推荐选用的 SCPD 为 RT16(NT)系列熔断器。其组合见附表 34。

附表 30

<table>
<tr><th rowspan="2">基本规格</th><th rowspan="2">U_i/V</th><th rowspan="2">U_e/V</th><th rowspan="2">I_{th}/A</th><th colspan="4">断续周期工作制下的 I_e</th><th rowspan="2">AC-3 的 P_e/kW</th><th rowspan="2">不间断工作制的 I_e/A</th></tr>
<tr><th>AC-1</th><th>AC-2</th><th>AC-3</th><th>AC-4</th></tr>
<tr><td rowspan="3">6.3</td><td rowspan="24">690</td><td>230</td><td rowspan="3">10</td><td rowspan="3">10</td><td rowspan="3">—</td><td rowspan="2">6.3</td><td rowspan="2">6.3</td><td>1.5</td><td rowspan="3">10</td></tr>
<tr><td>400</td><td>2.2</td></tr>
<tr><td>690</td><td>3.6</td><td>3.6</td><td>3</td></tr>
<tr><td rowspan="3">10</td><td>230</td><td rowspan="3">10</td><td rowspan="3">10</td><td rowspan="3">—</td><td rowspan="2">10</td><td rowspan="2">10</td><td>2.2</td><td rowspan="3">10</td></tr>
<tr><td>400</td><td rowspan="2">4</td></tr>
<tr><td>690</td><td>5.2</td><td>5.2</td></tr>
<tr><td rowspan="3">16</td><td>230</td><td rowspan="3">16</td><td rowspan="3">16</td><td rowspan="3">—</td><td rowspan="2">16</td><td rowspan="2">16</td><td>4.5</td><td rowspan="3">16</td></tr>
<tr><td>400</td><td>7.5</td></tr>
<tr><td>690</td><td>13</td><td>13</td><td>11</td></tr>
<tr><td rowspan="3">25</td><td>230</td><td rowspan="3">32</td><td rowspan="3">32</td><td rowspan="3">—</td><td rowspan="2">25</td><td rowspan="2">25</td><td>5.5</td><td rowspan="3">32</td></tr>
<tr><td>400</td><td>11</td></tr>
<tr><td>690</td><td>14.5</td><td>14.5</td><td>13</td></tr>
<tr><td rowspan="3">32</td><td>230</td><td rowspan="3">32</td><td rowspan="3">32</td><td rowspan="3">—</td><td rowspan="2">32</td><td rowspan="2">32</td><td>7.5</td><td rowspan="3">32</td></tr>
<tr><td>400</td><td rowspan="2">15</td></tr>
<tr><td>690</td><td>18.5</td><td>18.5</td></tr>
<tr><td rowspan="3">40</td><td>230</td><td rowspan="3">55</td><td rowspan="3">55</td><td rowspan="3">—</td><td rowspan="2">40</td><td rowspan="2">40</td><td>11</td><td rowspan="3">55</td></tr>
<tr><td>400</td><td rowspan="2">22</td></tr>
<tr><td>690</td><td>25</td><td>25</td></tr>
<tr><td rowspan="3">63</td><td>230</td><td rowspan="3">80</td><td rowspan="3">80</td><td rowspan="2">63</td><td rowspan="2">63</td><td rowspan="2">63</td><td>18</td><td rowspan="3">80</td></tr>
<tr><td>400</td><td>30</td></tr>
<tr><td>690</td><td>40</td><td>40</td><td>40</td><td>35</td></tr>
<tr><td rowspan="3">100</td><td>230</td><td rowspan="3">125</td><td rowspan="3">125</td><td rowspan="2">100</td><td rowspan="2">100</td><td rowspan="2">100</td><td>28</td><td rowspan="3">125</td></tr>
<tr><td>400</td><td rowspan="2">50</td></tr>
<tr><td>690</td><td>63</td><td>63</td><td>63</td></tr>
<tr><td rowspan="3">160</td><td>230</td><td rowspan="3">200</td><td rowspan="3">200</td><td rowspan="2">160</td><td rowspan="2">160</td><td rowspan="2">160</td><td>48</td><td rowspan="4">200</td></tr>
<tr><td>400</td><td rowspan="3">85</td></tr>
<tr><td>690</td><td>100</td><td>100</td><td>100</td></tr>
<tr><td>160/11</td><td>1 140</td><td>1 140</td><td></td><td></td><td>80</td><td>80</td><td>80</td></tr>
</table>

续表

基本规格	U_i/V	U_e/V	I_{th}/A	断续周期工作制下的 I_e				AC-3 的 P_e/kW	不间断工作制的 I_e/A
				AC-1	AC-2	AC-3	AC-4		
250	690	230	315	315	250	250	250	80	315
		400						132	
260/06		690			200	200	160	190	
400		230	400	400	400	400	400	115	400
		400						200	
		690			200	200	200	220	
630		230	630	630	630	630	500	175	630
		400						300	
630/06		690	400	400	400	400	320	350	400
630/11	1 140	1 140						400	

附表 31

I_{th}/A	U_i/V	U_e/V		I_e/A		额定控制质量		触头的种类与数量						配用接触器的基本规格
		交流	直流	交流	直流	交流/(V·A)	直流/W							
10	690	36	—	2.8	—	100	30	常开	4	3	2	1	0	6.3、10
		127	48	0.8	0.63			常闭	0	1	2.	3	4	
		230	110	0.45	0.27			2 常闭 2 常开						16～40
		400	220	0.26	0.14									
10	690	36	—	8.5	—	300	60	常开	—	—	—	—	2	6.3～160
		127	48	2.4	1.3									
		230	110	1.4	0.6			常闭	—	—	—	—	2	
		400	220	0.80	0.27									
10	690	36	—	14.0	—	500	60	常开	4	3	2	—	—	250～630
		127	48	4.0	1.3									
		230	110	2.3	0.6			常闭	2	3	4	—	—	
		400	220	1.3	0.27									

附表 32

基本规格		6.3～40　250～630	6.3～160	矿用
吸合电压		85%～110%U_s	80%～110%U_s	75%
释放电压	交流	20%～75%U_s	20%～70%U_s	20%～65%U_s
	直流	10%～75%U_s	10%～70%U_s	10%～65%U_s

附表 33

型号	CJ20-10	CJ20-16	CJ20-25	CJ20-40	CJ20-63	CJ20-100	CJ20-160	CJ20-250	CJ20-400	CJ20-630
启动容量/(V·A/W)	65/47.6	70/50	95/60	175/823	480/153	570/175	855/355	1 710/565	1 825/600	3 578/790
吸持容量/(V·A/W)	8.3/2.5	8.5/2.6	13.9/4.1	19/5.7	54/16.5	61/21.5	85.5/34	132/65	145/70	250/118

附表 34

基本规格	6.3	10	16	25	32.40	63	100	160	250	400	630
熔断器型号	RT16-10	RT16-20	RT16-32	RT16-50	RT16-80	RT16-160	RT16-250	RT16-315	RT16-400	RT16-500	RT16-630

五、CJ20 交流接触器接线图

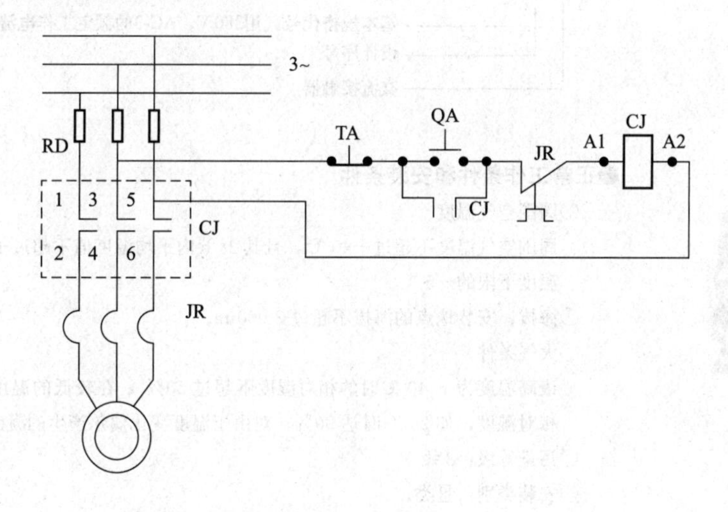

●用途

CJ20 系列交流接触器(以下简称接触器)主要适用于交流 50 Hz(或 60 Hz)、额定电压至 660 V(1 140 V)、额定电流至 630 A 的电力线路中，供远距离接通分断电路和频繁启动控制三相交流电动机之用，并与适当的热继电器或电子式保护装置组合成电磁启动器，以保护电路可能发生的操作过负荷。

接触器按《低压开关设备和控制设备 第 4-1 部分：接触器和电动机启动器 机电式接触器和电动机启动器(含电动机保护器)》GB 14048. 4—2020、IEC 60947－4－1 标准设计、制造和检验。

●型号与含义

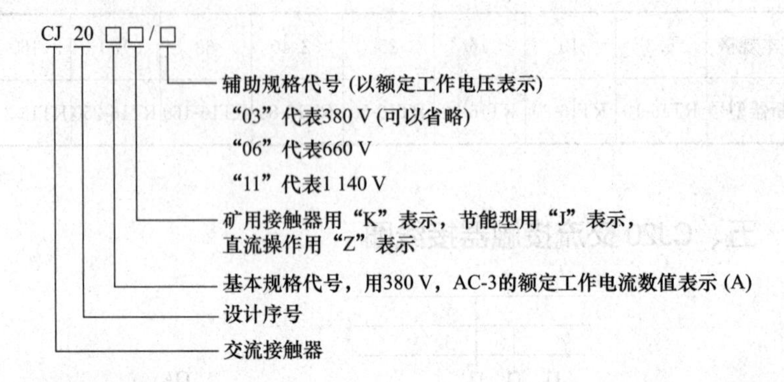

●正常工作条件和安装条件

○周围空气温度

周围空气温度不超过＋40 ℃，且其 24 h 内平均温度值不超过＋35 ℃，周围空气温度下限的－5 ℃。

○海拔：安装地点的海拔不超过 2 000 m。

○大气条件

最高温度为＋ 40 ℃时的相对湿度不超过 50% ，在较低的温度下可允许有较高相对湿度，如 20 ℃时达 90%，对由于温度变化偶尔产生的凝露应采取的措施。

○污染等级：3 级。

○安装类别：Ⅲ类。

○安装条件：接触器的安装面与垂直面的倾斜度不大于±5°。

○冲击与振动：安装在无明显摇动和冲击振动的地方。

●技术参数

○接触器动作特性见附表 35

附表 35

基本规格		10～40、250～630	63～160	矿用
吸合电压		85%～110%U_s	80%～110%U_s	75%U_s
释放电压	交流	20%～75%U_s	20%～70%U_s	20%～65%U_s
	直流	10%～75%U_s	10%～70%U_s	10%～65%U_s

○接触器主要技术数据见附表 36

附表 36

型号	额定绝缘电压/V	额定工作电压/V	约定发热电流/A	AC−3时额定工作电流/A	AC−3时控制功率/kW	AC−3时额定操作频率/(次·h^{-1})	与熔断器配合型号	线圈电压及频率	线圈消耗功率(V·A/W) 启动	吸持	AC−3时电寿命/万次	机械寿命/万次
CJ20-10	690	220	10	10	22	1 200	RT16-20(NT00-20)	AC: 50 Hz 36、127、220、380 V DC: 48、110、220 V	65	8.3	1 000	1 000
		380		10	4							
		660		5.2	4	600			47.6	2.5		
CJ20-16		220	16	16	4.5	1 200	RT16-32(NT00-32)		62	8.5		
		380			7.5				47.8	2.6		
		660		13	11	600						
CJ20-25		220	32	25	5.5	1 200	RT16-50(NT00-50)		93.1	13.9		
		380			11				60	4.1		
		660		14.5	13	600						
CJ20-40		220	55	40	11	1 200	RT16-80(NT00-80)		175	19		
		380			12				82.3	57		
		660		25	22	600						
CJ20-63		220	80	63	18	1 200	RT16-160(NT0)	AC: 50 Hz: 36、127、220、380 V DC: 48、110、220 V	480	57		
		380			30				153	16.5		
		660		40	35	600						
CJ20-100		220	125	100	28	1 200	RT16-250(NT1)		570	61		
		380			50				175	21.5		
		660		63		600						
CJ20-160		220	200	160	48	1 200	RT16-315(NT2)		855	85.5	120	1 000
		380			85				325	34		
		660		100		600						
CJ20-160/11	1 140	1 140	200	80	85	300						
CJ20-50	690 690	220	315	250	80	600	RT16-400(NT2)	AC: 50 Hz: 36、127、220、380 V 110、220 V DC: 48	1 710	152	60	600
		380			132				565	65		
		660		200	190	300						
CJ20-400		220	400	400	115	600	RT16-500(NT3)		1 710	150		
		380			200				565	65		
		660		250	220	300						
CJ20-630		220	630	630	175	600	RT16-600(NT3)		3 578	250		
		380			300				790	118		
		660		400	350	300						
CJ20-630/11	1140	1 140	400	400	400	120						

○接触器辅助触头参数见附表 37

附表 37

额定缘电压/V	约定发热电流/A	交流 50 Hz		直流		额定控制容量		触头组合		配用接触器型号
		额定工作电压/V	额定工作电流/A	额定工作电压/V	额定工作电流/A	动合	动断	交流/VA	直流/W	
690	10	36	2.8	—	—	100	30	4 3 2 1 0	0 1 2 3 4	CJ20-10
		127	0.8	48	0.63					
		220	0.45	110	0.27					
		380	0.26	220	0.14			2	2	CJ20-16～40
		36	2.8	—	—	300	60	2	2	CJ20-16～160
		127	0.8	48	0.68					
		220	0.45	110	0.27					
		380	0.26	220	0.14					
690	16	36	2.8	—	—	500	60	432	234	CJ20-250～630
		127	0.8	48	0.63					
		220	0.45	110	0.27					
		380	0.26	220	0.14					

注：CJ20-250～630 一般注明时为 4 动合，2 动断。

●外形尺寸及安装尺寸

○CJ20-10～40 外形尺寸及安装尺寸见附图 14、附表 38（C20-10～25 可以用“T”轨道安装）。

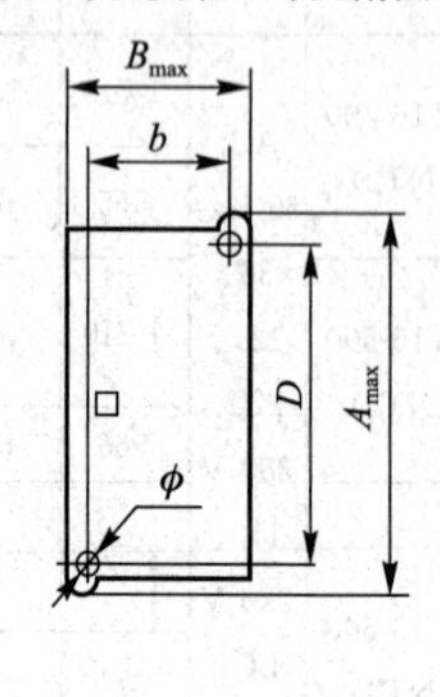

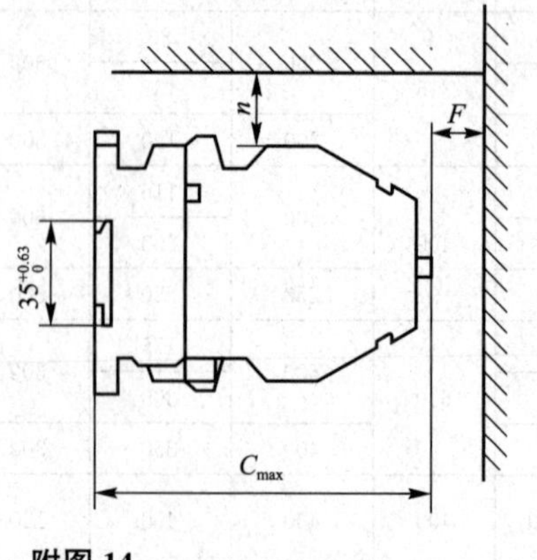

附图 14

附表 38

型号	外形及安装尺寸/mm								质量/kg
	A	B	C	a	b	F	n	ϕ	
CJ20-10	44.5	67.5	107	35	55	10	10	2～ϕ5	0.71
CJ20-16	44.5	72	116.5	35	60				1.1
CJ20-25	52.5	90.5	122	40	80				1.33
CJ20-40	87	111.5	125	40	80	30	30		1.8

C20-63～630 外形尺寸及安装尺寸见附图 15、附表 39。

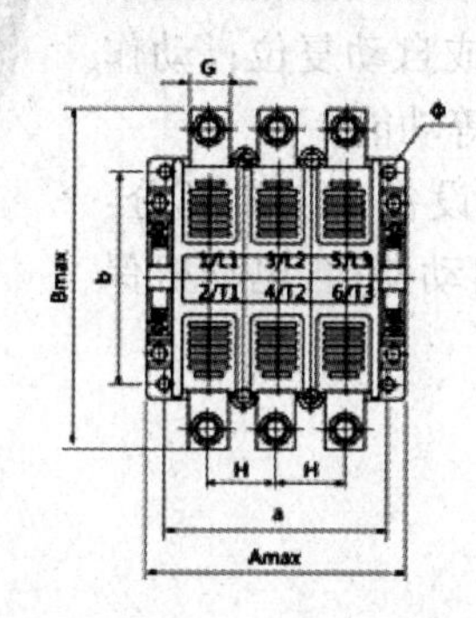

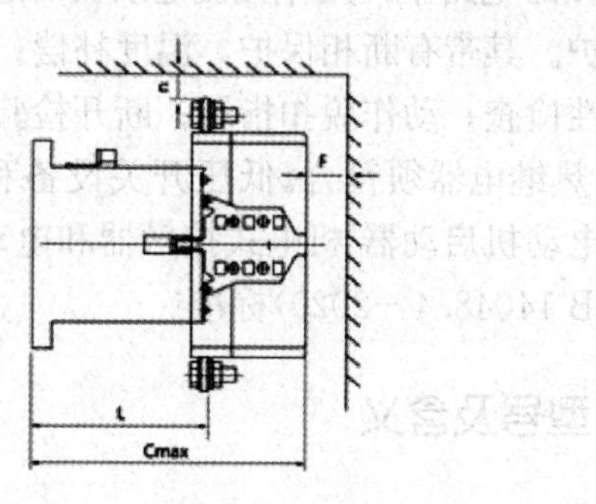

附图 15

附表 39

型号	外形及安装尺寸/mm											质量/kg
	A	B	C	a	b	L	H	G	F	n	ϕ	
CJ20-63	116	142	146	100	90	92	28	14.5	60	60	4-ϕ5.8	2.9
CJ20-100	122	147	154	108	92	93.5	29	15.5	70	70	4-ϕ7	3
CJ20-160	146	187	178	130	130	121.5	45	22	80	80	4-ϕ9	5.5
CJ20-160/11	146	197	190	130	130	121.5	45	20	80	80	4-ϕ9	
CJ20-250	190	235	230	160	150	152	49	28	100	100	4-ϕ9	10.5
CJ20-250/06	190	235	230	160	150							
CJ20-400	190	235	230	160	150	152	49	28	110	110	4-ϕ9	11.7
CJ20-400/06	190	235	230	160	150							
CJ20-630	245	294	272	210	180	181	67.5	31.5	120	120	4-ϕ11	21.5
CJ20-630/11	245	294	287	210	180							

附录十五　JR20 热继电器

一、适用范围

JR20 热继电器(附图 16)适用于交流 50 Hz、电压至 690 V、电流至 630 A 的电路中，用作交流电动机的过载、断相及三相严重不平衡的保护。其带有断相保护，温度补偿；手动或自动复位；动作脱扣灵活性检查；动作脱扣指示；断开检验按钮等功能。

JR20 热继电器须符合《低压开关设备和控制设备 第 4-1 部分：接触器和电动机启动器 机电式接触器和电动机启动器(含电动机保护器)》(GB 14048.4—2020)标准。

附图 16

二、型号及含义

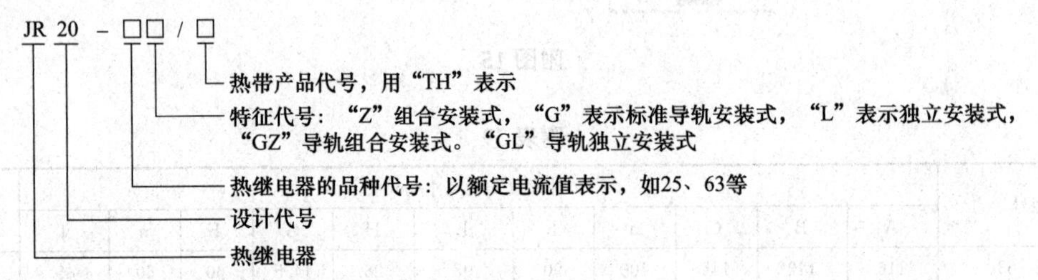

常见的 JR20 热继电器型号如下：

JR20-10 热继电器：JR20-10Z、JR20-10G、JR20-10L。

JR20-16 热继电器：JR20-16Z、JR20-16G、JR20-16L。

JR20-25 热继电器：JR20-25Z、JR20-25G、JR20-25L。

JR20-63 热继电器：JR20-63Z、JR20-63G、JR20-63L。

JR20-160 热继电器：JR20-160Z、JR20-160G、JR20-160L。

三、主要规格

JR20 热继电器的主要规格见附表 40。

附表 40

型号	所配交流接触器	型号	所配交流接触器
JR20-10	CJ20-10	JR20-160	CJ20-100、CJ20-160
JR20-16	CJ20-16	JR20-250	CJ20-250
JR20-25	CJ20-25	JR20-400	CJ20-400
JR20-63	CJ20-40、CJ20-63	JR20-630	CJ20-630

附录十六　JZ7 系列中间继电器

一、适用范围

附图 17

JZ7 系列中间继电器(附图 17)适用于交流 50 Hz 或 60 Hz，额定电压至 380 V 或直流额定电压至 220 V 的控制电路中，用来控制各种电磁线圈，以使信号扩大或将信号同时传送给有关控制元件。

JZ7 系列中间继电器须符合《低压开关设备和控制设备 第 5-1 部分：控制电路电器和开关元件 机电式控制电路电器》(GB/T 14048.5—2020)标准。

二、型号及含义

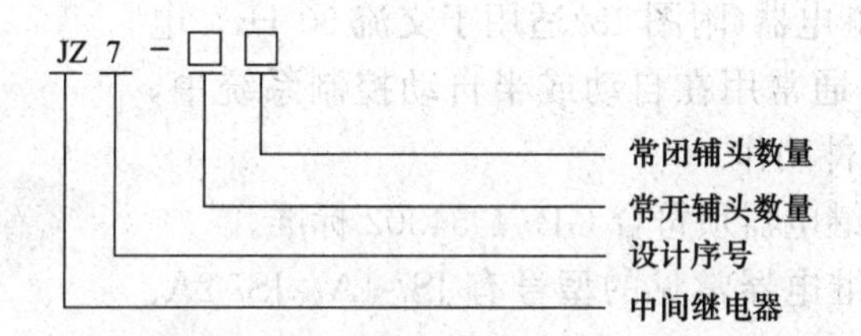

JZ7 系列中间继电器的常见型号有 JZ7-22、JZ7-41、JZ7-44、JZ7-53、JZ7-62、JZ7-80。

三、特性

JZ7 系列中间继电器的特性见附表 41。

附表 41

型号	额定工作电压/V	约定发热电流/A	触头数量		额定操作频率/(次·h^{-1})	额定控制容量		吸引线圈电压(V 交流 50 Hz)	线圈消耗功率/V·A
			常开	常闭		AC/VA	DC/W		
JZ7-22	AC380 DC220	5	2	2	1 200	300	33	127 220 380	启动：75 吸持：13
JZ7-41			4	1					
JZ7-42			4	2					
JZ7-44			4	4					
JZ7-53			5	3					
JZ7-62			6	2					
JZ7-80			8	0					

四、JZ7 中间继电器使用环境条件

(1)安装地点的海拔不超过 2 000 m。

(2)周围空气温度：－5 ℃～＋40 ℃，24 h 的平均值不超过＋35 ℃。

(3)大气相对湿度在周围空气温度为+40 ℃时不超过 50%。

(4)在较低的温度下可允许有较高相对湿度。

(5)安装类别为：Ⅲ类。

(6)污染等级：3 级。

(7)安装条件：安装面与垂直面倾斜度不大于±5°。

(8)冲击振动：产品应安装和使用在无显著摇动、冲击和振动的地方。

(9)结构特点：本继电器由电磁系统和触头系统组成，电磁系统在胶木基座内，触头系统为桥式双断点，共 8 对触头，分上、下两层布置，共有 5 种组合。

附录十七 JS7-A空气式时间继电器

一、适用范围

JS7-A空气式时间继电器(附图 18)适用于交流 50 Hz，电压至 380 V的电路中，通常用在自动或半自动控制系统中，按预定时间使被控制元件动作。

JS7-A空气式时间继电器须符合 GB/T 54302 标准。

JS7-A空气式时间继电器常见的型号有 JS7-1A、JS7-2A、JS7-3A、JS7-4A。

附图 18

二、使用说明

根据用户使用需要，可调节进气孔通道的大小得到不同的延时时间。即用螺丝刀旋转铭牌中心之螺帽，往右旋得到的延时时间较短；反之则延时时间长。

三、主要技术数据

JS7-A额定电压 380 V，约定发热电流 3 A，额定控制容量 100 V·A。

JS7-A空气式时间继电器按其所具有延时的与不延时的触头的组成可分为如附表 42 所列的 4 种形式：

附表 42

型号	延时触头的数量				不延时触头的数量		质量/kg
	线圈通电后延时		线圈断电后延时				
	动合	动断	动合	动断	动合	动断	
JS7-1A	1	1					0.44
JS7-2A	1	1			1	1	0.46
JS7-3A			1	1			0.44
JS7-4A			1	1	1	1	0.46

每种型号的继电器可分为以下几类：

(1)按延时范围可分 0.4～60(s)和 0.4～180(s)两种。

(2)按吸引线圈的额定频率及电压可分为：交流 50 Hz、24、36、110、127、220、380(A)六种。继电器使用的环境温度为 0 ℃～＋40 ℃当施于继电器的线圈的电压为额定值的 85%～110%时，继电器能可靠工作。继电器延时时间的连续动作重复误差≤15%。继电器允许用于操作频率不大于 600 次/h 和负载因数为 40%的反复短时工作制及连续工作制。

附录十八　JS20 晶体管时间继电器

一、适用范围

JS20 晶体管时间继电器(附图 19)是全国统一设计产品，是自动化装置中的重要元件，它具有体积小、质量轻、精度高、寿命长、通用性强等优点，适用于交流 50 Hz、电压 380 V 及以下和直流 220 V 及以下的控制电路中，按预定的时间接通或断开电路。

附图 19

JS20 晶体管时间继电器须符合《低压开关设备和控制设备　第 5-1 部分：控制电路电器开关元件机电式控制电路电器》(GB/T 14048.5—2017)标准。

二、型号及含义

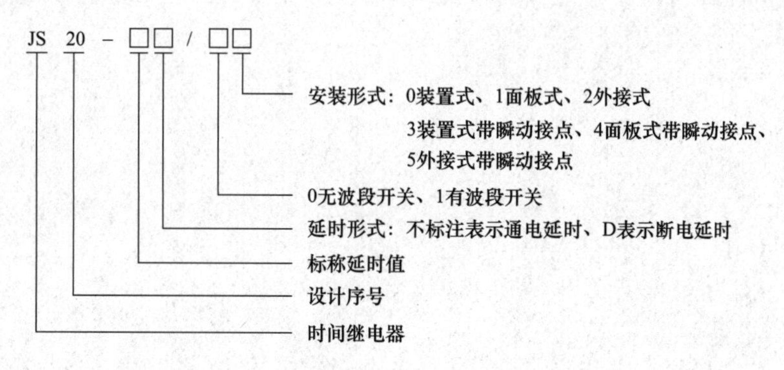

JS20 继电器的一些常见型号有 JS20/01、JS20/02、JS20/03。

三、主要技术要求

(1)电源电压：AC50 Hz、36 V、110 V、127 V、220 V、380 V；DC24 V、27 V、30 V、36 V、110 V、220 V(其他电压可定制)，动作电压为 85%～110%额定控制电源电压。

(2)触头电寿命：交流 10 万次，直流 6 万次。

(3)机械寿命：≥60 万次。

(4)触头额定控制量：AC15：100 V·A，DC13：20 W。

(5)功耗：≤5 V·A。

(6)使用环境：−5 ℃～＋40 ℃。

附表 43

标准延时值	延时范围/s
1	0.1～1
5	0.5～5
10	1～10
30	3～30
60	6～60
120	12～120
180	18～180
240	24～240
300	30～300
600	60～600
900	90～900
1 200	120～1 200
1 800	180～1 800
3 600	360～3 600

参 考 文 献

[1] 侯俊，汪怀蓉．电气控制设备安装与调试[M]．武汉：中国地质大学出版社，2011.
[2] 廖常初．PLC 编程及应用[M]．5 版．北京：机械工业出版社，2019.
[3] 田龙，陈冬丽，李静．可编程控制器原理及应用[M]．南京：东南大学出版社，2014.
[4] 王阿根．西门子 S7-200PLC 编程实例精解[M]．北京：电子工业出版社，2011.
[5] 张志田，刘德玉，徐钦．西门子 S7-200PLC 项目式教程[M]．南京：南京大学出版社，2014.
[6] 中国建筑标准设计研究院．16D303—3 常用水泵控制电路图[S]．北京：中国计划出版社，2021.
[7] 汤洁．建筑电气控制技术[M]．北京：北京邮电大学出版社，2014.